软件开发 人才培养系列丛书

MySQL 数据库实用教程

赵明渊 唐明伟◎主编

含实验

人民邮电出版社
北京

图书在版编目（CIP）数据

MySQL数据库实用教程 : 含实验 / 赵明渊, 唐明伟主编. -- 北京 : 人民邮电出版社, 2021.12（2023.10重印）
（软件开发人才培养系列丛书）
ISBN 978-7-115-57375-9

Ⅰ. ①M… Ⅱ. ①赵… ②唐… Ⅲ. ①关系数据库系统—教材②MySQL Ⅳ. ①TP311.138

中国版本图书馆CIP数据核字(2021)第192180号

内 容 提 要

本书瞄准当前高校 MySQL 数据库教学与实验的需求，在 MySQL 8.0 的基础上编写而成。全书分为两篇。第一篇为 MySQL 数据库基础，内容包含：数据库基础、MySQL 语言、数据定义、数据操纵、数据查询、视图和索引、MySQL 编程技术、MySQL 安全管理、备份和恢复、事务管理、PHP 和 MySQL 教学管理系统开发。第二篇为 MySQL 实验，所编排的各个实验与第一篇中的各章（除第 10、11 章外）内容相对应，可以有效地帮助读者巩固所学的理论知识。

本书可作为本科院校相关专业的教材，也可供高职高专院校及相关培训机构教学使用，还可作为参加全国计算机等级考试人员以及数据库应用系统设计开发人员的参考用书。

◆ 主　　编　赵明渊　唐明伟
责任编辑　王　宣
责任印制　王　郁　马振武
◆ 人民邮电出版社出版发行　　北京市丰台区成寿寺路 11 号
邮编　100164　　电子邮件　315@ptpress.com.cn
网址　https://www.ptpress.com.cn
大厂回族自治县聚鑫印刷有限责任公司印刷
◆ 开本：787×1092　1/16
印张：17.75　　2021 年 12 月第 1 版
字数：475 千字　　2023 年 10 月河北第 5 次印刷

定价：59.80 元

读者服务热线：(010)81055256　印装质量热线：(010)81055316
反盗版热线：(010)81055315
广告经营许可证：京东市监广登字 20170147 号

前言

MySQL数据库具有开放源代码、使用成本低、功能完善、易于安装、便于使用、适合教学等特性，深受广大计算机用户和学校师生的欢迎。编者以MySQL 8.0为基础编成本书。

本书共分两篇，第一篇主要介绍MySQL数据库的基础知识以及教学管理系统开发实战，第二篇主要介绍与第一篇的基础知识相对应的MySQL实验，以期通过理论与实践相结合的模式，帮助读者系统理解MySQL数据库的概念、技术以及应用方法。

本书特色介绍如下。

1. 深化实验教学，巩固所学理论

本书第二篇中的各个实验，均分为验证性实验和设计性实验两个部分。通过实验教学，教师可以最大限度地培养学生利用SQL独立设计、编写和调试代码的能力，还可以促使院校理论教学和实验教学融为一体。

2. 系统构建知识框架，着重培养综合素质

本书系统构建了MySQL数据库的基础知识框架，通过实验着重培养学生在数据库设计、MySQL查询语句编写、数据库语言编程以及简单数据库应用系统开发等方面的能力。

3. 配套教辅资源丰富，全方位服务教师教学

党的二十大报告中提到："坚持以人民为中心发展教育，加快建设高质量教育体系，发展素质教育，促进教育公平。"为了全方位服务教师教学，本书提供PPT、教学大纲、教案、课后习题参考答案（见附录A）、授课计划、所有实例的源代码等教辅资源，教师可通过人邮教育社区（www.ryjiaoyu.com）进行下载。

本书由赵明渊、唐明伟担任主编。此外，程小菊、袁育廷等老师也参与了本书的编写并完成了一些基础性的工作，在此一并表示感谢。

鉴于编者水平有限，书中难免存在不妥之处，敬请广大读者批评指正。

编　者

2023年1月

第一篇 MySQL数据库基础

第1章 数据库基础

第2章 MySQL语言

第 3 章 数据定义

第 4 章 数据操纵

第 5 章 数据查询

第 6 章 视图和索引

第 7 章 MySQL编程技术

第 8 章 MySQL安全管理

第 9 章 备份和恢复

第 10 章 事务管理

第 11 章 PHP和MySQL教学管理系统开发

第二篇 MySQL实验

第一篇

MySQL 数据库基础

第1章 数据库基础

MySQL是一个开放源代码的关系数据库管理系统，其成本低、体积小、速度快。许多中小型网站和信息管理系统为降低总成本而选择了MySQL作为数据库管理系统。

本章介绍数据库系统的基本概念、数据模型、关系数据库、概念结构设计和逻辑结构设计、MySQL数据库管理系统、MySQL 8.0的安装和配置，以及MySQL服务器的启动、关闭和登录等内容。

1.1 数据库系统的基本概念

数据是信息的载体，信息是数据的内涵。数据库是长期存放在计算机内的有组织的、可共享的数据集合。数据库管理系统是一种系统软件，用于科学地组织和存储数据、高效地获取和维护数据。数据库系统是在计算机系统中引入数据库之后所形成的系统，它是用来组织和存取大量数据的系统。

1.1.1 数据和信息

1. 数据

数据（data）是事物的符号表示，它有多种表现形式，如数字、文字、图像、声音、视频等，此外，它还能以数字化后的二进制形式存入计算机并被处理。

在日常生活中，人们直接用自然语言描述事物。在计算机中，需要抽象出事物的特征并组成一条记录来描述事物。例如，一条学生信息的记录如下所示：

```
(193001, 梁俊松, 男, 1999-12-05, 52, 080903)
```

2. 信息

信息（information）指数据的含义，是对数据的语义解释。

1.1.2 数据库、数据库管理系统和数据库系统

1. 数据库

数据库（database，DB）是按一定的数据模型组织、描述和存储数据，具有尽可能小的冗余度、较高的数据独立性和易扩张性的可共享数据集合，其中的数据长期存储在计算机的存储介质中。数据库具有以下特性。

（1）共享性，指数据库中的数据能被多个应用程序所对应的用户使用。

（2）独立性，指数据库的使用提高了数据和程序的独立性，数据与程序可以分开存储，互不交叉。

（3）完整性，指使用数据库易于保证数据的正确性、一致性和有效性。

（4）冗余度低，指使用数据库可以减少数据冗余。

2. 数据库管理系统

数据库管理系统（database management system，DBMS）是创建、操作、管理和维护数据库，并对数据进行统一管理和控制的系统软件，它是数据库系统的核心组成部分。

数据库管理系统一般是指由厂家提供的系统软件，例如甲骨文（Oracle）公司提供的Oracle Database 19c、MySQL 8.0，微软（Microsoft）公司提供的SQL Server 2019等。

数据库管理系统的主要功能如下。

（1）数据定义功能：提供数据定义语言来定义数据库和数据库对象。

（2）数据操纵功能：提供数据操纵语言来对数据库中的数据进行插入、修改、删除等操作。

（3）数据查询功能：提供数据查询语言来对数据库中的数据进行查询等操作。

（4）数据控制功能：提供数据控制语言来进行数据控制（保证数据的安全性、完整性），以实现数据的并发控制等功能。

（5）数据库建立维护功能：包括数据库初始数据的装入、转储、恢复等功能，以及系统性能的监视、分析等功能。

3. 数据库系统

数据库系统（database system，DBS）由数据库、数据库管理系统、应用界面、初级用户、应用程序、应用程序员、查询工具、数据分析员、管理工具、数据库管理员（database administrator，DBA）等组成，如图1.1所示。

从数据库系统的应用角度看，数据库系统的工作模式分为客户-服务器模式和浏览器-服务器模式。

（1）客户-服务器模式。在客户-服务器模式（client-server model，简称C/S）中，将应用划分为前台和后台两个部分。客户中的命令行客户端、图形用户界面、应用程序等被称为“前台”“客户端”“客户程序”，它们主要完成向服务器发送用户请求和接收服务器返回的处理结果。而服务器中的数据库管理系统被称为“后台”或“服务器”或“服务器程序”，主要承担数据库的管理工作，按客户的请求进行数据处理并返回处理结果，如图1.2所示。

客户既要完成应用的表示逻辑，又要完成应用的业务逻辑，完成的任务较多，“显得较胖”，这种两层的客户-服务器模式被称为胖客户瘦服务器的客户-服务器模式。

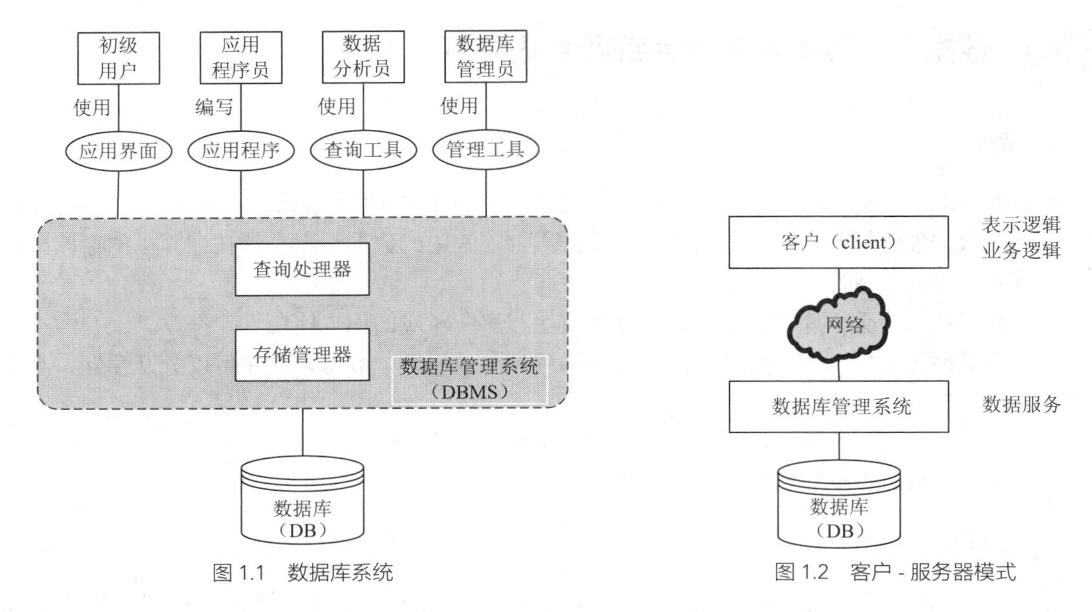

图 1.1　数据库系统

图 1.2　客户 - 服务器模式

（2）浏览器–服务器模式。在浏览器–服务器模式（browser-server model，简称B/S）中，将客户细分为表示层和处理层两个部分。表示层是客户的操作和展示界面，一般由浏览器担任，这就减少了数据库系统中客户承担的任务，使其成为瘦客户；处理层主要负责应用的业务逻辑实现，它与数据层的数据库管理系统共同组成功能强大的胖服务器。这样，应用被划分为表示层、处理层和数据层三个部分，成为一种基于Web应用的客户–服务器模式，又被称为三层客户–服务器模式，如图1.3所示。

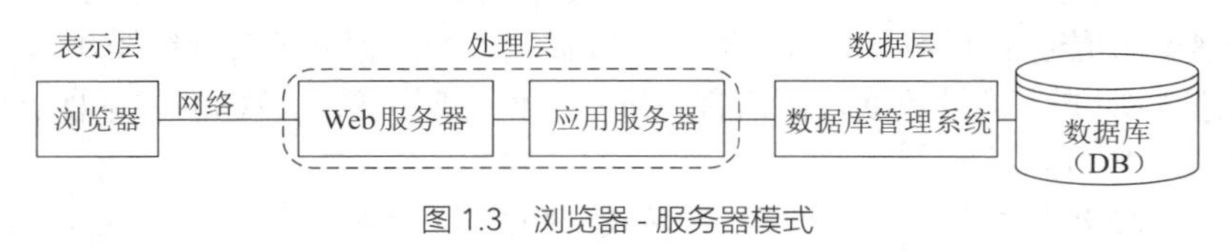

图 1.3　浏览器 - 服务器模式

1.2 数据模型

计算机不能直接处理现实世界中的具体事物，需要采用数据模型对事物特征信息进行描述、组织并将其转换成数据，然后按一定方式进行处理。因此，数据模型为数据处理的关键和基础。

1.2.1 数据模型的概念、类型和组成要素

1．数据模型的概念

数据模型（data model）是对现实世界数据的抽象，它被用来描述数据、组织数据和对数据进行操作。数据模型是数据库管理系统的核心和基础，数据库管理系统的实现通常是建立在某种数据模型的基础之上的。

现实世界中的数据要转换成抽象的数据库数据，需要经过现实世界、信息世界和计算机世界等，如图1.4所示。

（1）现实世界：指客观世界，包括客观存在的事物以及事物之间的联系。

（2）信息世界：将现实世界抽象为信息世界，形成概念模型。

（3）计算机世界：将概念模型转换为计算机数据库管理系统所支持的数据模型。

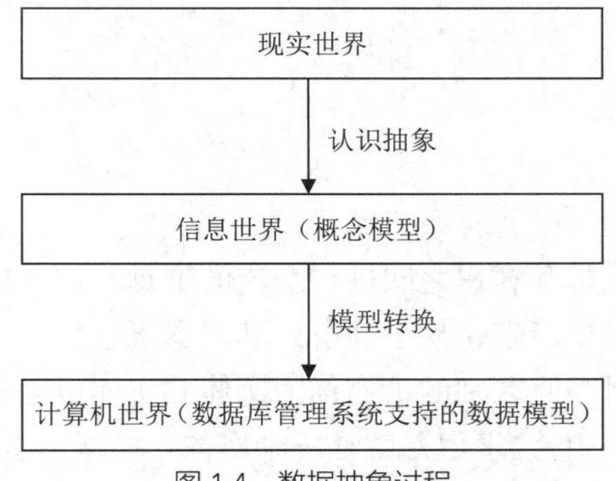

图 1.4 数据抽象过程

2．数据模型的类型

数据模型按应用层次可分为3类：概念模型、逻辑模型、物理模型。

（1）概念模型是对现实世界的第一层抽象，又称信息模型。它通过各种概念来描述现实世界的事物以及事物之间的联系，主要用于数据库设计。

（2）逻辑模型用于计算机进行数据建模的过程，是概念模型的数据化，是事物和事物之间联系的数据描述，它提供了表示和组织数据的方法。主要的逻辑模型有层次模型、网状模型、关系模型、面向对象数据模型、对象关系数据模型和半结构化数据模型等。

（3）物理模型是对数据最底层的抽象，它描述了数据在计算机系统内部的表示方式和存取方法，如数据在磁盘上的表示方式和存取方法。物理模型是面向计算机系统的，由数据库管理系统实现。

从概念模型到逻辑模型的转换由数据库设计人员完成，从逻辑模型到物理模型的转换主要由数据库管理系统完成。

3．数据模型的组成要素

数据模型是现实世界数据特征的抽象，一般由数据结构、数据操作、数据完整性约束三要素组成。

（1）数据结构。数据结构用于描述数据库系统的静态特性，是所研究的对象类型的集合，数据模型按其数据结构分为层次模型、网状模型和关系模型等。数据结构所研究的对象是数据库的组成部分，包括两类：一类是与数据类型、内容、性质有关的对象，例如关系模型中的域、属性等；另一类是与数据之间的联系有关的对象，例如关系模型中反映联系的关系等。

（2）数据操作。数据操作用于描述数据库系统的动态特性，是指对数据库中各种对象及对象的实例允许执行的操作的集合，包括对象的创建、修改和删除，对对象实例的检索、插入、删除、修改及其他有关操作等。

（3）数据完整性约束。数据完整性约束是一组完整性约束规则的集合。完整性约束规则是给定数据模型中数据及其联系所具有的制约和依存的规则。

数据模型三要素在数据库中都是严格定义的一组概念的集合。在关系数据库中，数据结构是表结构定义及其他数据库对象定义的命令集，数据操作是数据库管理系统提供的数据操作命令集（含操作命令、语法规定、参数说明等），数据完整性约束是各关系表约束的定义及操作约束规则等的集合。

1.2.2 概念模型

1．概念模型的基本概念

概念模型是数据库设计人员和客户之间进行交流的工具，仅考虑领域实体属性和联系，要求有较强的语义表达能力，且简单清晰、易于理解。其基本概念如下。

（1）实体：客观存在并可相互区别的事物称为实体。实体可以是具体的人、事、物或抽象的概念，例如，在教学管理系统中，“学生”就是一个实体。

（2）属性：实体所具有的某一特性称为属性。例如，在教学管理系统中，学生的特性有学号、姓名、性别、出生日期、籍贯、总学分、专业代码，它们就是“学生”的7个属性。

（3）实体型：用实体名及其属性集合来抽象和刻画的同类实体，称为实体型。例如，学生（学号，姓名，性别，出生日期，籍贯，总学分，专业代码）就是一个实体型。

（4）实体集：同类实体的集合称为实体集。例如，全体学生记录就是一个实体集。

（5）联系：现实世界中事物内部和事物之间的联系，在概念模型中反映为实体（型）内部的联系和实体（型）之间的联系。

2．实体之间的联系

实体之间的联系，可分为一对一的联系、一对多的联系、多对多的联系。

（1）一对一（1:1）的联系。例如，一个班级只有一个正班长，而一个正班长只属于一个班级，班级与正班长两个实体间具有一对一的联系。

（2）一对多（1:*n*）的联系。例如，一个班级可以有若干学生，而一个学生只能属于一个班级，班级与学生两个实体间具有一对多的联系。

（3）多对多（*m*:*n*）的联系。例如，一个学生可选修多门课程，一门课程可被多个学生选修，学生与课程两个实体间具有多对多的联系。

3．概念模型的表示方法

概念模型的表示方法很多，其中著名和常用的方法是实体–联系方法（entity–relationship approach）。该方法用E–R图（entity–relationship diagram）描述现实世界的概念模型，并从中抽象出实体和实体之间的联系。E–R图中的表示如下。

（1）实体采用矩形框表示，框内为实体名；

（2）属性采用椭圆形框表示，框内为属性名。

（3）实体间的联系采用菱形框表示，联系以适当的含义命名，名字写在菱形框中。

（4）用无向边将存在联系的矩形框分别与菱形框相连，并在连线上标明联系的类型。如果联系也具有属性，则将椭圆形框与菱形框也用无向边相连。

实体之间的3种联系如图1.5所示。

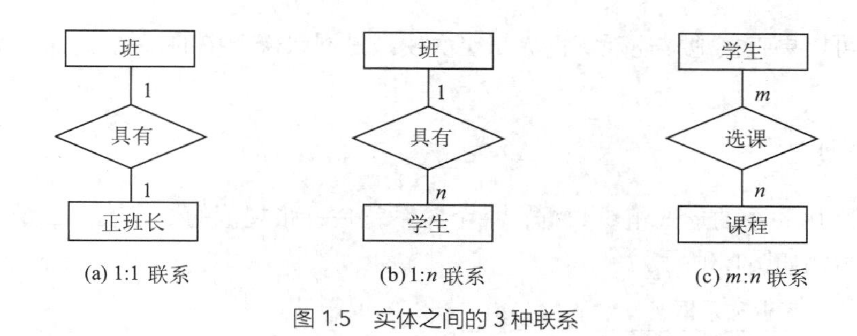

图 1.5 实体之间的 3 种联系

1.2.3 逻辑模型

逻辑模型是面向数据库的逻辑结构，是对现实世界的第二层抽象。在数据库系统中常用的逻辑模型有层次模型、网状模型和关系模型等。其中，关系模型应用最为广泛。

1．层次模型

层次模型（hierarchical model）用树状结构来表示现实世界中实体和实体之间的联系。树状结构中一个结点表示一个实体，实体之间的联系是一对多的。

层次模型有且只有一个没有双亲的结点，这个结点被称为根结点，位于树状结构顶部。根结点以外的其他结点有且只有一个双亲结点。层次模型的特点是结点的双亲是唯一的，能直接处理一对多的联系。层次模型示例如图1.6所示。

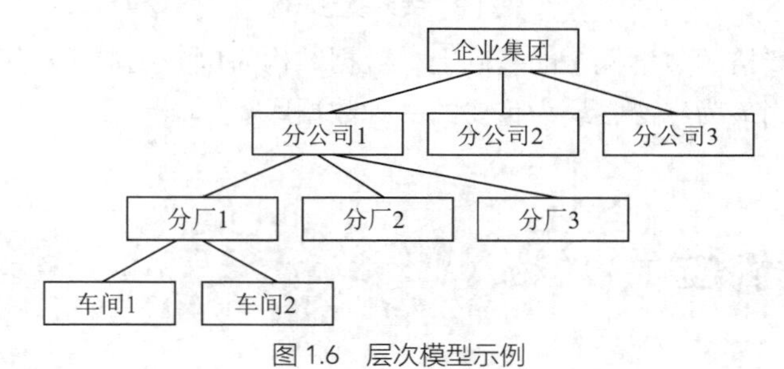

图 1.6 层次模型示例

层次模型简单、易用，但现实世界中很多实体间的联系是非层次性的，如多对多的联系等，若用层次模型来表达则会显得笨拙且不直观。

2．网状模型

网状模型（network model）采用网状结构组织数据，网状结构中的一个结点表示一个实体，实体之间可以有多种联系。

网状模型是对层次模型的扩展，允许一个以上的结点无双亲，同时也允许一个结点有多个双亲，层次模型为网状模型中的一种较简单的情况。网状模型示例如图1.7所示。

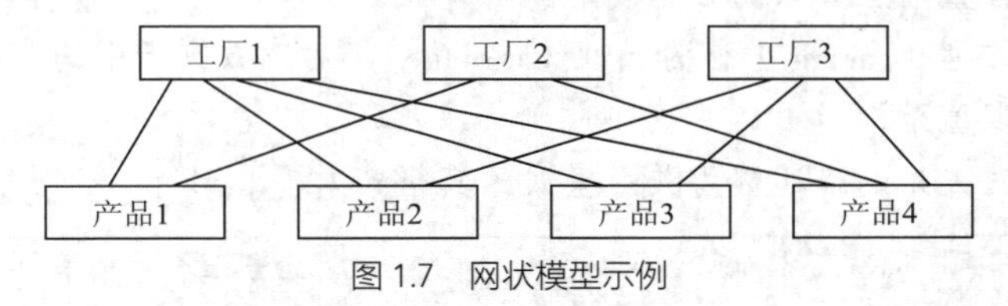

图 1.7 网状模型示例

网状模型可以更直接地描述现实世界（层次模型是网状模型中的特例），但其结构复杂，不易于用户使用。

3．关系模型

关系模型采用关系的形式组织数据，一个关系就是一张规范的二维表，二维表由行和列组成。关系模型示例如图1.8所示。

专业关系框架

专业代码	专业名称

学生关系框架

学号	姓名	性别	出生日期	总学分	专业代码

专业关系

专业代码	专业名称
080703	通信工程
080903	网络工程

学生关系

学号	姓名	性别	出生日期	总学分	专业代码
193001	梁俊松	男	1999-12-05	52	080903
193002	周玲	女	1998-04-17	50	080903
198001	康文卓	男	1998-10-14	50	080703
198002	张小翠	女	1998-09-21	48	080703

图 1.8　关系模型示例

关系模型建立在严格的数学概念的基础上，数据结构简单、清晰，对用户而言易懂、易用。关系数据库是目前应用最为广泛、最为重要的一种数据库。

1.3 关系数据库

1.3.1 关系数据库的基本概念

关系数据库采用关系模型组织数据，是目前很流行的数据库。关系数据库管理系统（relational database management system，RDBMS）是支持关系模型的数据库管理系统，其所涉及的概念介绍如下。

- 关系：关系就是表（table）。在关系数据库中，一个关系被存储为一张规范的二维表。
- 元组：表中一行（row）为一个元组（tuple），一个元组对应数据表中的一条记录（record），元组的各个分量对应关系的各个属性。
- 属性：表中的列（column）称为属性（attribute），对应数据表中的字段（field）。
- 域：属性的取值范围。
- 关系模式：对关系的描述称为关系模式。其格式如下：

```
关系名(属性名1,属性名2,…,属性名n)
```

- 候选键：属性或属性组，其值可唯一标志其对应的元组。
- 主关键字（主键）：在候选键中选择一个作为主键（primary key）。
- 外关键字（外键）：在一个关系中的属性或属性组不是该关系的主键，但它是另一个关系的主键，则称它为外键（foreign key）。

在图1.8中，专业的关系模式为：

```
专业(专业代码，专业名称)
```

主键为专业代码。

学生的关系模式为：

```
学生(学号，姓名，性别，出生日期，总学分，专业代码)
```

主键为学号，外键为专业代码。

1.3.2 关系运算

关系数据操作称为关系运算，选取、投影、连接是极为重要的关系运算。关系数据库管理系统支持关系数据库的选取、投影、连接运算。

1．选取

选取（select）指选出满足给定条件的记录。它是从行的角度进行的单目运算，运算对象是一个表，运算结果是一个新表。

【例1.1】进行选取运算：从学生关系（表）中选取姓名为梁俊松的行。

选取后的新表如表1.1所示。

表1.1　选取后的新表

学号	姓名	性别	出生日期	总学分	专业代码
193001	梁俊松	男	1999-12-05	52	080903

2．投影

投影（project）是选择表中满足条件的列。它是从列的角度进行的单目运算。

【例1.2】进行投影运算：从学生关系（表）中选取学号、姓名、专业代码。

投影后的新表如表1.2所示。

表1.2　投影后的新表

学号	姓名	专业代码
193001	梁俊松	080903
198001	康文卓	080703

3．连接

连接（join）是将两个表中的行按照一定的条件横向结合生成的新表。选择和投影都是单目运算，操作对象只是一个表，而连接是双目运算，操作对象是两个表。

【例1.3】进行连接运算：将专业关系（表）与学生关系（表）通过专业代码相等的条件进行连接。

连接后的新表如表1.3所示。

表1.3　连接后的新表

专业代码	专业名称	学号	姓名	性别	出生日期	总学分	专业代码
080703	通信工程	198001	康文卓	男	1998-10-14	50	080703
080703	通信工程	198002	张小翠	女	1998-09-21	48	080703
080903	网络工程	193001	梁俊松	男	1999-12-05	52	080903
080903	网络工程	193002	周玲	女	1998-04-17	50	080903

1.4 概念结构设计和逻辑结构设计

通常将使用数据库的应用系统称为数据库应用系统，例如电子商务系统、电子政务系统、办公自动化系统、以数据库为基础的各类管理信息系统等。数据库应用系统的设计和开发本质上属于软件工程的范畴。

广义数据库设计指设计整个数据库的应用系统。狭义数据库设计指设计数据库的各级模式并建立数据库，它是数据库应用系统设计的一部分。本节主要介绍狭义数据库设计。

1．数据库设计的基本步骤

按照规范设计的方法，考虑数据库及其应用系统开发的全过程，将数据库设计分为以下6个阶段：需求分析阶段、概念结构设计阶段、逻辑结构设计阶段、物理结构设计阶段、数据库实施阶段、数据库运行和维护阶段，如图1.9所示。

（1）需求分析阶段。需求分析是整个数据库设计的基础，在数据库设计中，首先需要准确了解与分析用户的需求，明确系统的目标和需要实现的功能。

（2）概念结构设计阶段。概念结构设计是整个数据库设计的关键，其任务是根据需求分析结果，形成一个独立于具体数据库管理系统的概念模型，即系统E-R图。

（3）逻辑结构设计阶段。逻辑结构设计是将概念模型转换为某个具体的数据库管理系统所支持的数据模型。

（4）物理结构设计阶段。物理结构设计是选取一个适合应用逻辑数据模型的物理结构（包括存储结构和存取方法等）。

（5）数据库实施阶段。数据库设计人员运用数据库管理系统所提供的数据库语言和宿主语言，根据逻辑结构和物理结构的设计结果建立数据库，编写和调试应用程序，并组织数据入库和试运行。

（6）数据库运行和维护阶段。数据库通过试运行后即可投入正式运行。在数据库运行过程中，还须不断地对其进行评估、调整和修改。

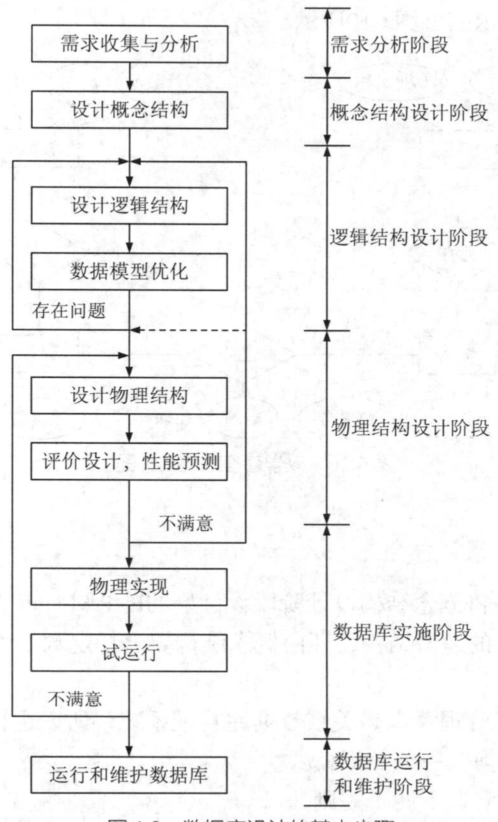

图 1.9　数据库设计的基本步骤

下面仅介绍数据库设计基本步骤中的概念结构设计和逻辑结构设计。

2．概念结构设计

将需求分析阶段得到的用户需求抽象为信息结构（概念模型）的过程就是概念结构设计。

需求分析阶段得到的数据，其描述是无结构的。概念设计是在需求分析的基础上将其描述转换为有结构的、易于理解的精确描述。概念结构设计阶段的目标是形成整个数据库的概念模型，它独立于数据库逻辑结构和具体的数据库管理系统。概念结构设计是整个数据库设计的关键。

概念结构设计的结果为系统E–R图。

【例1.4】设教学管理系统中专业、学生、课程、教师实体如下所示。

```
专业：专业代码,专业名称
学生：学号,姓名,性别,出生日期,总学分
课程：课程号,课程名,学分
教师：教师编号,姓名,性别,出生日期,职称,学院
```

上述实体中存在如下联系。

（1）一个学生可选修多门课程，一门课程可被多个学生选修。

（2）一个教师可讲授多门课程，一门课程可被多个教师讲授。

（3）一个专业可拥有多个学生，一个学生只属于一个专业。

（4）假设学生只能选修本专业的课程，教师只能为本学院的学生讲课。

要求设计该系统的E–R图。

设计的教学管理系统E–R图如图1.10所示。

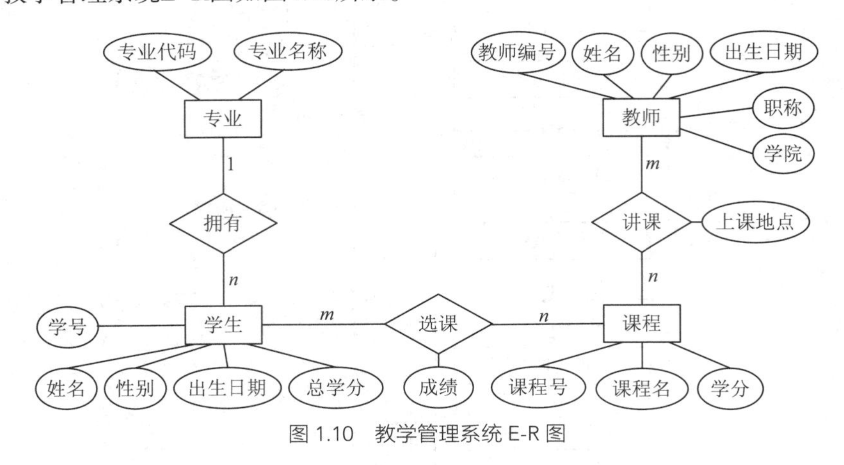

图 1.10　教学管理系统 E-R 图

3．逻辑结构设计

逻辑结构设计的任务是将概念结构设计阶段设计好的E–R图，转换为与选用的数据库管理系统所支持的数据模型相符合的逻辑结构，即由概念结构导出特定数据库管理系统可以处理的逻辑结构。

由于当前主流的数据库管理系统是关系数据库管理系统，所以逻辑结构设计是将E–R图转换为关系模型，即将E–R图转换为一组关系模式。

E–R图向关系模型转换有以下两个规则。

（1）一个实体转换为一个关系模式。

实体的属性就是关系的属性，实体的键就是关系的键。

（2）实体间的联系转换为关系模式有以下不同的情况。

① 一个1:1联系可以转换为一个独立的关系模式，也可以与任意一端所对应的关系模式合并。

如果转换为一个独立的关系模式，则与该联系相连的各实体的键以及联系本身的属性都会转换为关系的属性，每个实体的键都是该关系的候选键。

如果与某一端实体对应的关系模式合并，则须在该关系模式的属性中加入另一个关系模式的键和联系本身的属性。

② 一个1:*n*联系可以转换为一个独立的关系模式，也可以与*n*端所对应的关系模式合并。

如果转换为一个独立的关系模式，则与该联系相连的各实体的键以及联系本身的属性都会转换为关系的属性，且关系的键为*n*端实体的键。

如果与*n*端实体对应的关系模式合并，则须在该关系模式的属性中加入一端实体的键和联系本身的属性。

③ 一个*m*:*n*联系转换为一个独立的关系模式。

与该联系相连的各实体的键以及联系本身的属性都转换为关系的属性，各实体的键组成该关系的键或关系键的一部分。

④ 3个或3个以上实体间的一个多元联系可以转换为一个独立的关系模式。

与该多元联系相连的各实体的键以及联系本身的属性都转换为关系的属性，各实体的键组成该关系的键或关系键的一部分。

⑤ 具有相同键的关系模式可以合并。

【例1.5】 将例1.4中教学管理系统E–R图转换为关系模式。

将“专业”实体、“学生”实体、“课程”实体、“教师”实体分别转换成关系模式，将“拥有”联系（1:*n*联系）合并到“学生”实体（*n*端实体）对应的关系模式中，将“选课”联系和“讲课”联系（*m*:*n*联系）转换为独立的关系模式。

```
专业：专业代码,专业名称
学生：学号,姓名,性别,出生日期,总学分,专业代码
课程：课程号,课程名,学分
教师：教师编号,姓名,性别,出生日期,职称,学院
选课：学生,课程号,成绩
讲课：教师编号,课程号,上课地点
```

1.5 MySQL数据库管理系统

MySQL最早由MySQL AB公司开发、发布和支持，目前属于Oracle公司旗下产品。MySQL是极其流行的关系数据库管理系统之一。

MySQL数据库管理系统具有以下特点。

（1）支持多种操作系统，例如Linux、Solaris、Windows、macOS、AIX、FreeBSD、HP-UX、Novell Netware、OpenBSD、OS/2等。

（2）开放源代码，可以大幅度降低开发成本。

（3）使用核心线程的完全多线程服务，这意味着可以采用多CPU体系结构。

（4）使用C和C++编写，可以使用多种编译器进行测试，保证了源代码的可移植性。

（5）为多种编程语言提供了API（application program interface，应用程序接口）。这些编程语言包括C、C++、Python、Java、Perl、PHP、Eiffel、Ruby等。

（6）支持多种存储引擎。

（7）使用优化后的SQL查询算法，可以有效地提高查询速度。

（8）既能够作为一个单独的应用程序应用在C/S网络环境中，也能够作为一个库嵌入其他的软件中。

（9）提供多语言支持，常见的编码（如中文GB2312、BIG5等）都可用作数据库的表名和列名。

（10）提供TCP/IP、ODBC（open database connectivity，开放式数据库互连）和JDBC（Java database connectivity，Java数据库互连）等多种数据库连接途径。

（11）提供可用于管理、检查、优化数据库操作的工具。

（12）能够管理拥有上千万条记录的大型数据库。

用MySQL数据库管理系统构建网站和信息管理系统主要有两种架构方式：LAMP和WAMP。

（1）LAMP（Linux+Apache+MySQL+PHP/Perl/Python）

Linux作为操作系统，Apache作为Web服务器，MySQL作为数据库管理系统，PHP/Perl/Python作为服务器端脚本解释器。LAMP架构的所有组成产品都是开源软件。与J2EE架构相比，LAMP具有Web资源丰富、轻量、开发快速等特点；与.NET架构相比，LAMP具有通用、跨平台、性能

强、价格低等特点。

（2）WAMP（Windows+Apache+MySQL+PHP/Perl/Python）

Windows作为操作系统，Apache作为Web服务器，MySQL作为数据库管理系统，PHP/Perl/Python作为服务器端脚本解释器。

1.6 MySQL 8.0的安装和配置

下面介绍MySQL 8.0的安装和配置的具体步骤。

1.6.1 MySQL 8.0安装

安装MySQL 8.0，可用32位或64位Windows操作系统，例如Windows 7、Windows 8、Windows 10、Windows Server 2012等。安装时，操作人员需要具有系统管理员的权限。

1. 安装包下载

从MySQL官网下载MySQL 8.0安装包。进入MySQL官网，打开MySQL Community下载页面，在“Select Operating System”下拉列表中，选择“Microsoft Windows”，可以选择32位或64位安装包，这里选择32位，单击“Download”按钮即可下载，如图1.11所示。

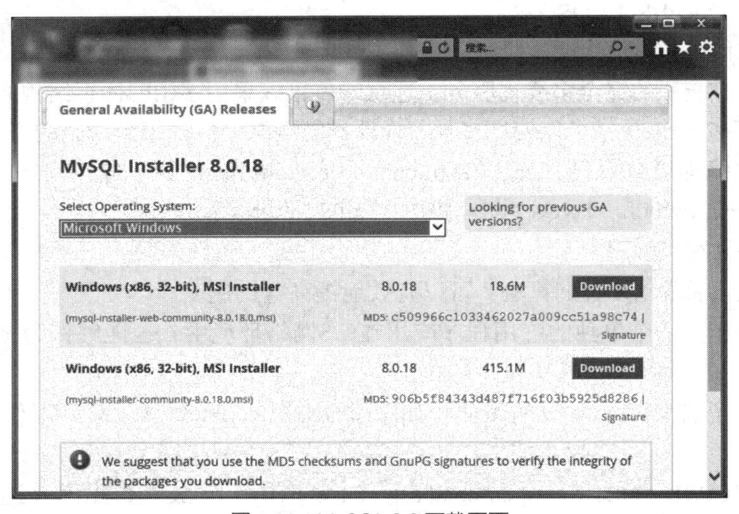

图 1.11　MySQL 8.0 下载页面

提示

32位系统有两个安装版本，即mysql-installer-web-community和mysql-installer-community，前者为在线安装版本，后者为离线安装版本。这里选择离线安装版本。

2. 安装步骤

下面以在Windows 7中安装MySQL 8.0为例，说明安装步骤。

（1）双击下载的mysql-installer-community-8.0.18.0.msi文件，出现“License Agreement”（用户许可协议）窗口，选中“I accept the license terms”复选框；然后单击“Next”（下一步）按钮，进入“Choosing a Setup Type”（选择安装类型）窗口，选择“Custom”（自定义安装类型），单击“Next”按钮，如图1.12所示。

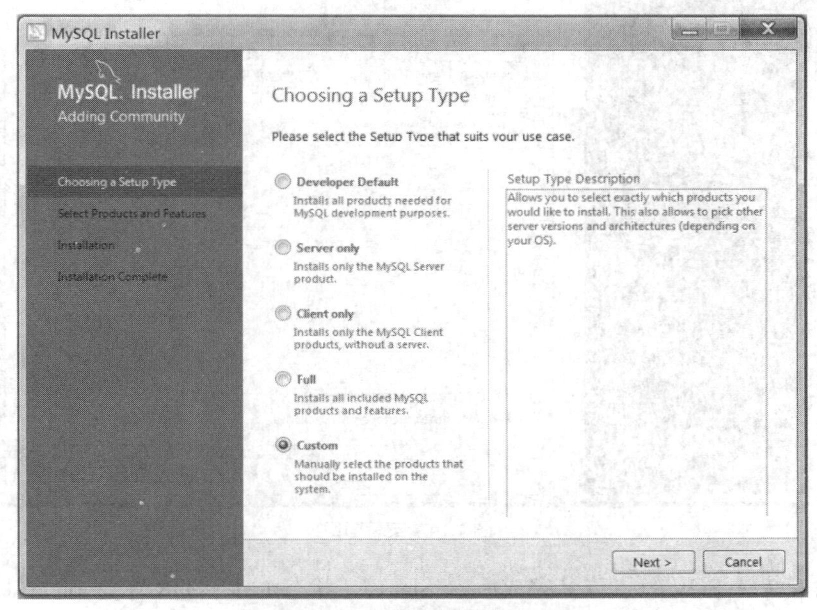

图 1.12　选择安装类型窗口

（2）进入图1.13所示的“Select Products and Features”（产品定制选择）窗口，添加“MySQL Server 8.0.18–X64”“MySQL Documentation 8.0.18–X86” 和“Samples and Examples 8.0.18–X86”，单击“Next”按钮。

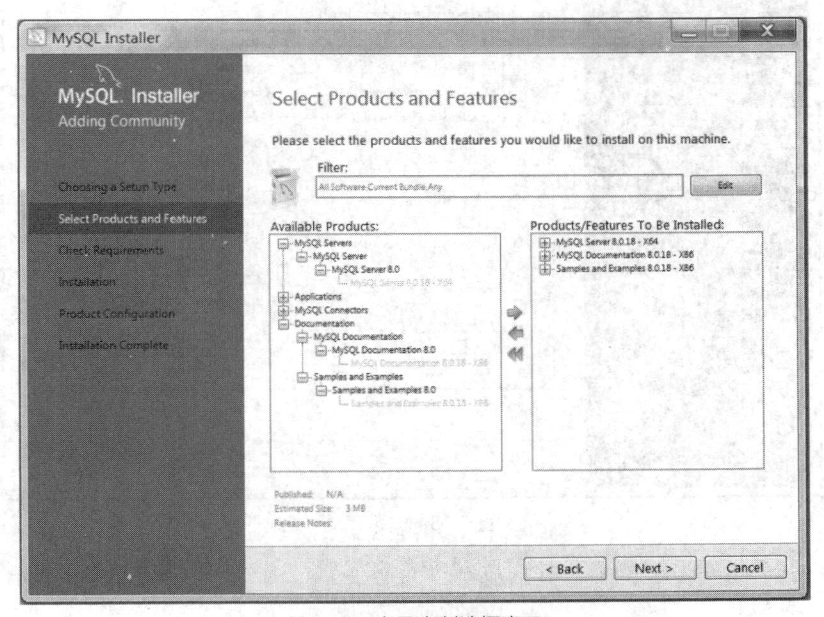

图 1.13　产品定制选择窗口

（3）进入“Installation”（安装）窗口，单击“Execute”（执行）按钮，如图1.14所示。

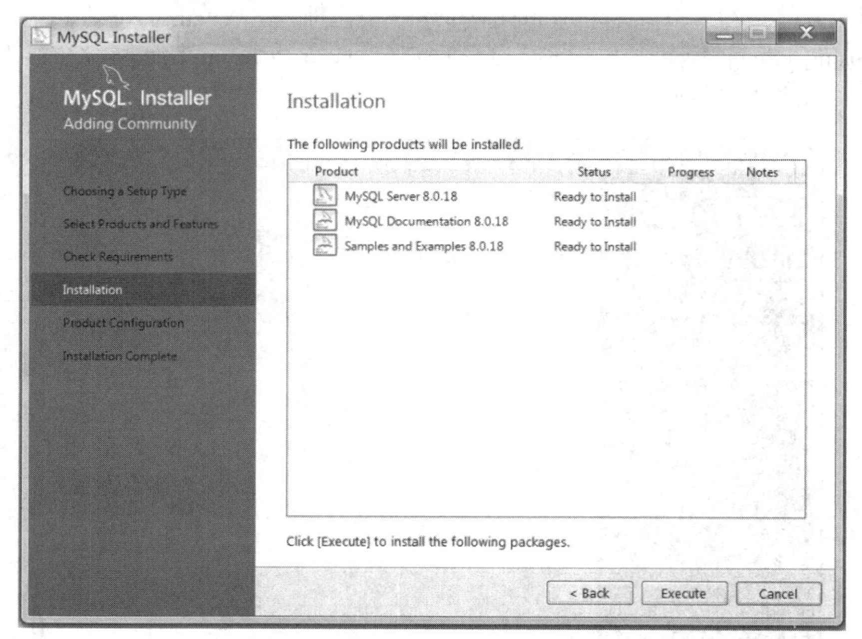

图 1.14　安装窗口

（4）开始安装MySQL 8.0，安装完成后，“Status”（状态）列将显示“Complete”（安装完成），如图1.15所示。

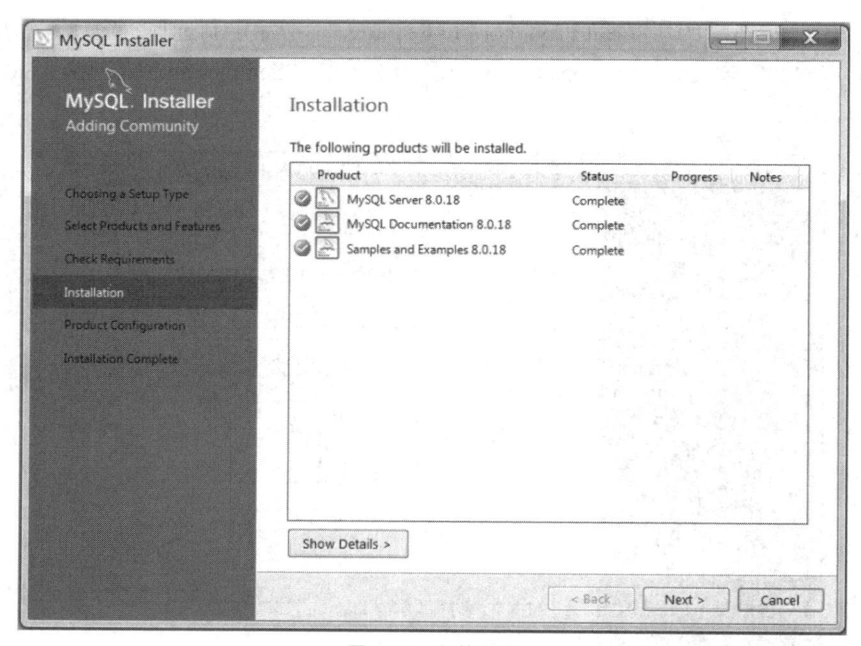

图 1.15　安装完成

1.6.2 MySQL 8.0配置

MySQL 8.0安装完成之后，还需要进行配置，配置步骤如下。

（1）在图1.15所示的窗口中，单击“Next”按钮，进入“Product Configuration”（产品配置）窗口，如图1.16所示。

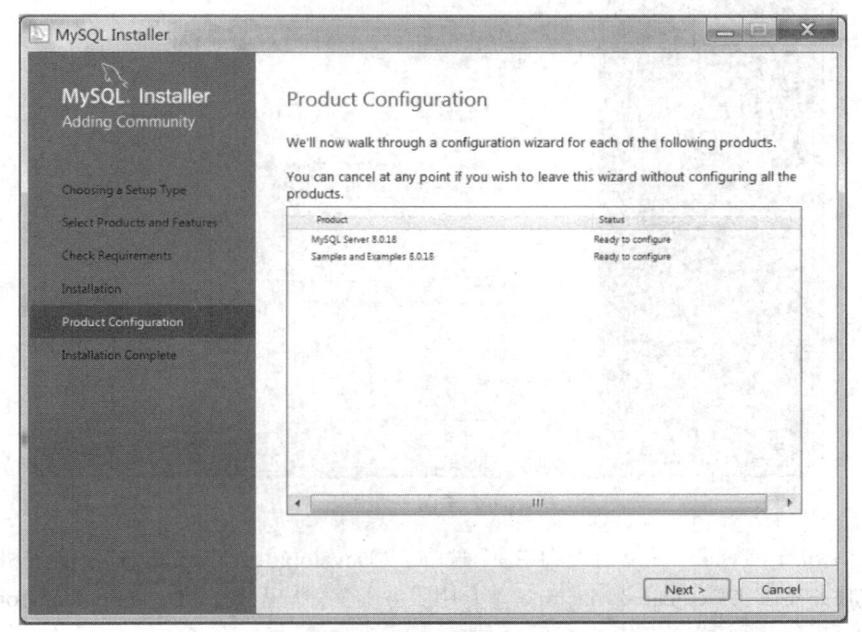

图 1.16 产品配置窗口

（2）单击“Next”按钮，进入“High Availability”（高可用性）窗口，如图1.17所示。

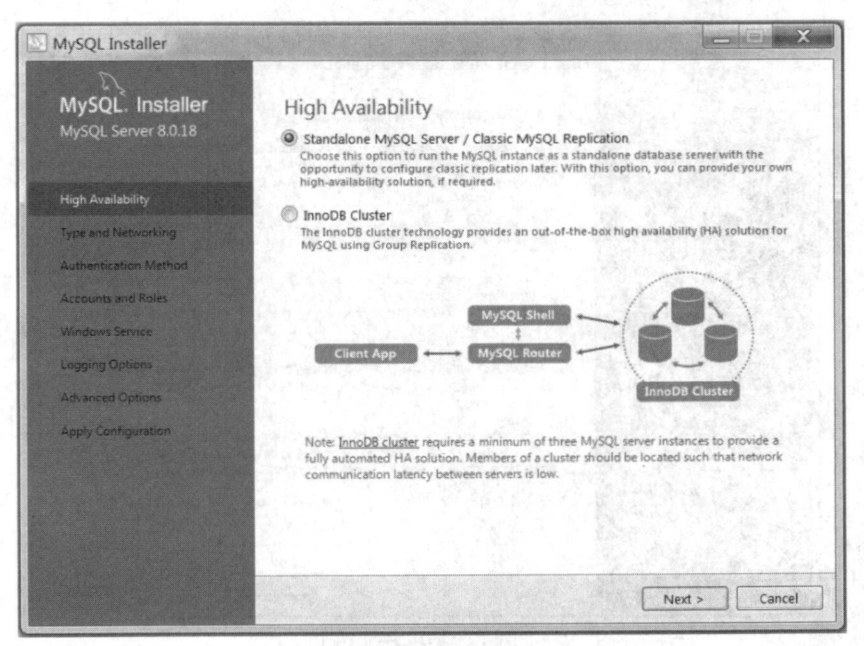

图 1.17 高可用性窗口

（3）单击“Next”按钮，进入“Type and Networking”（类型与网络）窗口，采用默认设置，如图1.18所示。

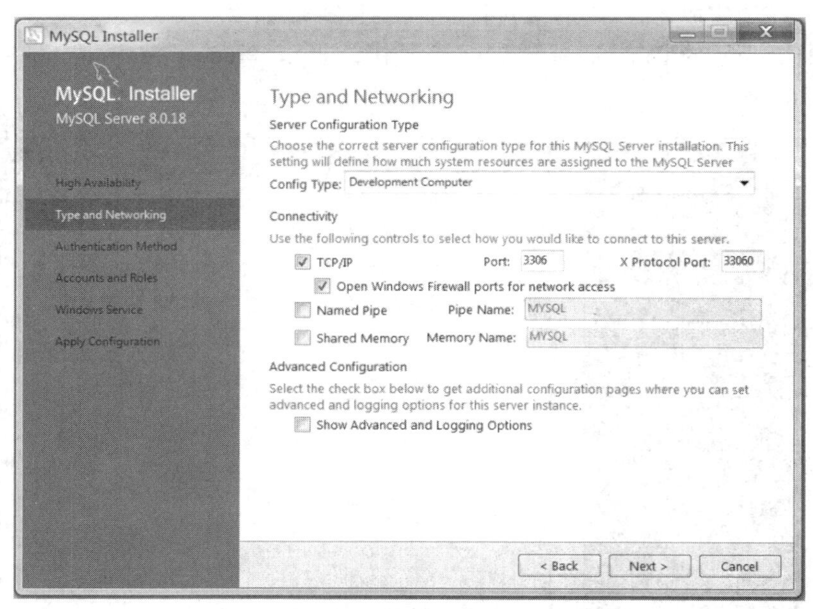

图 1.18　类型与网络窗口

其中，“Config Type”下拉列表中有3个选项：“Development Computer”（掘进机）、“Server Machine”（服务器）、“Dedicated Machine”（专用服务器）。这里选择“Development Computer”（掘进机）选项。

（4）单击“Next”按钮，进入“Authentication Method”（授权方式）窗口，这里选择第2个单选按钮，即传统的授权方式，保留5.x版本的兼容性，如图1.19所示。

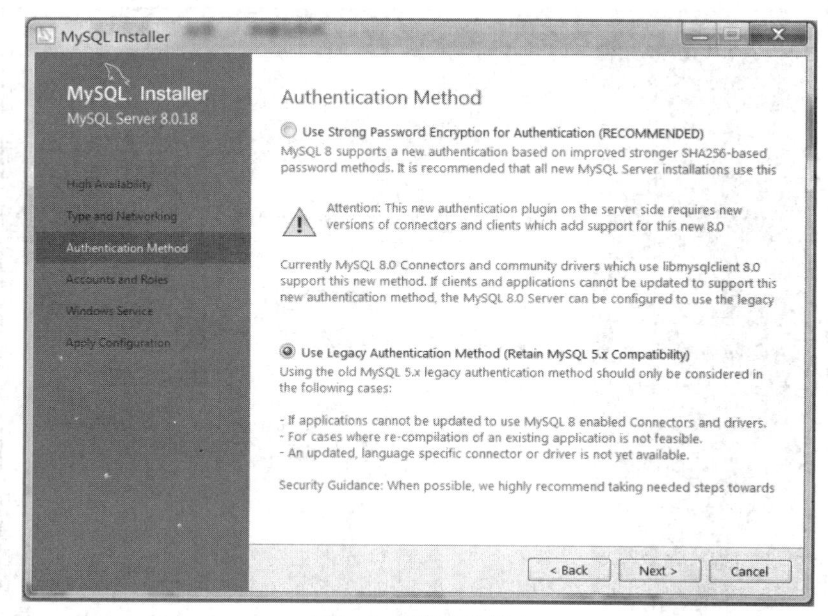

图 1.19　授权方式窗口

（5）单击“Next”按钮，进入“Accounts and Roles”（账户与角色）窗口，如图1.20所示，输入两次同样的密码，这里设置密码为123456。

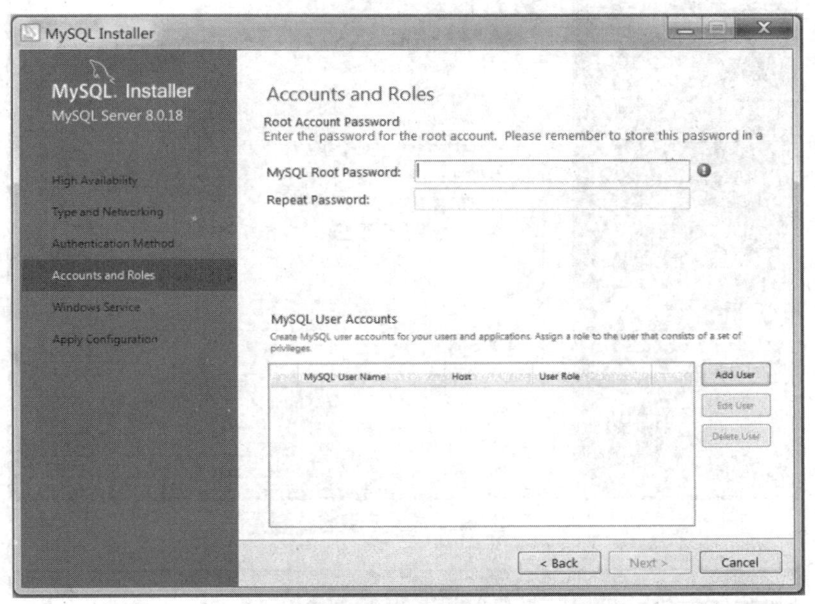

图 1.20 账户与角色窗口

（6）单击“Next”按钮，进入“Windows Service”（Windows服务器）窗口，本书设置服务器名称为“MySQL”，如图1.21所示。

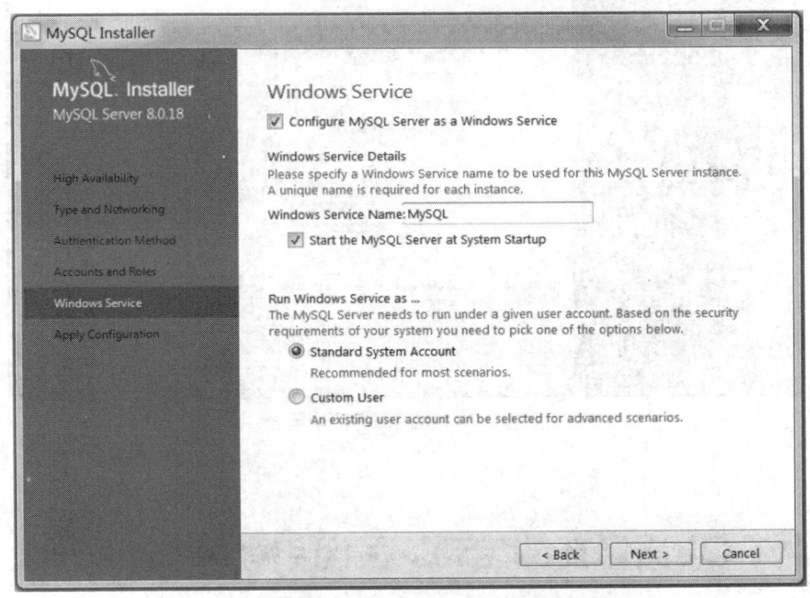

图 1.21 Windows 服务器窗口

（7）单击“Next”按钮，进入“Apply Configuration”（应用配置）窗口，如图1.22 所示。

（8）单击“Execute”按钮，即可自动配置MySQL服务器，配置完成后，单击“Finish”（完成）按钮，完成服务器配置，如图1.23所示。

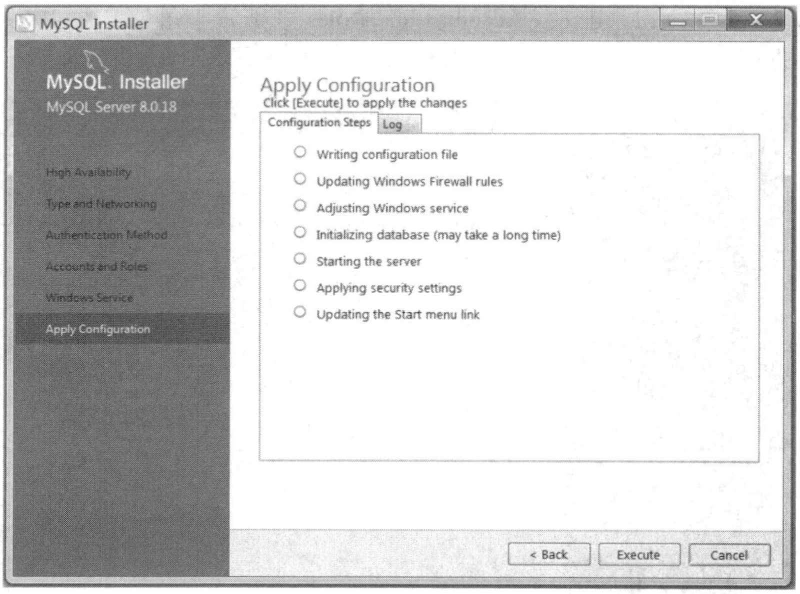

图 1.22　应用配置窗口

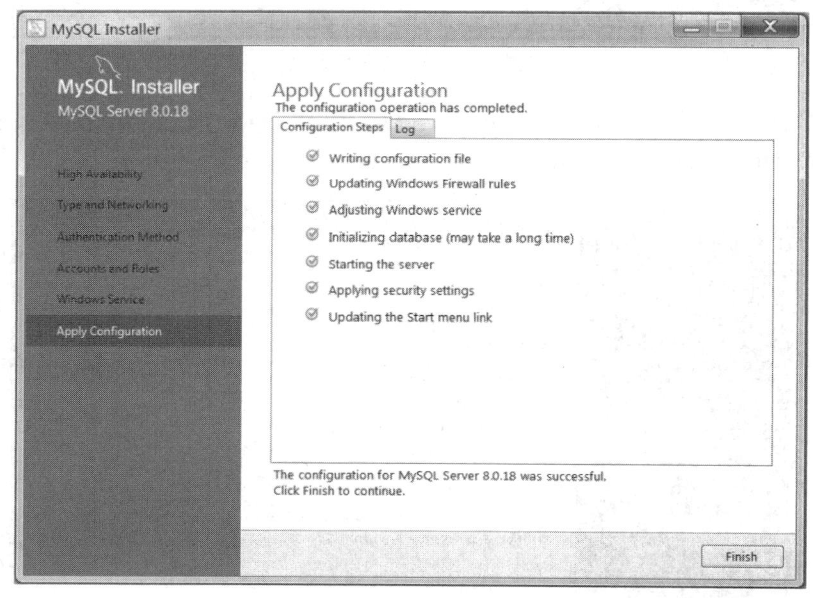

图 1.23　完成服务器配置

1.7 MySQL服务器的启动、关闭和登录

1.7.1 MySQL服务器的启动和关闭

MySQL安装和配置完成后，还需要启动服务器进程，才能通过客户端命令行工具登录数据

库。下面介绍MySQL服务器的启动和关闭。

启动和关闭MySQL服务器的操作步骤如下。

（1）单击“开始”菜单，在“搜索程序和文件”框中输入“services.msc”命令，按“Enter”键，出现“服务”窗口，如图1.24所示。可以看出，MySQL服务已启动，服务的启动类型为“自动”。

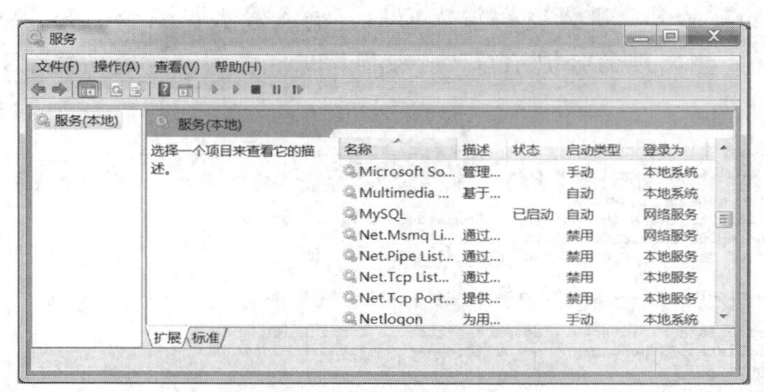

图 1.24 “服务”窗口

（2）可以更改MySQL服务的启动类型，在“服务”窗口中右击服务名称为“MySQL”的项目，在弹出的快捷菜单中选择“属性”命令，弹出图1.25所示的对话框，在“启动类型”下拉列表中可以选择“自动”“手动”“禁用”等选项。

图 1.25 “MySQL 的属性”对话框

（3）在图1.25中，在“服务状态”栏可以更改服务状态为“停止”“暂停”“恢复”等。单击“停止”按钮，即可关闭MySQL服务器。

1.7.2 MySQL服务器登录

在Windows操作系统中，可以通过MySQL命令行客户端和“命令提示符”窗口登录MySQL服务器，下面分别对它们进行介绍。

1. MySQL命令行客户端

在安装MySQL的过程中，MySQL命令行客户端被自动配置到了计算机上，以C/S模式连接和管理MySQL服务器。

选择“开始”→“所有程序”→“MySQL”→“MySQL Server 8.0”→“MySQL Server 8.0 Command Line Client”命令，进入密码输入窗口，输入管理员口令（安装MySQL时设置的密码），这里是123456。当出现命令提示符“mysql>”时，表示已经成功登录MySQL服务器，如图1.26 所示。

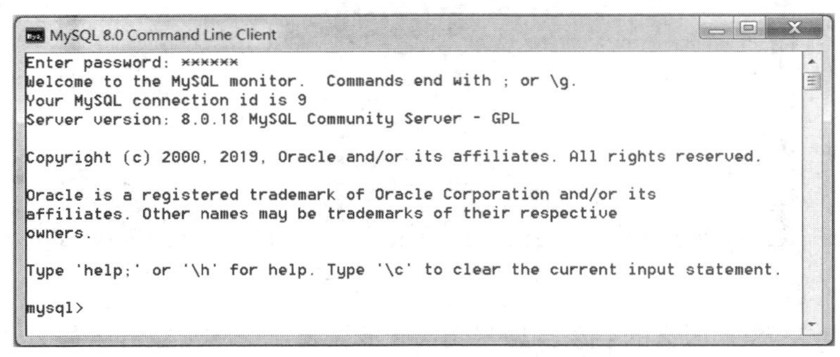

图 1.26　MySQL命令行客户端

2. “命令提示符”窗口

通过“命令提示符”窗口登录MySQL服务器的步骤如下。

（1）单击“开始”菜单，在“搜索程序和文件”框中输入“cmd”命令，按“Enter”键，进入“命令提示符”窗口。

（2）输入“cd C:\Program Files\MySQL\MySQL Server 8.0\bin”命令，按“Enter”键，进入安装MySQL 8.0的bin目录。

（3）输入“C:\Program Files\MySQL\MySQL Server 8.0\bin > mysql–u root–p”命令，按“Enter”键，输入密码（这里是123456），当出现命令提示符“mysql>”时，表示已经成功登录MySQL服务器，如图1.27 所示。

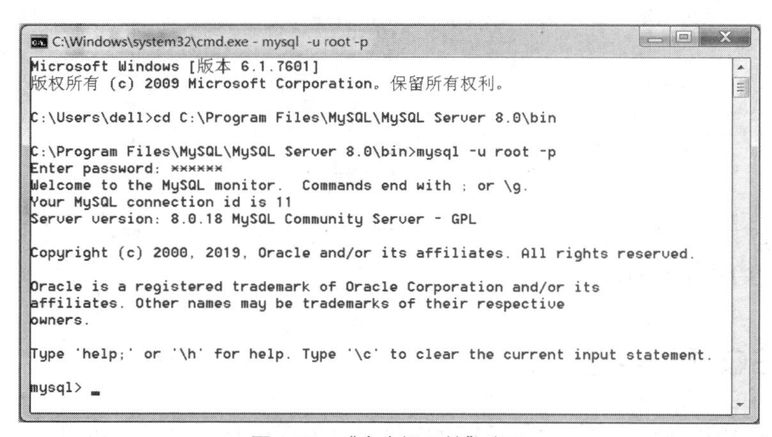

图 1.27　“命令提示符”窗口

本章小结

本章主要介绍了以下内容。

（1）数据库是长期存放在计算机内的有组织的、可共享的数据集合。数据库中的数据按一定的数据模型被组织、描述和存储，具有尽可能小的冗余度、较高的数据独立性和易扩张性。

数据库管理系统是数据库系统的核心组成部分，它是在操作系统支持下的系统软件，是对数据进行管理的大型系统软件，用户在数据库系统中的一些操作都是由数据库管理系统来实现的。

数据库系统是在计算机系统中引入数据库后所构成的系统。数据库系统由数据库、操作系统、数据库管理系统、应用程序、用户、数据库管理员等组成。

（2）数据模型是现实世界数据特征的抽象，在设计/开发数据库应用系统时需要使用不同的数据模型，它们分别是概念模型、逻辑模型和物理模型。

（3）关系数据库采用关系模型组织数据。关系数据库是目前很流行的数据库，关系数据库管理系统是支持关系模型的数据库管理系统。关系数据库中重要的概念有：关系、元组、属性、域、关系模式、候选键、主关键字（主键）、外关键字（外键）。

关系数据操作称为关系运算，选取、投影、连接是最重要的关系运算。关系数据库管理系统支持关系数据库的选取、投影、连接运算。

（4）数据库设计可分为6个阶段：需求分析阶段、概念结构设计阶段、逻辑结构设计阶段、物理结构设计阶段、数据库实施阶段、数据库运行和维护阶段。

概念结构设计是在需求分析的基础上将数据无结构的描述转换为有结构的、易于理解的精确描述。概念结构设计阶段的目标是形成整个数据库的概念结构，它独立于数据库逻辑结构和具体的数据库管理系统。描述概念结构的有力工具是E-R图，概念结构设计是整个数据库设计的关键。

逻辑结构设计的任务是将概念结构设计阶段设计好的E-R图转换为与选用的数据库管理系统所支持的数据模型相符合的逻辑结构。由于当前主流的数据模型是关系模型，所以逻辑结构设计是将E-R图转换为（一组）关系模型。

（5）MySQL由MySQL AB公司开发、发布和支持，目前属于Oracle公司旗下产品。MySQL是极其流行的关系数据库管理系统之一。

（6）MySQL 8.0的安装和配置步骤。

（7）启动和关闭MySQL服务器的操作步骤，使用MySQL命令行客户端和“命令提示符”窗口两种方式实现MySQL服务器登录。

习题 1

一、选择题

1.1 数据库（DB）、数据库系统（DBS）和数据库管理系统（DBMS）的关系是____。

A. DBMS包括DBS和DB　　B. DBS包括DBMS和DB

C. DB包括DBS和DBMS　　D. DBS就是DBMS，也就是DB

1.2 数据库设计中概念结构设计的主要工具是____。

A. E-R图　　B. 概念模型　　C. 数据模型　　D. 范式分析

1.3　在数据模型中，概念模型____。

A. 依赖于计算机的硬件　　B. 独立于DBMS

C. 依赖于DBMS　　D. 依赖于计算机的硬件和DBMS

1.4　在关系数据库设计中，设计关系模式是____的任务。

A. 需求分析阶段　　B. 物理结构设计阶段

C. 逻辑结构设计阶段　　D. 概念结构设计阶段

1.5　MySQL组织数据采用____。

A. 数据模型　　B. 关系模型

C. 网状模型　　D. 层次模型

1.6　MySQL是____。

A. 数据库系统　　B. 数据库

C. 数据库管理员　　D. 数据库管理系统

1.7　下面的数据库产品中，____是开源数据库。

A. MySQL　　B. Oracle　　C. SQL Server　　D. Db2

二、填空题

1.8　数据模型由数据结构、数据操作和____组成。

1.9　数据库的特性包括共享性、独立性、完整性和____。

1.10　数据模型包括概念模型、逻辑模型和____。

1.11　概念结构设计阶段的目标是形成整体____的概念结构。

1.12　逻辑结构设计是指将E-R图转换为____。

1.13　登录服务器可以使用____和“命令提示符”这两种方式。

1.14　在MySQL服务的“启动类型”下拉列表框中可以选择“自动”“____”“禁用”等选项。

三、简答题

1.15　什么是数据库？举例说明数据库的应用。

1.16　数据库管理系统有哪些功能？

1.17　什么是关系模型？关系模型有何特点？

1.18　概念结构有何特点？

1.19　逻辑结构设计的任务是什么？

1.20　简述E-R图向关系模型转换的规则。

1.21　MySQL数据库管理系统具有哪些特点？MySQL 8.0具有哪些新特征？

1.22　简述MySQL的安装和配置步骤。

1.23　为什么需要配置服务器？主要配置哪些内容？

1.24　如何判断MySQL服务器已经运行？

1.25　简述使用MySQL命令行客户端登录服务器的步骤。

1.26　简述使用“命令提示符”窗口登录服务器的步骤。

1.27　为什么使用“命令提示符”窗口登录服务器需要进入MySQL安装目录？

1.28　运行MySQL使系统提示符变成"mysql>"，这与MySQL服务器有何关系？

四、应用题

1.29　设教学管理系统在需求分析阶段搜集到以下信息。

专业信息：专业代码、专业名称。

学生信息：学号，姓名，性别，出生日期，籍贯，总学分。

该业务系统有以下规则：一个专业可拥有多个学生，一个学生只属于一个专业。

（1）根据以上信息画出合适的E–R图。

（2）将E–R图转换为关系模式，并用下画线标出每个关系的主键，然后说明其外键。

1.30 设教学管理系统在需求分析阶段搜集到以下信息。

教师信息：教师号，姓名，性别，出生日期，职称，学院名。

课程信息：课程号，课程名，学分。

该业务系统有以下规则：一个教师可讲授多门课程，一门课程可被多个教师讲授。

（1）根据以上信息画出合适的E–R图。

（2）将E–R图转换为关系模式，并用下画线标出每个关系的主键，然后说明其外键。

第2章 MySQL语言

SQL（structured query language，结构化查询语言）是关系数据库的标准语言。MySQL语言在标准SQL的基础上进行了扩展，并将标准SQL作为主体。MySQL语言是一系列操作数据库及数据库对象的命令语句的集合，使用MySQL数据库必须掌握其基本语法和语法要素。本章介绍SQL和MySQL语言的组成，数据类型，常量、变量、运算符和表达式，MySQL函数等内容。

本书采用命令行的方式介绍MySQL数据库交互过程中SQL语句的语法，这既有利于读者理解和掌握MySQL的理论基础与相关操作，又有利于以后对MySQL高级特性的学习。

2.1 SQL和MySQL语言组成

SQL是在关系数据库中执行数据操作、数据检索以及数据库维护所需要的标准语言，是用户与数据库之间进行交流的接口。关系数据库管理系统都支持SQL。MySQL在标准SQL的基础上进行了扩展。

2.1.1 SQL

SQL是应用于数据库的结构化查询语言，是一种专门用来与数据库通信的语言，其本身不能脱离数据库而存在。SQL是一种非过程化语言，一般的高级语言存取数据时要按照程序顺序执行许多动作，而使用SQL则只需简单的几行命令，由数据库系统来完成具体的内部操作即可。SQL由很少的关键字组成，每个SQL语句由一个或多个关键字组成。

SQL具有以下特点。

（1）高度非过程化。SQL是非过程化语言，用户进行数据操作时，只需要提出“做什么”，而无须指明“怎么做”，因此无须说明具体处理过程和存取路径。处理过程和存取路径由数据库系统自动完成。

（2）是专门用来与数据库通信的语言。SQL本身不能独立于数据库而存在，它是应用于数据库和表的语言。使用SQL时应熟悉数据库中的表结构和样本数据。

（3）面向集合的操作方式。SQL采用集合操作方式。不仅操作对象、查找结果可以是记录的集合，而且一次插入、删除、更新操作的对象也可以是记录的集合。

（4）既是自含式语言，又是嵌入式语言。SQL作为自含式语言，能够用于联机交互，用户可以用键盘直接输入SQL命令以对数据库进行操作；SQL作为嵌入式语言，能够嵌入高级语言（如C、C++、Java等）程序中，供程序员设计程序时使用。在两种不同的使用方式下，SQL的语法结构基本上是一致的，因此SQL具有极大的灵活性与方便性。

（5）多种功能综合统一。SQL集数据查询（data query）、数据操纵（data manipulation）、数据定义（data definition）和数据控制（data control）功能于一体。

（6）语言简洁，易学易用。SQL接近英语口语，易学易用，功能很强大。SQL设计巧妙，语言简洁，完成核心功能只需9个动词，如表2.1所示。

表2.1　SQL的语句

SQL的功能	动词
数据定义	CREATE、ALTER、DROP
数据操纵	INSERT、UPDATE、DELETE
数据查询	SELECT
数据控制	GRANT、REVOKE

SQL不区分大小写。为了形成良好的编程风格，便于阅读、调试和交流代码，本书中SQL关键字使用大写，数据库名、表名和字段名使用小写或除首字母大写外其余字母小写。

2.1.2 MySQL语言组成

MySQL语言以标准SQL为主体，并进行了扩展。MySQL数据库所支持的SQL由以下几部分组成。

1．数据定义语言（data definition language，DDL）

数据定义语言用于对数据库及数据库中的各种对象进行创建、删除、修改等操作。数据定义语言的主要SQL语句有CREATE语句、ALTER语句、DROP语句等。

2．数据操纵语言（data manipulation language，DML）

数据操纵语言用于操纵数据库中的各种对象，进行插入、修改、删除等操作。数据操纵语言的主要SQL语句有INSERT语句、UPDATE语句、DELETE语句等。

3．数据查询语言（data query language，DQL）

数据查询语言用于从表或视图中检索数据，SELECT语句是使用最频繁的SQL语句之一。

4．数据控制语言（data control language，DCL）

数据控制语言用于安全管理，即确定哪些用户可以查看或修改数据库中的数据。数据控制语言的主要SQL语句有：GRANT语句，用于授予权限；REVOKE语句，用于收回权限。

5．MySQL扩展增加的语言要素。

这部分不是标准SQL所包含的内容，而是为了用户编程的方便而增加的语言要素。这些语言要素包括常量、变量、运算符、表达式、内置函数等。

2.2 数据类型

数据类型是指数据库系统中所允许的数据的类型，它可以决定数据的存储格式、有效范围和相应的取值范围限制。

MySQL的数据类型包括数值类型、字符串类型、日期和时间类型、二进制数据类型、其他数据类型等。

2.2.1 数值类型

数值类型包括整数类型、定点数类型、浮点数类型，介绍如下。

1．整数类型

整数类型包括tinyint、smallint、mediumint、int、bigint等类型（integer是int的同义词），它们的字节数和取值范围如表2.2所示。

表2.2　整数类型

数据类型	字节数	无符号数取值范围	有符号数取值范围
tinyint	1	0～255	-128～127
smallint	2	0～65 535	-32 768～32 767
mediumint	3	0～16 777 215	-8 388 608～8 388 607
int/integer	4	0～4 294 967 295	-2 147 483 648～2 147 483 647
bigint	8	0～1.84×10^{19}	$\pm 9.22 \times 10^{18}$

2．定点数类型

定点数类型用于存储定点数，即必须被保存为确切精度的数。

在MySQL中，decimal(m, d)和numeric(m, d)可被视为相同的定点数类型，m表示小数总位数，d表示小数点后面的位数。

m的取值范围为0～65，超出范围会报错。d的取值范围为0～30，而且必须满足d<=m，否则会报错。m的默认取值为10，d的默认取值为0。dec是decimal的同义词。

3．浮点数类型

浮点数类型包括单精度浮点数float和双精度浮点数double。

MySQL中的浮点数类型有float(m, d)、double(m, d)，m表示小数总位数，d表示小数点后面的位数。

（1）float：占4字节，其中，1位为符号位，8位表示指数，23位为尾数。

在float(m, d)中，m<=6时，数字通常是准确的，即float只保证6位有效数字的准确性。

（2）double：占8字节，其中，1位为符号位，11位表示指数，52位为尾数。

在double(m, d)中，m<=16时，数字通常是准确的，即double只保证16位有效数字的准确性。

说明如下。

数值类型的选择应遵循以下原则。

（1）选择字节数最小的可用类型。如果该字段的值不超过127，则使用tinyint比使用int效果好。

（2）对于全是数字的数据，即无小数点时，比如年龄，可以选择整数类型。

（3）浮点数类型用于表示可能具有小数部分的数，比如学生成绩。

（4）在需要表示金额等货币类型时，优先选择decimal。

2.2.2 字符串类型

常用的字符串类型有char(n)、varchar(n)、tinytext、text等，如表2.3所示。

表2.3　字符串类型

数据类型	长度	说明
char(n)	0～255个字符	固定长度字符串
varchar(n)	0～65 535个字符	可变长度字符串
tinytext	0～255个字符	可变长度短文本
text	0～65 535个字符	可变长度长文本

说明如下。

（1）char(n)和varchar(n)中的n代表字符的个数，并不代表字节个数。当使用中文（UTF–8）的时候意味着可以插入n个中文字符，但是实际上会占用n × 3字节。

（2）char和varchar最大的区别就在于char不管实际值如何都会占用n个字符的空间，而varchar只会占用字符应该占用的实际空间+1，并且实际空间+1<=n。

（3）实际超过char和varchar的n设置后，字符串后面的超过部分会被截断。

（4）char的上限为255字符，varchar的上限为65 535字符，text的上限为65 535字符。

（5）char在存储的时候会截断尾部的空格，varchar和text则不会。

2.2.3 日期和时间类型

MySQL主要支持5种日期和时间类型：date、time、datetime、timestamp、year。它们的取值范围、格式等如表2.4所示。

表2.4　日期和时间类型

数据类型	取值范围	格式	说明
date	1000-01-01～9999-12-31	YYYY-MM-DD	日期
time	-838:58:59～835:59:59	HH:MM:SS	时间
datetime	1000-01-01 00:00:00～9999-12-31 23:59:59	YYYY-MM-DD HH:MM:SS	日期和时间
timestamp	1970-01-01 00:00:00～2038-01-19 03:14:07	YYYY-MM-DD HH:MM:SS	时间标签
year	1901～2155	YY或YYYY	年份

2.2.4　二进制数据类型

二进制数据类型包含binary和blob。

1．binary

binary和varbinary类型类似于char和varchar，但不同的是，它们存储的不是字符串，而是二进制串。因此它们没有字符集，并且排序和比较需要基于列字节的数值。

当保存binary值时，会在它们的右边填充0x00值以达到指定长度。取值时不裁剪尾部的字节。比较时注意空格和0x00是不同的（0x00<空格），插入'a'会变成'a\0'。对于varbinary，保存时不填充字符，选择时不裁剪字节。

2．blob

blob是一个二进制大对象，可以容纳可变数量的数据，可以存储数据量很大的二进制数据，如图片、音频、视频等数值化后的二进制数据。在大多数情况下，可以将blob列视为能够足够大的varbinary列。blob有4种类型：tinyblob、blob、mediumblob。longblob，它们的区别是可容纳值的最大长度不同。

2.2.5　其他数据类型

1．枚举类型

```
enum(成员1, 成员2, …)
```

enum数据类型定义了一种枚举，最多包含65 535个不同的成员。当定义了一个数据类型为enum的列时，该列的值被限制为列定义中声明的值。如果列声明包含NULL属性，则NULL将被认为是一个有效值，并且是默认值。如果列声明包含了NOT NULL，则列表的第一个成员是默认值。

2．集合类型

```
set(成员1, 成员2, …)
```

set数据类型为指定一组预定义值中的零个或多个值提供了一种方法，这组值最多包括64个成员。值的选择被限制为列定义中声明的值。

2.2.6 数据类型的选择

一般来讲，数据类型的选择遵循以下原则。

（1）在符合应用要求（取值范围、精度）的前提下，尽量使用“短”的数据类型。

（2）数据类型越简单越好。

（3）尽量采用定点数类型（例如decimal），而不采用浮点数类型。

（4）在MySQL中，应该用内置的日期和时间数据类型，而不应用字符串来存储日期数据。

（5）尽量避免字段的属性为NULL，建议将字段指定为NOT NULL约束。

2.3 常量、变量、运算符和表达式

2.3.1 常量

常量（constant）的值在定义时被指定，在程序运行过程中不能改变。常量的使用格式取决于值的数据类型。

常量可分为字符串常量、数值常量、十六进制常量、日期时间常量、位字段值、布尔值和NULL值。

1．字符串常量

字符串常量是用单引号或双引号标注的字符序列，分为ASCII字符串常量和Unicode字符串常量。

（1）ASCII字符串常量是由ASCII字符构成的符号串，每个ASCII字符用一个字节存储，举例如下。

```
'hello'
"hello"
'InPut Y',
```

（2）Unicode字符串常量前面有一个标志符N（N代表 SQL-92标准中的国际语言（national language）），N必须为大写，Unicode字符串常量中的每个字符用两个字节存储，例如：N 'hello'。

【例2.1】验证字符串常量。

```
mysql> SELECT 'hello', "hello", 'InPut Y', N'hello';
```

执行结果如下。

```
+--------+---------+-----------+---------+
|hello   |hello    |InPut Y    |hello    |
+--------+---------+-----------+---------+
```

```
|hello   |hello    |InPut Y     |hello    |
+--------+---------+------------+---------+
1 row in set, 1 warning (0.09 sec)
```

2．数值常量

数值常量可以分为整数常量和浮点数常量。

（1）整数常量是不含小数点的十进制数，举例如下。

```
4715
-682
```

（2）浮点数常量是使用小数点的数值常量，举例如下。

```
93.5
-32.8
2.1E8
-1.25E-5
```

【例2.2】验证数值常量。

```
mysql> SELECT 4715, -682,93.5, -32.8, 2.1E8, -1.25E-5;
```

执行结果如下。

```
+--------+--------+--------+---------+----------------+-----------------+
|    4715|    -682|    93.5|    -32.8|           2.1E8|         -1.25E-5|
+--------+--------+--------+---------+----------------+-----------------+
|    4715|    -682|    93.5|    -32.8|       210000000|       -0.0000125|
+--------+--------+--------+---------+----------------+-----------------+
1 row in set (0.19 sec)
```

3．十六进制常量

十六进制常量通常为一个字符串常量，每个16进制数被转换成一个字符，16进制数不区分大小写，可以使用数字0～9和字母a～f或A～F，其前缀有0x和X（或x）两种。

（1）前缀为0x。

前缀0x中的x一定要小写，例如：0x41表示大写字母A，0x4D7953514C表示字符串MySQL。

（2）前缀为X或x。

前缀X或x后面有单引号，例如：X'41'表示大写字母A，X'4D7953514C'表示字符串MySQL。

【例2.3】验证十六进制常量。

```
mysql> SELECT 0x41, 0x4D7953514C, X'41', X'4D7953514C';
```

执行结果如下。

```
+--------+---------------------+--------+---------------------+
|0x41    |0x4D7953514C         |X'41'   |X'4D7953514C'        |
+--------+---------------------+--------+---------------------+
```

```
|A        |MySQL                      |A         |MySQL                      |
+---------+---------------------------+----------+---------------------------+
1 row in set (0.06 sec)
```

4. 日期时间常量

用单引号标注表示日期时间的字符串就构成了日期时间常量。

数据类型为DATE的日期型常量包括年、月、日，例如：2020–06–20。

数据类型为TIME的时间型常量包括小时数、分钟数、秒数及微秒数，例如：14:50:28.00037。

数据类型为DATETIME或TIMESTAMP的日期时间常量支持日期和时间的组合，例如：2020–06–20 14:50:28。

MySQL按年–月–日的顺序表示日期，中间的分隔符-也可以用\、@、%等特殊符号代替。

【例2.4】验证日期时间常量。

```
mysql> SELECT "2020-06-20", "14:50:28.00037", "2020-06-20 14:50:28";
```

执行结果如下。

```
+--------------+--------------------+-------------------------+
|2020-06-20    |14:50:28.00037      |2020-06-20 14:50:28      |
+--------------+--------------------+-------------------------+
|2020-06-20    |14:50:28.00037      |2020-06-20 14:50:28      |
+--------------+--------------------+-------------------------+
1 row in set (0.00 sec)
```

5. 位字段值

可以使用b'value'格式表示位字段值，value是由0和1组成的二进制数，位字段值用于指定分配给BIT列的值。例如，b'1'用于显示笑脸图标，b'11101'用于显示双箭头图标。

【例2.5】验证位字段值。

```
mysql> SELECT b'1', b'11101';
```

执行结果如下。

```
+---------+-------------+
|b'1'     |b'11101'     |
+---------+-------------+
|☺        |↔            |
+---------+-------------+
1 row in set (0.08 sec)
```

6. 布尔值

只有两种布尔值，分别为TRUE和FALSE。TRUE的数字值为“1”，FALSE的数字值为“0”。

【例2.6】验证布尔值。

```
mysql> SELECT TRUE, FALSE;
```

执行结果如下。

```
+----------+------------+
|TRUE      |FALSE       |
+----------+------------+
|         1|           0|
+----------+------------+
1 row in set (0.02 sec)
```

7. NULL值

NULL值通常用来表示“没有值”或“无数据”等意义，并且其不同于数值类型的“0”或字符串类型的空字符串。

2.3.2 变量

变量（variable）和常量都用于存储数据，常量的值在程序中是不能改变的，但变量的值可以根据程序运行的需要随时改变。变量名用于表示该变量，数据类型用于确定该变量存放值的格式和允许的运算。

MySQL中的变量可分为用户变量和系统变量。

1. 用户变量

在定义时，用户变量前常添加一个@符号，以与列名进行区分。

可以使用SET语句定义用户变量。

语法格式如下。

```
SET @user_variable1=expression1 [,@user_variable2= expression2 , …]
```

其中，@user_variable1为用户变量的名称，expression1为要给用户变量赋的值，可以是常量、变量或它们和运算符一起组成的式子。可以同时定义多个用户变量，中间用英文逗号隔开。

【例2.7】创建用户变量name并为其赋值“李明”。

```
mysql> SET @name='李明';
```

执行结果如下。

```
Query OK, 0 rows affected (0.06 sec)
```

【例2.8】创建用户变量u1（赋值为20），创建用户变量u2（赋值为30），创建用户变量u3（赋值为40）。

```
mysql> SET @u1=20, @u2=30, @u3=40;
```

执行结果如下。

```
Query OK, 0 rows affected (0.00 sec)
```

【例2.9】创建用户变量u4，它的值为u3的值加60。

```
mysql> SET @u4=@u3+60;
```

执行结果如下。

```
Query OK, 0 rows affected (0.04 sec)
```

【例2.10】查询创建的用户变量name的值。

```
mysql> SELECT @name;
```

执行结果如下。

```
+------------+
|@name       |
+------------+
|李明        |
+------------+
1 row in set (0.00 sec)
```

2．系统变量

系统变量在MySQL启动时被引入，并初始化为默认值。大多数的系统变量在应用时，必须在名称前加两个@符号，而某些特定的系统变量是要省略这两个@符号的，例如CURRENT_TIME。

【例2.11】获取MySQL的版本号。

```
mysql> SELECT @@version ;
```

执行结果如下。

```
+---------------+
|@@version      |
+---------------+
|8.0.18         |
+---------------+
1 row in set (0.07 sec)
```

【例2.12】获取系统当前时间。

```
mysql> SELECT CURRENT_TIME;
```

执行结果如下。

```
+----------------------+
|CURRENT_TIME          |
+----------------------+
|16:41:24              |
+----------------------+
1 row in set (0.03 sec)
```

在MySQL中，有些系统变量的值是不可以修改的，例如版本号和系统时间。而有些系统变量是可以通过SET语句来修改的，例如SQL_WARNINGS。

下面介绍系统变量中的全局系统变量和会话系统变量。

（1）全局系统变量。当MySQL启动的时候，全局系统变量就被初始化了，并且会被应用于每个启动的会话。如果使用GLOBAL（要求SUPER权限）来设置系统变量，则该值会被“记住”，并且会被用于新的会话，直到MySQL重新启动为止。

【例2.13】将全局系统变量sort_buffer_size的值改为25000。

```
mysql> SET @@global.sort_buffer_size=25000;
```

执行结果如下。

```
Query OK, 0 rows affected, 1 warning (0.05 sec)
```

（2）会话系统变量。会话系统变量只适用于当前的会话。大多数会话系统变量的名字和全局系统变量的名字相同。当启动会话的时候，每个会话系统变量都和同名的全局系统变量的值相同。会话系统变量的值是可以改变的，但是改变后的值仅适用于正在运行的会话，而不适用于所有其他会话。

【例2.14】对于当前会话，系统变量SQL_SELECT_LIMIT决定了SELECT语句的结果集中的最大行数。首先将系统变量SQL_SELECT_LIMIT的值设置为100，显示设置结果；再将该系统变量设置为MySQL的默认值，显示设置结果。

（1）首先将系统变量SQL_SELECT_LIMIT的值设置为100，显示设置结果。

```
mysql> SET @@SESSION.SQL_SELECT_LIMIT=100;
Query OK, 0 rows affected (0.00 sec)
mysql> SELECT @@LOCAL.SQL_SELECT_LIMIT;
```

执行结果如下。

```
+-----------------------------------------------+
|@@LOCAL.SQL_SELECT_LIMIT                       |
+-----------------------------------------------+
|                                            100|
+-----------------------------------------------+
1 row in set (0.00 sec)
```

（2）再将该系统变量设置为MySQL的默认值，显示设置结果。

```
mysql> SET @@SESSION.SQL_SELECT_LIMIT=DEFAULT;
Query OK, 0 rows affected (0.00 sec)
mysql> SELECT @@LOCAL.SQL_SELECT_LIMIT;
```

执行结果如下。

```
+-----------------------------------------------+
|@@LOCAL.SQL_SELECT_LIMIT                       |
+-----------------------------------------------+
|                           18446744073709551615|
+------------------------------------------- --+
```

```
1 row in set (0.00 sec)
```

2.3.3 运算符和表达式

运算符是一种符号，用来指定在一个或多个表达式中执行的操作。在MySQL中常用的运算符有：算术运算符、比较运算符、逻辑运算符和位运算符。表达式是由数字、常量、变量和运算符组成的式子，表达式的运算结果是值。MySQL中的SELECT语句具有输出功能，能够用于输出表达式和函数的值。

1．算术运算符

算术运算符用于在两个表达式之间执行的数学运算，这两个表达式可以是任何数值数据。算术运算符有+（加）、-（减）、*（乘）、/（除）和%（求模）5种，如表2.5所示。

表2.5　算术运算符

运算符	作用
+	加法运算
-	减法运算
*	乘法运算
/	除法运算，返回商
%	求模运算，返回余数

2．比较运算符

比较运算符（又称关系运算符），用于比较两个表达式的值，其运算结果为以下3种之一：1（真）、0（假）及NULL（不确定）。比较运算符有=（等于）、<（小于）、<=（小于或等于）、>（大于）、>=（大于或等于）、<>（不等于）、!=（不等于）等，如表2.6所示。

表2.6　比较运算符

运算符	作用
=	等于
>	大于
<	小于
>=	大于或等于
<=	小于或等于
!=或<>	不等于

3．逻辑运算符

逻辑运算符用于对某个或某些条件是否成立进行判断，运算结果为：1（真）或0（假）。逻

辑运算符有AND或&&（逻辑与）、OR或||（逻辑或）、NOT或!（逻辑非）、XOR（逻辑异或），如表2.7所示。

表2.7 逻辑运算符

运算符	作用	运算符	作用
AND或&&	逻辑与	NOT或!	逻辑非
OR或||	逻辑或	XOR	逻辑异或

4．位运算符

位运算符位于两个表达式之间以执行二进制位操作，这两个表达式的类型可为整型或与整型兼容的数据类型（如字符型），位运算符有&（与）、|（或）、～（取反）、^（异或）、>>（右移）、<<（左移），如表2.8所示。

表2.8 位运算符

运算符	作用	运算符	作用
&	按位与	^	按位异或
|	按位或	<<	按位左移
～	按位取反	>>	按位右移

5．运算符的优先级

当一个复杂的表达式有多个运算符时，运算符的优先级决定执行运算的先后次序，执行的次序有时会影响所得到的运算结果。运算符的优先级如表2.9所示，数字越小表示优先级越高。

表2.9 运算符的优先级

优先级	运算符
1	+（正）、-（负）、～（按位取反）
2	*（乘）、/（除）、%（求模）
3	+（加）、-（减）
4	=、<、<=、>、>=、!=、<>
5	^（按位异或）、&（按位与）、|（按位或）
6	NOT
7	AND
8	ALL、ANY、BETWEEN、IN、LIKE、OR、SOME
9	=（赋值）

当一个表达式中的两个运算符有相同的优先级时，根据它们在表达式中的位置可判断运算顺序。一般来说，一元运算符（只需要一个操作数的运算符）按从右到左的顺序运算，二元运算符按从左到右的顺序运算。

可以用括号改变运算符的优先级。运算时，首先对括号内的表达式求值，括号外的表达式进行运算时会使用括号内表达式的求值结果。

6．表达式

可以根据值的不同对表达式进行分类。

（1）标量表达式：表达式的结果是一个值，例如：25+7，'D'<'E'。

（2）行表达式：表达式的结果是由不同类型的数据所组成的一行值。

（3）表表达式：表达式的结果为0个、1个或多个行表达式的集合。

2.4 MySQL函数

MySQL函数即MySQL提供的丰富的内置函数，它们不仅可在SELECT语句中使用，而且可在INSERT语句、UPDATE语句、DELETE语句中使用。

在设计MySQL程序时，经常要调用系统提供的内置函数，这些函数有100多个，使用户能够很容易地对表中的数据进行操作。MySQL程序员能用较少的代码完成复杂的操作，这就是MySQL流行的一个重要原因。

MySQL函数可分为：数学函数、字符串函数、日期和时间函数、聚合函数、加密函数、控制流程函数、格式化函数、类型转换函数、系统信息函数等。下面简介MySQL函数中几类常用的函数。

2.4.1 数学函数

数学函数用于对数字表达式进行数学运算并返回运算结果，下面介绍几个常用的数学函数。

1．RAND()函数

RAND()函数用于返回0～1的随机浮点数。

【例2.15】使用RAND()函数求3个随机浮点数。

```
mysql> SELECT RAND(), RAND(), RAND();
```

执行结果如下。

```
+-----------------------+-----------------------+---------------------+
|RAND()                 |RAND()                 |RAND()               |
+-----------------------+-----------------------+---------------------+
|     0.4104902003058141|     0.6943682326882782|  0.24037059325759355|
+-----------------------+-----------------------+---------------------+
1 row in set (0.09 sec)
```

2．SQRT()函数

SQRT()函数用于返回参数的平方根。

【例2.16】求3和4的平方根。

```
mysql> SELECT SQRT(3), SQRT(4);
```

执行结果如下。

```
+---------------------------+--------------+
|SQRT(3)                    |SQRT(4)       |
+---------------------------+--------------+
|         1.7320508075688772|             2|
+---------------------------+--------------+
1 row in set (0.00 sec)
```

3. ABS()函数

ABS()函数用于返回参数的绝对值。

【例2.17】求7.2和-7.2的绝对值。

```
mysql> SELECT ABS(7.2), ABS(-7.2);
```

执行结果如下。

```
+------------+---------------+
|ABS(7.2)    |ABS(-7.2)      |
+------------+---------------+
|         7.2|            7.2|
+------------+---------------+
1 row in set (0.03 sec)
```

4. FLOOR()函数和CEILING()函数

FLOOR ()函数用于返回小于或等于参数的最大整数值。

CEILING()用于返回大于或等于参数的最小整数值。

【例2.18】求小于或等于-3.5、6.8的最大整数，大于或等于-3.5、6.8的最小整数。

```
mysql> SELECT FLOOR(-3.5), FLOOR(6.8), CEILING(-3.5), CEILING(6.8);
```

执行结果如下。

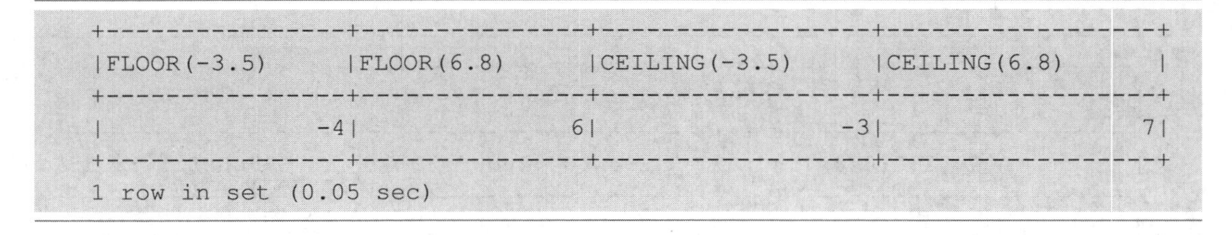

```
+--------------+--------------+------------------+-----------------+
|FLOOR(-3.5)   |FLOOR(6.8)    |CEILING(-3.5)     |CEILING(6.8)     |
+--------------+--------------+------------------+-----------------+
|            -4|             6|                -3|                7|
+--------------+--------------+------------------+-----------------+
1 row in set (0.05 sec)
```

5. TRUNCATE()函数和ROUND()函数

TRUNCATE()函数用于将参数截取到指定的小数位数。

ROUND()函数用于返回参数四舍五入后的整数值。

【例2.19】求8.546小数点后2位的值和四舍五入的整数值。

```
mysql> SELECT TRUNCATE(8.546, 2), ROUND(8.546);
```

执行结果如下。

```
+---------------------------+----------------------+
|TRUNCATE(8.546, 2)         |ROUND(8.546)          |
+---------------------------+----------------------+
|                       8.54|                     9|
+---------------------------+----------------------+
1 row in set (0.03 sec)
```

2.4.2 字符串函数

字符串函数用于对字符串进行处理，下面对一些常用的字符串函数进行介绍。

1. ASCII()函数

ASCII()函数用于返回字符表达式最左端字符的ASCII值。

【例2.20】求X的ASCII值。

```
mysql> SELECT ASCII('X');
```

执行结果如下。

```
+---------------+
|ASCII('X')     |
+---------------+
|             88|
+---------------+
1 row in set (0.05 sec)
```

2. CHAR()函数

CHAR(x1, x2, x3)函数用于将x1、x2、x3的ASCII值转换成ASCII字符。

【例2.21】将ASCII值为88、89、90的字符组成字符串。

```
mysql> SELECT CHAR(88, 89, 90);
```

执行结果如下。

```
+-------------------------+
|CHAR(88, 89, 90)         |
+-------------------------+
|XYZ                      |
+-------------------------+
1 row in set (0.08 sec)
```

3．LEFT()函数和RIGHT()函数

LEFT(s, n)函数和RIGHT(s, n)函数分别返回字符串s左侧和右侧开始的*n*个字符。

【例2.22】分别求“joyful”从其左侧和右侧开始的3个字符。

```
mysql> SELECT LEFT('joyful', 3), RIGHT('joyful', 3);
```

执行结果如下。

```
+--------------------+------------------------+
|LEFT('joyful', 3)   |RIGHT('joyful', 3)      |
+--------------------+------------------------+
|joy                 |ful                     |
+--------------------+------------------------+
1 row in set (0.03 sec)
```

4．LENGTH()函数

LENGTH()函数用于返回参数的长度，返回值为整数。参数可以是字符串、数字或者表达式。

【例2.23】返回字符串'计算机网络'的长度。

```
mysql> SELECT LENGTH('计算机网络');
```

执行结果如下。

```
+----------------------------------------+
|LENGTH('计算机网络')                     |
+----------------------------------------+
|                                      15|
+----------------------------------------+
1 row in set (0.06 sec)
```

5．REPLACE()函数

REPLACE()函数用第3个字符串替换第1个字符串中所包含的第2个字符串，并返回替换后的字符串。

【例2.24】将'数据库原理与应用'中的'原理与应用'替换为'技术'。

```
mysql> SELECT REPLACE('数据库原理与应用','原理与应用','技术');
```

执行结果如下。

```
+------------------------------------------------------------------------+
|REPLACE('数据库原理与应用','原理与应用','技术')                            |
+------------------------------------------------------------------------+
|数据库技术                                                               |
+------------------------------------------------------------------------+
1 row in set (0.00 sec)
```

6．SUBSTRING()函数

SUBSTRING(s, n , len)函数用于返回字符串s的第n个位置开始截取所得长度为len的字符串。

【例2.25】 返回字符串joyful从其第4个字符开始截取的长度为3的字符串。

```
mysql> SELECT SUBSTRING('joyful',4, 3);
```

执行结果如下。

```
+----------------------------------+
|SUBSTRING('joyful',4, 3)          |
+----------------------------------+
|ful                               |
+----------------------------------+
1 row in set (0.04 sec)
```

2.4.3 日期和时间函数

日期和时间函数用于对表中的日期和时间数据进行处理。

1．CURDATE()函数和CURRENT_DATE()函数

CURDATE()函数和CURRENT_DATE()函数用于返回当前日期。

【例2.26】 返回当前日期。

```
mysql> SELECT CURDATE(), CURRENT_DATE();
```

执行结果如下。

```
+------------------+----------------------------+
|CURDATE()         |CURRENT_DATE()              |
+------------------+----------------------------+
|2020-06-22        |2020-06-22                  |
+------------------+----------------------------+
1 row in set (0.03 sec)
```

2．CURTIME()函数和CURRENT_TIME()函数

CURTIME()函数和CURRENT_TIME()函数用于返回当前时间。

【例2.27】 返回当前时间。

```
mysql> SELECT CURTIME(), CURRENT_TIME();
```

执行结果如下。

```
+------------------+----------------------------+
|CURTIME()         |CURRENT_TIME()              |
+------------------+----------------------------+
|15:12:56          |15:12:56                    |
```

```
+-----------------+---------------------------+
1 row in set (0.00 sec)
```

3. NOW()函数

NOW()函数用于返回当前日期和时间。

【例2.28】返回当前日期和时间。

```
mysql> SELECT NOW();
```

执行结果如下。

```
+--------------------------------+
|NOW()                           |
+--------------------------------+
|2020-06-22 15:14:58             |
+--------------------------------+
1 row in set (0.02 sec)
```

2.4.4 其他函数

除上述函数外，MySQL函数还包含控制流程函数、系统信息函数等，下面举例说明。

1. IF()函数

IF(expr, v1, v2)函数用于判断条件，如果表达式expr成立，则执行v1，否则执行v2。

【例2.29】判断3*6是否小于17+5，如果是，则返回'是'，否则返回'否'。

```
mysql> SELECT IF(3*6<17+5, '是', '否');
```

执行结果如下。

```
+---------------------------------+
|IF(3*6<17+5, '是', '否')         |
+---------------------------------+
|是                               |
+---------------------------------+
1 row in set (0.00 sec)
```

2. IFNULL()函数

IFNULL(v1, v2)函数也用于判断条件，如果v1不为空，则显示v1的值，否则显示v2的值。

【例2.30】使用IFNULL()函数做条件判断。

```
mysql> SELECT IFNULL(1/0, 'NULL');
```

执行结果如下。

```
+-----------------------------+
|IFNULL(1/0, 'NULL')          |
+-----------------------------+
|NULL                         |
+-----------------------------+
1 row in set (0.08 sec)
```

3．VERSION()函数

VERSION()函数用于返回数据库的版本号。

【例2.31】返回当前数据库的版本号。

```
mysql> SELECT VERSION();
```

执行结果如下。

```
+-----------------+
|VERSION()        |
+-----------------+
|8.0.18           |
+-----------------+
1 row in set (0.03 sec)
```

本章小结

本章主要介绍了以下内容。

（1）SQL是关系数据库的标准语言，是一种专门用来与数据库通信的语言，本身不能脱离数据库而存在。

SQL具有高度非过程化、专门用来与数据库通信的语言、面向集合的操作方式、既是自含式语言又是嵌入式语言、多种功能综合统一、语言简洁、易学易用等特点。

（2）SQ语句可分为以下4类。

数据定义语言的SQL语句有CREATE、ALTER、DROP等。

数据操纵语言的SQL语句有INSERT、UPDATE、DELETE等。

数据查询语言的SQL语句有SELECT等。

数据控制语言的SQL语句有GRANT、REVOKE等。

（3）MySQL语言在标准SQL的基础上进行了扩展，并将标准SQL作为主体。MySQL数据库所支持的SQL由以下几部分组成：数据定义语言、数据操纵语言、数据查询语言、数据控制语言。MySQL扩展增加的语言要素包括常量、变量、运算符、表达式、内置函数等。

（4）MySQL的数据类型包括数值类型、字符串类型、日期和时间类型、二进制数据类型、其他类型等。

（5）常量的值在定义时被指定，在程序运行过程中不能改变，常量的使用格式取决于值的数据类型。常量可分为字符串常量、数值常量、十六进制常量、日期时间常量、位字段值、布尔值和NULL值。

变量和常量都用于存储数据，但变量的值可以根据程序运行的需要随时改变，而常量的值在程序中是不能改变的。变量名用于表示该变量，数据类型用于确定该变量存放值的格式和允许的运算。MySQL的变量可分为用户变量和系统变量。

运算符是一种符号，用来指定在一个或多个表达式中执行的操作。在MySQL中常用的运算符有算术运算符、比较运算符、逻辑运算符和位运算符等。表达式是由数字、常量、变量和运算符组成的式子，其运算结果是值。

（6）MySQL函数即MySQL提供的丰富的内置函数，它们使用户能够容易地对表中数据进行操作。这些函数可分为数学函数、字符串函数、日期和时间函数、聚合函数、加密函数、控制流程函数、格式化函数、类型转换函数、系统信息函数等。

一、选择题

2.1 SQL是____。

A. 结构化操纵语言　　B. 结构化定义语言

C. 结构化控制语言　　D. 结构化查询语言

2.2 关于用户变量，描述错误的是____。

A. 用户变量用于临时存放数据　　B. 用户变量可用于SQL语句中

C. 用户变量可以先引用后定义　　D. @符号必须放在用户变量前面

2.3 下列不属于算术运算符的是____。

A. +　　B. ~　　C. *　　D. –

2.4 下列字符串函数中，名称错误的是____。

A. SUBSTR()　　B. LEFT()　　C. RIGHT()　　D. ASCII()

二、填空题

2.5 SQL是关系数据库的_____，是一种专门用来与数据库通信的语言。

2.6 数据定义语言的主要SQL语句有：_____、ALTER、DROP。

2.7 数据操纵语言的主要SQL语句有：_____、UPDATE、DELETE。

2.8 数据控制语言的主要SQL语句有：_____、REVOKE。

2.9 MySQL语言在标准SQL的基础上进行了_____，并将标准SQL作为主体。

2.10 MySQL扩展增加的语言要素包括常量、变量、运算符、表达式、_____等。

2.11 变量的值可以根据程序运行的需要随时_____，而常量的值在程序中是不能改变的。

2.12 在MySQL中常用的运算符有：算术运算符、_____、逻辑运算符和位运算符。

2.13 达式是由数字、常量、变量和运算符所组成的式子，表达式运算的结果是_____。

2.14 MySQL函数即MySQL提供的丰富的内置函数，它们使用户能够______地对表中数据进行操作。

三、简答题

2.15 什么是SQL？它有那些特点？

2.16 SQL可分为哪几类？简述各类的主要语句。

2.17 MySQL语言由哪几部分组成？简述每一部分的SQL语句或语言要素。

2.18 什么是常量？举例说明各种类型的常量。

2.19 什么是变量？变量可分为哪两类？

2.20 什么是用户变量？简述使用用户变量的好处。

2.21 简述MySQL中常用的运算符。

2.22 什么是内置函数？常用的内置函数有哪几种？

四、应用题

2.23 定义用户变量@cname，并为其赋值“数据结构”。

2.24 保留浮点数3.14159小数点后2位。

2.25 从字符串"Thank you very much!"中获取子字符串"very"。

第3章 数据定义

数据库是一个存储数据库对象的容器，数据库对象包含表、视图、索引、存储过程、触发器等，而表是数据库中最重要的数据库对象，用来存储数据库中的数据。数据完整性指数据库中的数据的正确性、一致性和有效性，数据完整性规则通过完整性约束来实现。在实际应用中，必须先定义数据库，再定义存放于数据库中的表和其他数据库对象；各种数据完整性规则作为表的定义的一部分。数据定义语言（data definition language, DDL）用于对数据库及数据库中的各种对象进行创建、删除、修改等操作。数据定义语言的主要SQL语句有：用于创建数据库或数据库对象的CREATE语句，用于对数据库或数据库对象进行修改的ALTER语句，用于删除数据库或数据库对象的DROP语句。

本章内容为数据定义语言概述，MySQL数据库概述，MySQL数据库的创建、选择、修改和删除，MySQL表概述，MySQL表的创建、查看、修改和删除，数据完整性约束。

教学数据库teaching是本书的重要数据库，本书很多例题都是基于教学数据库teaching的，教学数据库teaching中的表（专业表speciality、学生表student、课程表course、成绩表score、教师表teacher、讲课表lecture），会在很多例题中用到，具体内容参见本书“附录B 教学数据库teaching的表结构和样本数据”。

3.1 数据定义语言

数据定义语言用于对数据库及数据库中的各种对象进行创建、删除、修改等操作。数据库对象主要包括表、默认约束、规则、视图、触发器、存储过程等。

数据定义语言的主要SQL语句如下。

（1）CREATE语句，用于创建数据库或数据库对象。不同数据库对象，其CREATE语句的语法形式不同。

（2）ALTER语句，用于修改数据库或数据库对象。不同数据库对象，其ALTER语句的语法形式不同。

（3）DROP语句，用于删除数据库或数据库对象。不同数据库对象的DROP语句的语法形式不同。

3.2 创建MySQL数据库

本节介绍MySQL数据库的基本概念、创建数据库、选择数据库、修改数据库和删除数据库等内容。

3.2.1 MySQL数据库的基本概念

安装MySQL时，生成了系统使用的数据库，包括information_schema、mysql、performance_schema和sys等。MySQL把有关数据库管理系统自身的管理信息都保存在这几个数据库中，如果删除了它们，MySQL将不能正常工作，操作时要十分小心。

可以使用SHOW DATABASES命令查看已有的数据库。

【例3.1】使用SHOW DATABASES命令查看MySQL中的已有数据库。

在MySQL命令行客户端输入如下语句。

```
mysql> SHOW DATABASES;
```

执行结果如下。

```
+---------------------------+
|Database                   |
+---------------------------+
|information_schema         |
|mysql                      |
|performance_schema         |
|sys                        |
+---------------------------+
4 rows in set (0.04 sec)
```

系统使用的这几个数据库的作用分别介绍如下。

- information_schema：保存关于MySQL服务器所维护的所有其他数据库的信息，如数据库名、数据库的表、表栏的数据类型与访问权限等。
- mysql：描述用户访问权限。
- performance_schema：主要用于收集数据库服务器的性能参数。
- sys：该数据库里面包含了一系列的存储过程、自定义函数以及视图，同时也存储了许多系统的元数据信息。

创建MySQL数据库包括创建数据库、选择数据库、修改数据库和删除数据库等操作，下面分别介绍它们。

3.2.2 创建数据库

在使用数据库以前，首先需要创建数据库。在教学管理系统中，我们以创建名称为teaching的教学数据库为例，介绍创建数据库所使用的SQL语句。

创建数据库使用CREATE DATABASE语句。

语法格式如下。

```
CREATE {DATABASE | SCHEMA} [IF NOT EXISTS] db_name
[[DEFAULT] CHARACTER SET charset_name]
[[DEFAULT] COLLATE collation_name];
```

说明如下。

- [ ]中为可选语法项，{ }中为必选语法项。|用于分隔方括号或花括号中的语法项，表示只能选择其中一项。
- IF NOT EXISTS：在创建数据库前进行判断，只有该数据库目前尚不存在时才执行CREATE DATABASE操作。
- db_name：数据库名称。
- DEFAULT：指定默认值。
- CHARACTER SET：指定数据库字符集。
- COLLATE：指定字符集的校对规则。

【例3.2】创建名称为teaching的教学数据库，该数据库是本书的重要数据库。

在MySQL命令行客户端输入如下SQL语句。

```
mysql> CREATE DATABASE teaching;
```

执行结果如下。

```
Query OK, 1 row affected (0.05 sec)
```

查看已有数据库。

```
mysql> SHOW DATABASES;
```

显示结果如下。

```
+---------------------------+
|Database                   |
+---------------------------+
|information_schema         |
|mysql                      |
|performance_schema         |
|teaching                   |
|sys                        |
+---------------------------+
5 rows in set (0.00 sec)
```

可以看出，数据库列表中包含了刚创建的教学数据库teaching。

3.2.3 选择数据库

用CREATE DATABASE语句创建了数据库teaching之后，该数据库不会自动成为当前数据库，而需要用USE语句来将其选择为当前数据库。

语法格式如下。

```
USE db_name;
```

【例3.3】选择教学数据库teaching为当前数据库。

```
mysql> USE teaching;
```

执行结果如下。

```
Database changed
```

3.2.4 修改数据库

数据库创建后，如果需要修改数据库的参数，则可以使用ALTER DATABASE语句。

语法格式如下。

```
ALTER {DATABASE | SCHEMA} [db_name]
[DEFAULT] CHARACTER SET charset_name
[DEFAULT] COLLATE collation_name;
```

说明如下。

- 数据库名称可以省略，表示修改当前（默认）数据库的参数。
- 选项CHARACTER SET和COLLATE的含义与创建数据库语句中的相同。

【例3.4】修改教学数据库teaching的默认字符集和校对规则。

```
mysql> ALTER DATABASE teaching
    -> DEFAULT CHARACTER SET gb2312
    -> DEFAULT COLLATE gb2312_chinese_ci;
```

执行结果如下。

```
Query OK, 1 row affected (0.06 sec)
```

3.2.5 删除数据库

删除数据库使用DROP DATABASE语句。

语法格式如下。

```
DROP {DATABASE | SCHEMA} [IF EXISTS] db_name
```

说明如下。

- db_name：要删除的数据库名称。
- DROP DATABASE 或 DROP SCHEMA：这两条命令均可删除指定的整个数据库，数据库中所有的表和所有数据也将被永久删除，并且不会给出任何提示确认的信息。因此，删除数据库要特别小心。
- IF EXISTS：使用该子句，可避免在删除不存在的数据库时出现MySQL错误信息。

【例3.5】删除教学数据库teaching。

```
mysql> DROP DATABASE teaching;
```

执行结果如下。

```
Query OK, 0 rows affected (0.02 sec)
```

查看现有数据库。

```
mysql> SHOW DATABASES;
```

显示结果如下。

```
+----------------------------+
|Database                    |
+----------------------------+
|information_schema          |
|mysql                       |
|performance_schema          |
|sys                         |
+----------------------------+
4 rows in set (0.06 sec)
```

可以看到，由于教学数据库teaching被删除，数据库列表中已没有名称为teaching的数据库了。

3.3 创建MySQL表

在创建数据库的过程中，最重要的一步就是创建表。下面介绍表的基本概念、创建表、查看表、修改表、删除表等内容。

3.3.1 表的基本概念

1. 表和表结构

在工作和生活中，表是经常会被使用的一种表示数据及其关系的形式。在教学数据库teaching中，教师表teacher如表3.1所示。

表3.1 teacher（教师表）

教师编号	姓名	性别	出生日期	职称	学院
100004	郭逸超	男	1975-07-24	教授	计算机学院
100021	任敏	女	1979-10-05	教授	计算机学院
400012	周章群	女	1988-09-21	讲师	通信学院
800023	黄玉杰	男	1985-12-18	副教授	数学学院
120037	杨静	女	1983-04-27	副教授	外国语学院

表包含以下基本概念。

（1）表。表是数据库中存储数据的数据库对象，每个数据库包含若干个表，表由行和列组成。例如，表3.1中的数据由5行6列组成。

（2）表结构。每个表都有一定的结构，表结构包含一组固定的列，列由数据类型、长度、允许null值、键、默认值等组成。

（3）记录。每个表包含若干行数据，表中的一行称为一条记录（record）。表3.1中有5条记录。

（4）字段。表中每列都被称为字段（field），每条记录由若干个数据项（列）构成，构成记录的每个数据项就被称为字段。表3.1中有6个字段。

（5）空值。空值（null）通常表示未知、不可用或将在以后添加的数据。

（6）关键字。关键字用于唯一地标志记录，如果表中记录的某一字段或字段组合能唯一地标志记录，则该字段或字段组合就被称为候选键。如果一个表有多个候选键，则可选定其中的一个作为主键（primary key）。表3.1的主键为“教师编号”。

（7）默认值。默认值指在插入数据时，当没有明确给出某列的值时，系统会为此列指定一个值。在MySQL中，默认值即关键字DEFAULT。

2. 表结构设计

在数据库设计过程中，最重要的是表结构设计。好的表结构设计，对应着较高的效率和安全性；而差的表结构设计，对应着较低的效率和安全性。

创建表的核心是定义表结构并设置表和列的属性。创建表以前，首先要确定表名和表的属性，表所包含的列名、数据类型、空值、键、默认值等，这些属性构成了表结构。

在教学数据库teaching中的专业表speciality、学生表student、课程表course、成绩表score、教师表teacher、讲课表lecture的表结构，参见“附录B 教学数据库teaching的表结构和样本数据”，其中，教师表teacher的表结构介绍如下。

（1）teacherno列是教师的编号，该列的数据类型为字符型CHAR(n)，n的值为6，不允许空，无默认值。在teacher表中，只有teacherno列能唯一地标志一名教师，所以将teacherno列设为主键。

（2）tname列是教师的姓名，姓名一般不超过4个中文字符，所以选用字符型CHAR(n)，n的值为8，不允许空，无默认值。

（3）tsex列是教师的性别，选用字符型CHAR(n)，n的值为2，不允许空，默认值为“男”。

（4）tbirthday列是教师的出生日期，选用DATE数据类型，不允许空，无默认值。

（5）title列是教师的职称，选用字符型CHAR(n)，n的值为12，允许空，无默认值。

（6）school列是教师所在的学院，选用字符型CHAR(n)，n的值为12，允许空，无默认值。

teacher（教师表）的表结构如表3.2所示。

表3.2 teacher（教师表）的表结构

列名	数据类型	允许null值	键	默认值	说明
teacherno	CHAR(6)	×	主键	无	教师编号
tname	CHAR(8)	×		无	姓名
tsex	CHAR(2)	×		男	性别
tbirthday	DATE	×		无	出生日期

续表

列名	数据类型	允许null值	键	默认值	说明
title	CHAR(12)	√		无	职称
school	CHAR(12)	√		无	所在的学院

3.3.2 创建表

创建表包括创建新表和复制已有表。

1. 创建新表

在MySQL数据库中，创建新表使用CREATE TABLE语句。

语法格式如下。

```
CREATE [TEMPORARY] TABLE [IF NOT EXISTS] table_name
    [ ( [ column_definition ],… [ index_definition ] ) ]
    [table_option] [SELECT_statement];
```

说明如下。

（1）TEMPORARY：用CREATE命令创建临时表。

（2）IF NOT EXISTS：只有该表目前尚不存在时，才执行CREATE TABLE操作，避免出现表已存在而无法再新建的错误。

（3）column_definition：列定义，包括列名、数据类型、长度、是否允许空值、默认值、主键约束、唯一性约束、列注释、外键等，格式如下。

```
col_name type [NOT NULL | NULL] [DEFAULT default_value]
    [AUTO_INCREMENT] [UNIQUE [KEY] | [PRIMARY] KEY]
    [COMMENT ' string '] [reference_definition]
```

- col_name：列名。
- type：数据类型，有的数据类型需要指明长度n，并使用圆括号标注。
- NOT NULL或NULL：指定该列是否为空值，如果不指定，则默认为空值。
- DEFAULT：为列指定默认值，默认值必须为一个常数。
- AUTO_INCREMENT：设置自增属性，只有整数类型列才能设置此属性。
- UNIQUE KEY：设置该列为唯一性约束。
- PRIMARY KEY：设置该列为主键。一个表只能定义一个主键，主键不允许为空值。
- COMMENT 'string'：注释字符串。
- reference_definition：设置该列的约束为外键约束。

【例3.6】在教学数据库teaching中定义teacher表，表结构如表3.2所示。

在MySQL命令行客户端输入如下SQL语句。

```
mysql> USE teaching;
Database changed
mysql> CREATE TABLE teacher
```

```
    ->      (
    ->          teacherno char (6) NOT NULL PRIMARY KEY,
    ->          tname char(8) NOT NULL,
    ->          tsex char (2) NOT NULL DEFAULT '男',
    ->          tbirthday date NOT NULL,
    ->          title char (12) NULL,
    ->          school char (12) NULL
    ->      );
```

执行结果如下。

```
Query OK, 0 rows affected (0.33 sec)
```

2. 复制已有表

直接复制数据库中已有表的结构和数据来创建一个表，这样更加方便和快捷。
语法格式如下。

```
CREATE [TEMPORARY] TABLE [IF NOT EXISTS] table_name
    [ ( ) LIKE old_table_name [ ] ]
    | [AS (SELECT_statement)];
```

说明如下。

- LIKE old_table_name：使用LIKE关键字复制一个与原表结构相同的新表，但是表的内容不会被复制。
- AS (SELECT_statement)：使用AS关键字可以复制原表的内容，但索引和完整性约束不会被复制。

【例3.7】使用复制方式创建teacher1表，表结构复制自teacher表。

```
mysql> USE teaching;
Database changed
mysql> CREATE TABLE teacher1 like teacher;
```

执行结果如下。

```
Query OK, 0 rows affected (0.40 sec)
```

3.3.3 查看表

查看表包括查看表的名称、查看表的基本结构、查看表的详细结构等，分别介绍如下。

1. 查看表的名称

可以使用SHOW TABLES语句查看表的名称。
语法格式如下。

```
SHOW TABLES [ { FROM | IN } db_name ];
```

其中，使用选项{ FROM | IN } db_name可以显示非当前数据库中的表名。

【例3.8】查看教学数据库teaching中的所有表名。

```
mysql> USE teaching;
Database changed
mysql> SHOW TABLES;
```

执行结果如下。

```
+---------------------------+
|Tables_in_teaching         |
+---------------------------+
|teacher                    |
|teacher1                   |
+---------------------------+
2 rows in set (0.41 sec)
```

2. 查看表的基本结构

使用SHOW COLUMNS语句或DESCRIBE | DESC语句可以查看表的基本结构，包括列名、列的数据类型、长度、是否为空、是否为主键、是否有默认值等。

（1）使用SHOW COLUMNS语句查看表的基本结构。

语法格式如下。

```
SHOW COLUMNS { FROM | IN } tb_name [ { FROM | IN } db_name ];
```

（2）使用DESCRIBE | DESC语句查看表的基本结构。

语法格式如下。

```
{ DESCRIBE | DESC } tb_name;
```

注意

MySQL支持将DESCRIBE作为SHOW COLUMNS的一种快捷方式。

【例3.9】查看teacher表的基本结构。

```
mysql> SHOW COLUMNS FROM teacher;
```

或

```
mysql> DESC teacher;
```

执行结果如下。

```
+---------------+--------------+--------+--------+------------+---------+
|Field          |Type          |Null    |Key     |Default     |Extra    |
+---------------+--------------+--------+--------+------------+---------+
|teacherno      |char(6)       |NO      |PRI     |NULL        |         |
```

```
|tname          |char(8)     |NO         |       |NULL         |          |
|tsex           |char(2)     |NO         |       |男           |          |
|tbirthday      |date        |NO         |       |NULL         |          |
|title          |char(12)    |YES        |       |NULL         |          |
|school         |char(12)    |YES        |       |NULL         |          |
+---------------+------------+-----------+-------+-------------+----------+
6 rows in set (0.25 sec)
```

3．查看表的详细结构

使用SHOW CREATE TABLE语句查看表的详细结构。

语法格式如下。

```
SHOW CREATE TABLE tb_name;
```

【例3.10】查看teacher表的详细结构。

```
mysql> SHOW CREATE TABLE teacher\G
```

执行结果如下。

```
mysql> SHOW CREATE TABLE teacher\G
*************************** 1. row ***************************
Table: teacher
Create Table: CREATE TABLE 'teacher' (
  'teacherno' char(6) NOT NULL,
  'tname' char(8) NOT NULL,
  'tsex' char(2) NOT NULL DEFAULT '男',
  'tbirthday' date NOT NULL,
  'title' char(12) DEFAULT NULL,
  'school' char(12) DEFAULT NULL,
  PRIMARY KEY ('teacherno')
) ENGINE=InnoDB DEFAULT CHARSET=utf8mb4 COLLATE=utf8mb4_0900_ai_ci
1 row in set (0.10 sec)
```

3.3.4 修改表

修改表用于更改原有表的结构，如添加列、修改列、删除列、重新命名列或表等。

修改表使用ALTER TABLE语句。

语法格式如下。

```
ALTER [IGNORE] TABLE tbl_name
    alter_specification [, alter_specification] …
alter_specification:
ADD [COLUMN] column_definition [FIRST | AFTER col_name ]         /*添加列*/
  | ALTER [COLUMN] col_name {SET DEFAULT literal | DROP DEFAULT}/*修改默认值*/
  | CHANGE [COLUMN] old_col_name column_definition [FIRST|AFTER col_name]
                                                                 /*重新命名列*/
  | MODIFY [COLUMN] column_definition [FIRST | AFTER col_name] /*修改列名称*/
```

```
  | DROP [COLUMN] col_name                               /*删除列*/
  | RENAME [TO] new_tbl_name                             /*重新命名表*/
  | ORDER BY col_name                                    /*排序*/
  | CONVERT TO CHARACTER SET charset_name [COLLATE collation_name]
                                                         /*将字符集转换为二进制*/
  | [DEFAULT] CHARACTER SET charset_name [COLLATE collation_name]
                                                         /*修改默认字符集*/
```

1．添加列

在ALTER TABLE语句中，可以使用ADD [COLUMN]子句添加列，如添加无完整性约束条件的列，添加有完整性约束条件的列，在表的第一个位置添加列，在表的指定位置之后添加列等。

【例3.11】在teacher表中添加一列tid（添加到表的第1列），不为空，取值唯一并且自动递增。

```
mysql> ALTER TABLE teaching.teacher
    -> ADD COLUMN tid int NOT NULL UNIQUE AUTO_INCREMENT FIRST;
```

执行结果如下。

```
Query OK, 0 rows affected (0.84 sec)
Records: 0  Duplicates: 0  Warnings: 0
```

使用DESC语句查看teacher表。

```
mysql> DESC teaching.teacher;
```

显示结果如下。

```
+-----------+-----------+--------+--------+----------+----------------+
|Field      |Type       |Null    |Key     |Default   |Extra           |
+-----------+-----------+--------+--------+----------+----------------+
|tid        |int(11)    |NO      |UNI     |NULL      |auto_increment  |
|teacherno  |char(6)    |NO      |PRI     |NULL      |                |
|tname      |char(8)    |NO      |        |NULL      |                |
|tsex       |char(2)    |NO      |        |男        |                |
|tbirthday  |date       |NO      |        |NULL      |                |
|title      |char(12)   |YES     |        |NULL      |                |
|school     |char(12)   |YES     |        |NULL      |                |
+-----------+-----------+--------+-------+----------+----------------+
7 rows in set (0.01 sec)
```

2．修改列

ALTER TABLE语句中3个修改列的子句，如下所示。

- ALTER [COLUMN] 子句：该子句用于修改或删除表中指定列的默认值。
- CHANGE [COLUMN] 子句：该子句可同时修改表中指定列的名称和数据类型。
- MODIFY [COLUMN] 子句：该子句不仅可修改表中指定列的名称，还可修改指定列在表中的位置。

【例3.12】将teacher1表的列tbirthday修改为age，数据类型改为TINYINT，可空，默认值

为22。

```
mysql> ALTER TABLE teaching.teacher1
    -> CHANGE COLUMN tbirthday age TINYINT DEFAULT 22;
```

执行结果如下。

```
Query OK, 0 rows affected (0.74 sec)
Records: 0  Duplicates: 0  Warnings: 0
```

使用DESC语句查看teacher1表。

```
mysql> DESC teaching.teacher1;
```

显示结果如下。

```
+--------------+----------------+---------+-------+--------+--------------+
|Field         |Type            |Null     |Key    |Default |Extra         |
+--------------+----------------+---------+-------+--------+--------------+
|tid           |int(11)         |NO       |UNI    |NULL    |auto_increment|
|teacherno     |char(6)         |NO       |PRI    |NULL    |              |
|tname         |char(8)         |NO       |       |NULL    |              |
|tsex          |char(2)         |NO       |       |男      |              |
|age           |tinyint(4)      |YES      |       |22      |              |
|title         |char(12)        |YES      |       |NULL    |              |
|school        |char(12)        |YES      |       |NULL    |              |
+--------------+----------------+---------+-------+--------+--------------+
7 rows in set (0.01 sec)
```

3．删除列

在ALTER TABLE语句中，可通过DROP [COLUMN]子句实现删除列的功能。

【例3.13】删除teacher表中的列tid。

```
mysql> ALTER TABLE teaching.teacher
    -> DROP COLUMN tid;
```

执行结果如下。

```
Query OK, 0 rows affected (0.49 sec)
Records: 0  Duplicates: 0  Warnings: 0
```

4．重新命名表

可以使用ALTER TABLE语句中的RENAME [TO]子句重新命名表，也可以使用RENAME TABLE语句重新命名表。

（1）RENAME [TO]子句。

【例3.14】将teacher1表重新命名为teacher2表。

```
mysql> ALTER TABLE teaching.teacher1
    -> RENAME TO teaching.teacher2;
```

执行结果如下。

```
Query OK, 0 rows affected (0.20 sec)
```

（2）RENAME TABLE语句。

RENAME TABLE语句的语法格式如下。

```
RENAME TABLE old_table_name TO new_table_name [, old_table_name TO new_
table_name ]…
```

【例3.15】将 teacher2表重新命名为teacher3表。

```
mysql> RENAME TABLE teaching.teacher2 TO teaching.teacher3;
```

执行结果如下。

```
Query OK, 0 rows affected (0.24 sec)
```

3.3.5 删除表

当表不需要的时候，可将其删除。删除表时，表的结构定义、表中的所有数据以及表的索引和约束等都会被删除。

删除表使用DROP TABLE语句。

语法格式如下。

```
DROP [TEMPORARY] TABLE [IF NOT EXISTS] table_name [, table_name ]…
```

【例3.16】删除teacher3表。

```
mysql> DROP TABLE teaching.teacher3;
```

执行结果如下。

```
Query OK, 0 rows affected (0.24 sec)
```

3.4 数据完整性约束

本节介绍数据完整性的基本概念、PRIMARY KEY约束、UNIQUE约束、FOREIGN KEY约束、CHECK约束、NOT NULL约束等内容。

3.4.1 数据完整性的基本概念

数据完整性指数据库中的数据的正确性、一致性和有效性，数据完整性规则通过数据完整性约束来实现。在MySQL中，各种完整性规则作为表的定义的一部分，可通过CREATE TABLE语句或ALTER TABLE语句来定义。

数据完整性约束有以下特点。

- 完整性规则定义在表上，应用程序的任何数据都必须遵守表的完整性约束。
- 当定义或修改完整性约束时，不需要额外编程。
- 当由完整性约束所实施的事务规则改变时，只须改变完整性约束的定义，所有应用程序即可自动地遵守所修改的完整性约束。

数据完整性一般包括实体完整性、参照完整性、用户定义的完整性和实现上述完整性的约束，下面分别进行介绍。

1．实体完整性

实体完整性要求表中有一个主键，其值不能为空且能唯一地标志对应的记录，又被称为行完整性。通过PRIMARY KEY约束、UNIQUE约束实现数据的实体完整性。

例如针对教学数据库teaching中的教师表teacher，teacherno列作为其主键，每一名教师的teacherno列能唯一地标志该教师对应的行记录信息，即通过在teacherno列建立主键约束可实现teacher表的实体完整性。

通过PRIMARY KEY约束定义主键，一个表只能有一个PRIMARY KEY约束，且PRIMARY KEY约束不能为空值。

通过UNIQUE约束定义唯一性约束，为了保证一个表的非主键列不输入重复值，可在该列定义UNIQUE约束。

PRIMARY KEY约束与UNIQUE约束的主要区别如下所示。

- 一个表只能创建一个PRIMARY KEY约束，但可以创建多个UNIQUE约束。
- PRIMARY KEY约束的列值不允许为空值，UNIQUE约束的列值可以为空值。
- 创建PRIMARY KEY约束时，系统会自动产生PRIMARY KEY索引。创建UNIQUE约束时，系统会自动产生UNIQUE索引。

PRIMARY KEY约束与UNIQUE约束都不允许对应列存在重复值。

2．参照完整性

参照完整性保证被参照表中的数据与参照表中数据的一致性，又被称为引用完整性。参照完整性确保引用的键值在所有表中一致。通过定义主键（primary key）与外键（foreign key）之间的对应关系实现参照完整性。

主键（primary key）：表中能唯一标志每个数据行的一个列或多个列。

外键（foreign key）：一个表中一个列或多个列的组合是另一个表的主键。

例如，将教师表teacher作为被参照表、表中的teacherno列作为主键，讲课表lecture作为参照表、表中的teacherno列作为外键，从而建立起被参照表与参照表之间的联系以实现参照完整性，teacher和lecture的对应关系如图3.1所示。

如果定义了两个表之间的参照完整性，则须满足以下要求。

- 参照表不能引用不存在的键值。
- 如果被参照表中的键值更改了，那么在整个数据库中，对参照表中该键值的所有引用要进行一致的更改。
- 如果要删除被参照表中的某一记录，应先删除参照表中与该记录相匹配的记录。

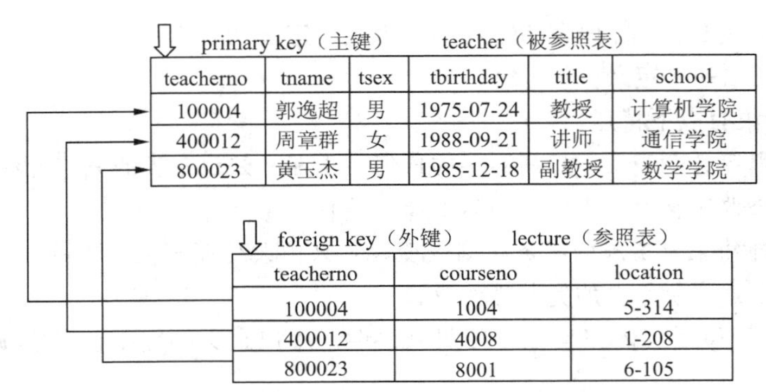

teacherno	tname	tsex	tbirthday	title	school
100004	郭逸超	男	1975-07-24	教授	计算机学院
400012	周章群	女	1988-09-21	讲师	通信学院
800023	黄玉杰	男	1985-12-18	副教授	数学学院

teacherno	courseno	location
100004	1004	5-314
400012	4008	1-208
800023	8001	6-105

图 3.1　teacher 和 lecture 的对应关系

3．用户定义的完整性

用户定义的完整性指列数据输入的有效性。通过CHECK约束、NOT NULL约束实现用户定义的完整性。

CHECK约束通过显示输入列中的值来实现用户定义的完整性。例如：数据库teaching中的teacher表，其tsex列只能取“男”或“女”，可用CHECK约束实现。

4．完整性约束

数据完整性规则通过完整性约束来实现，完整性约束是在表上强制执行的一些数据校验规则，在插入、修改或者删除数据时必须符合在相关字段上设置的这些规则，否则会报错。

PRIMARY KEY约束、UNIQUE约束、FOREIGN KEY约束、CHECK约束、NOT NULL约束，以及它们实现的数据完整性介绍如下。

- PRIMARY KEY约束：主键约束，实现实体完整性。
- UNIQUE约束：唯一性约束，实现实体完整性。
- FOREIGN KEY约束：外键约束，实现参照完整性。
- CHECK约束：检查约束，实现用户定义的完整性。
- NOT NULL约束：非空约束，实现用户定义的完整性。

（1）列级完整性约束和表级完整性约束。定义完整性约束有两种方式：一种是作为列级完整性约束，只在列定义的后面加上关键字PRIMARY KEY；另一种是作为表级完整性约束，需要在表中所有列定义的后面加上一条PRIMARY KEY(列名,…)子句。

（2）完整性约束的命名。CONSTRAINT关键字用来指定完整性约束的名字。

语法格式如下。

```
CONSTRAINT <symbol>
| PRIMARY KEY(主键列名)
| UNIQUE (唯一性约束列名)
| FOREIGN KEY(外键列名) REFERENCES 被参照关系表(主键列名)
| CHECK(约束条件表达式)
```

其中，symbol是完整性约束的名字，在完整性约束的前面被定义。在数据库里，这个名字必须是唯一的。只能给表完整性约束指定名字，而无法给列完整性约束指定名字。如果没有明确给出约束名字，则由MySQL自动创建。

3.4.2 PRIMARY KEY约束

PRIMARY KEY约束即主键约束，用于实现实体完整性。

主键是表中的某一列或多个列的组合，由多个列的组合构成的主键又称为复合主键。主键的值必须是唯一的，且不允许为空。完整性约束有列级完整性约束和表级完整性约束两种方式。

MySQL的主键必须遵守以下规则。

- 每个表只能定义一个主键。
- 表中的两条记录在主键上不能具有相同的值，即遵守唯一性规则。
- 如果从一个复合主键中删除一列后，剩下的列构成的主键仍然满足唯一性原则，那么，这个复合主键是不正确的，这就是最小化规则。
- 一个列名在复合主键的列表中只能出现一次。

创建主键约束时可以使用CREATE TABLE语句或ALTER TABLE语句，其约束方式可分为列级完整性约束和表级完整性约束。另外，可对主键约束命名。

1．在创建表时创建主键约束

在创建表时创建主键约束使用CREATE TABLE语句。

【例3.17】在数据库teaching中创建teacher1表，以列级完整性约束方式定义主键。

```
mysql> CREATE TABLE teacher1
    ->     (
    ->         teacherno char (6) NOT NULL PRIMARY KEY,
    ->         tname char(8) NOT NULL,
    ->         tsex char (2) NOT NULL DEFAULT '男',
    ->         tbirthday date NOT NULL,
    ->         title char (12) NULL,
    ->         school char (12) NULL
    ->     );
Query OK, 0 rows affected (0.22 sec)
```

在teacherno列定义的后面加上关键字PRIMARY KEY，即列级定义主键约束。若未指定约束名字，则MySQL将自动创建约束名字。

【例3.18】在数据库teaching中创建teacher2表，以表级完整性约束方式定义主键。

```
mysql> CREATE TABLE teacher2
    ->     (
    ->         teacherno char (6) NOT NULL,
    ->         tname char(8) NOT NULL,
    ->         tsex char (2) NOT NULL DEFAULT '男',
    ->         tbirthday date NOT NULL,
    ->         title char (12) NULL,
    ->         school char (12) NULL,
    ->         PRIMARY KEY(teacherno)
    ->     );
Query OK, 0 rows affected (0.14 sec)
```

在表中所有列定义的后面加上一条PRIMARY KEY(teacherno)子句，即表级定义主键约束。若未指定约束名字，则MySQL将自动创建约束名字。若主键由表中某一列构成，则主键约束采用列级定义或表级定义均可。若主键由表中多列构成，则主键约束必须采用表级定义。

【例3.19】在数据库teaching中创建teacher3表，以表级完整性约束方式定义主键，并指定主键约束的名称。

```
mysql> CREATE TABLE teacher3
    ->     (
    ->         teacherno char (6) NOT NULL,
    ->         tname char(8) NOT NULL,
    ->         tsex char (2) NOT NULL DEFAULT '男',
    ->         tbirthday date NOT NULL,
    ->         title char (12) NULL,
    ->         school char (12) NULL,
    ->         CONSTRAINT PK_teacher3 PRIMARY KEY(teacherno)
    ->     );
Query OK, 0 rows affected (0.17 sec)
```

以上为表级定义主键约束，指定约束名字为PK_teacher3。指定约束名字后，在需要对完整性约束进行修改或删除时，引用更为方便。

2．删除主键约束

删除主键约束可以使用ALTER TABLE语句中的DROP子句。

语法格式如下。

```
ALTER TABLE <表名>
DROP PRIMARY KEY;
```

【例3.20】删除例3.19中创建的teacher3表中的主键约束。

```
mysql> ALTER TABLE teacher3
    -> DROP PRIMARY KEY;
Query OK, 0 rows affected (0.50 sec)
Records: 0  Duplicates: 0  Warnings: 0
```

3．在修改表时创建主键约束

在修改表时，创建主键约束可以使用ALTER TABLE语句中的ADD子句。

语法格式如下。

```
ALTER TABLE <表名>
ADD([CONSTRAINT <约束名>] PRIMARY KEY(主键列名)
```

【例3.21】重新在teacher3表上定义主键约束。

```
mysql> ALTER TABLE teacher3
    -> ADD CONSTRAINT PK_teacher3 PRIMARY KEY(teacherno);
Query OK, 0 rows affected (0.45 sec)
Records: 0  Duplicates: 0  Warnings: 0
```

3.4.3 UNIQUE约束

UNIQUE约束即唯一性约束，用于实现实体完整性。

唯一性约束是表中的某一列或多个列的组合。唯一性约束的值必须是唯一的，不允许重复。定义唯一性约束有列级完整性约束和表级完整性约束两种方式。一个表可以创建多个UNIQUE约束。

创建唯一性约束时可以使用CREATE TABLE语句或ALTER TABLE语句，其约束方式可分为列级完整性约束和表级完整性约束。另外，可对唯一性约束命名。

1．在创建表时创建唯一性约束

在创建表时创建唯一性约束使用CREATE TABLE语句。

【例3.22】创建teacher4表，以列级完整性约束方式定义唯一性约束。

```
mysql> CREATE TABLE teacher4
    ->      (
    ->          teacherno char (6) NOT NULL PRIMARY KEY,
    ->          tname char(8) NOT NULL UNIQUE,
    ->          tsex char (2) NOT NULL DEFAULT '男',
    ->          tbirthday date NOT NULL,
    ->          title char (12) NULL,
    ->          school char (12) NULL
    ->      );
Query OK, 0 rows affected (0.13 sec)
```

在tname列定义的后面加上关键字UNIQUE，即列级定义唯一性约束。若未指定约束名字，则MySQL将自动创建约束名字。

【例3.23】创建teacher5表，以表级完整性约束方式定义唯一性约束。

```
mysql> CREATE TABLE teacher5
    ->      (
    ->          teacherno char (6) NOT NULL PRIMARY KEY,
    ->          tname char(8) NOT NULL,
    ->          tsex char (2) NOT NULL DEFAULT '男',
    ->          tbirthday date NOT NULL,
    ->          title char (12) NULL,
    ->          school char (12) NULL,
    ->          CONSTRAINT UK_teacher5 UNIQUE(tname)
    ->      );
Query OK, 0 rows affected (0.15 sec)
```

在表中所有列定义的后面加上一条CONSTRAINT子句，即表级定义唯一性约束，并指定约束名字为UK_teacher5。

2．删除唯一性约束

删除唯一性约束可以使用ALTER TABLE语句中的DROP子句。

语法格式如下。

```
ALTER TABLE <表名>
DROP INDEX <约束名>;
```

【例3.24】删除例3.23中在teacher5表中创建的唯一性约束。

```
mysql> ALTER TABLE teacher5
    -> DROP INDEX UK_teacher5;
Query OK, 0 rows affected (0.77 sec)
Records: 0  Duplicates: 0  Warnings: 0
```

3．在修改表时添加唯一性约束

在修改表时，添加唯一性约束可以使用ALTER TABLE语句中的ADD子句。

语法格式如下。

```
ALTER TABLE <表名>
ADD([CONSTRAINT <约束名>] UNIQUE (唯一性约束列名)
```

【例3.25】重新在teacher5表中定义唯一性约束。

```
mysql> ALTER TABLE teacher5
    -> ADD CONSTRAINT UK_teacher5 UNIQUE(tname);
Query OK, 0 rows affected (0.18 sec)
Records: 0  Duplicates: 0  Warnings: 0
```

3.4.4 FOREIGN KEY约束

FOREIGN KEY约束即外键约束，用于实现参照完整性。

参照完整性保证被参照表中的数据与参照表中数据的一致性，又被称为引用完整性。

外键是一个表中的一列或多列的组合，它不是这个表的主键，但它是另一个表的主键。外键的作用是保持数据引用的完整性。外键所在的表被称作参照表，相关联的主键所在的表被称作被参照表。

参照完整性规则是外键与主键之间的引用规则，即外键的取值或者为空值，或者等于被参照表中某个主键的值。

定义外键时，应遵守以下规则。

- 被参照表已经使用CREATE TABLE语句创建，或当前正在创建。
- 必须为被参照表定义主键或唯一性约束。
- 必须在被参照表的表名后面指定列名或列名的组合，该列名或列名的组合必须是被参照表的主键或唯一性约束。
- 主键不能包含空值，但允许外键中出现空值。
- 外键对应列的数目必须和主键对应列的数目相同。
- 外键对应列的数据类型必须和主键对应列的数据类型相同。

外键约束的语法格式如下。

```
CONSTRAINT <symbol> FOREIGN KEY(col_nam1[, col_nam2…]) REFERENCES table_
name (col_nam1[, col_nam2…])
    [ON DELETE {RESTRICT | CASCADE | SET NULL | NO ACTION | SET DEFAULT}]
    [ON UPDATE {RESTRICT | CASCADE | SET NULL | NO ACTION | SET DEFAULT}]
```

说明如下。

（1）symbol：指定外键约束的名字。

（2）FOREIGN KEY(col_nam1[, col_nam2…])：FOREIGN KEY为外键关键字，其后面为要设置外键约束的外键列名。

（3）table_name (col_nam1[, col_nam2…])：table_name为被参照表名，其后面为要设置外键约束的主键列名。

（4）ON DELETE | ON UPDATE：可以为每个外键定义参照动作，包含以下两部分。

- 指定参照动作应用的语句，即UPDATE语句和DELETE语句；
- 指定采取的动作，即RESTRICT、CASCADE、SET NULL、NO ACTION和SET DEFAULT。其中，RESTRICT为默认值。

（5）RESTRICT：限制策略，要删除或更新被参照表中被参照列上在外键中出现的值时，拒绝对被参照表进行删除或更新操作。

（6）CASCADE：级联策略，从被参照表中删除或更新行时，自动删除或更新参照表中相匹配的行。

（7）SET NULL：置空策略，从被参照表删除或更新行时，设置参照表中与之对应的外键列为NULL。如果外键列没有指定NOT NULL限定词，这就是合法的。

（8）NO ACTION：拒绝动作策略，拒绝采取动作，即如果有一个相关的外键值在被参照表里，则删除或更新被参照表中主键值的企图不被允许，这和RESTRICT类似。

（9）SET DEFAULT：默认值策略，作用和SET NULL类似，只不过SET DEFAULT是指定参照表中的外键列为默认值。

创建外键约束时可以使用CREATE TABLE语句或ALTER TABLE语句，其约束方式可分为列级完整性约束和表级完整性约束。另外，可对外键约束命名。

1. 在创建表时创建外键约束

在创建表时创建外键约束使用CREATE TABLE语句。

【例3.26】 创建lecture1表，在teacherno列以列级完整性约束方式定义外键。

```
mysql> CREATE TABLE lecture1
    ->      (
    ->          teacherno char(6) NOT NULL REFERENCES teacher1(teacherno),
    ->          courseno char(4) NOT NULL,
    ->          location char(10) NULL,
    ->          PRIMARY KEY(teacherno,courseno)
    ->      );
Query OK, 0 rows affected (0.14 sec)
```

由于已经在teacher1表的teacherno列定义了主键，因此可以在lecture1表的teacherno列定义外键，其值参照被参照表teacher1的teacherno列。列级定义外键约束，如果未指定约束名字，则MySQL将自动创建约束名字。

【例3.27】创建lecture2表，以表级完整性约束方式定义外键，并定义相应的参照动作。

```
mysql> CREATE TABLE lecture2
    ->     (
    ->          teacherno char(6) NOT NULL,
    ->          courseno char(4) NOT NULL,
    ->          location char(10) NULL,
    ->          PRIMARY KEY(teacherno,courseno),
    ->          CONSTRAINT FK_lecture2 FOREIGN KEY(teacherno) REFERENCES teacher2
(teacherno)
    ->          ON DELETE CASCADE
    ->          ON UPDATE RESTRICT
    ->     );
Query OK, 0 rows affected (0.20 sec)
```

定义表级外键约束时，指定约束名字为FK_lecture2。这里定义了两个参照动作：ON DELETE CASCADE表示当删除教师表中某个教师编号的记录时，如果讲课表中有该教师编号的讲课表记录，则级联删除该讲课表记录；ON UPDATE RESTRICT表示当教师表中的某个教师编号有对应的讲课表记录时，不允许修改该教师编号。

注意

外键只能引用主键或唯一性约束。

2．删除外键约束

删除外键约束可以使用ALTER TABLE语句中的DROP子句。

语法格式如下。

```
ALTER TABLE <表名>
DROP FOREIGN KEY <外键约束名>;
```

【例3.28】删除例3.27中在lecture2表上定义的外键约束。

```
mysql> ALTER TABLE lecture2
    -> DROP FOREIGN KEY FK_lecture2;
Query OK, 0 rows affected (0.12 sec)
Records: 0  Duplicates: 0  Warnings: 0
```

3．在修改表时添加外键约束

在修改表时，添加外键约束可以使用ALTER TABLE语句中的ADD子句。

语法格式如下。

```
ALTER TABLE <表名>
ADD [CONSTRAINT <约束名>] FOREIGN KEY(外键列名) REFERENCES 被参照表(主键列名)
```

【例3.29】重新在lecture2表上定义外键约束。

```
mysql> ALTER TABLE lecture2
```

```
    -> ADD CONSTRAINT FK_lecture2 FOREIGN KEY(teacherno) REFERENCES teacher2
(teacherno);
Query OK, 0 rows affected (0.48 sec)
Records: 0  Duplicates: 0  Warnings: 0
```

3.4.5 CHECK约束

CHECK约束即检查约束，用于实现用户定义的完整性。

检查约束对输入列或整个表中的值设置检查条件，以限制输入值，保证数据库的数据完整性。下面介绍通过检查约束和非空约束实现用户定义的完整性。

创建检查约束可以使用CREATE TABLE语句或ALTER TABLE语句，其约束方式可分为列级完整性约束和表级完整性约束。另外，可对检查约束命名。

1．在创建表时创建检查约束

在创建表时创建检查约束使用CREATE TABLE语句，下面是检查约束常用的语法格式。

```
CHECK(expr)
```

其中，expr为约束条件表达式。

【例3.30】创建score1表，并在grade列以列级完整性约束方式定义检查约束。

```
mysql> CREATE TABLE score1
    ->     (
    ->         studentno char (6) NOT NULL,
    ->         courseno char(4) NOT NULL,
    ->         grade tinyint NULL CHECK(grade>=0 AND grade<=100),
    ->         PRIMARY KEY(studentno,courseno)
    ->     );
Query OK, 0 rows affected (0.21 sec)
```

在grade列定义的后面加上了关键字CHECK，约束表达式为grade>=0 AND grade<=100，列级定义了检查约束，未指定约束名字，MySQL自动创建了约束名字。

【例3.31】创建score2表，以表级完整性约束方式定义检查约束。

```
mysql> CREATE TABLE score2
    ->     (
    ->         studentno char (6) NOT NULL,
    ->         courseno char(4) NOT NULL,
    ->         grade tinyint NULL,
    ->         PRIMARY KEY(studentno,courseno),
    ->         CONSTRAINT CK_score2 CHECK(grade>=0 AND grade<=100)
    ->     );
Query OK, 0 rows affected (0.16 sec)
```

在表中所有列定义的后面加上一条CONSTRAINT子句，表级定义检查约束，指定约束名字为CK_ score2。

2．删除检查约束

删除检查约束可以使用ALTER TABLE语句中的DROP子句。
语法格式如下。

```
ALTER TABLE <表名>
DROP CHECK<约束名>
```

【例3.32】删除例3.31中在score2表上定义的检查约束。

```
mysql> ALTER TABLE score2
    -> DROP CHECK CK_score2
Query OK, 0 rows affected (0.09 sec)
Records: 0  Duplicates: 0  Warnings: 0
```

3．在修改表时添加检查约束

在修改表时，添加检查约束可以使用ALTER TABLE语句中的ADD子句。
语法格式如下。

```
ALTER TABLE <表名>
ADD [ CONSTRAINT <约束名> ] CHECK(约束条件表达式)
```

【例3.33】重新在score2表上定义检查约束。

```
mysql> ALTER TABLE score2
    -> ADD CONSTRAINT CK_score2 CHECK(grade>=0 AND grade<=100);
Query OK, 0 rows affected (0.74 sec)
Records: 0  Duplicates: 0  Warnings: 0
```

3.4.6 NOT NULL约束

NOT NULL约束即非空约束，用于实现用户定义的完整性。

非空约束指字段值不能为空值。空值指“不知道”“不存在”或“无意义”的值。

在MySQL中，可以使用CREATE TABLE语句或ALTER TABLE语句来定义非空约束。在某个列定义后面，加上关键字NOT NULL作为限定词，表示该列的取值不能为空。例如，在例3.6中创建teacher表时，在teacherno等列的后面都添加了关键字NOT NULL作为非空约束，以确保这些列不能取空值。

本章小结

本章主要介绍了以下内容。

（1）数据定义语言用于对数据库及数据库中的各种对象进行创建、删除、修改等操作。数据定义语言的主要SQL语句有：创建数据库或数据库对象语句CREATE、修改数据库或数据库对象语句ALTER、删除数据库或数据库对象语句DROP。

（2）数据库是一个存储数据库对象的容器，数据库对象包含表、视图、索引、存储过程、触发器等。安装MySQL数据库时，生成了系统使用的数据库，包括mysql、information_schema、performance_schema和sys等。

（3）对于MySQL数据库：

创建数据库使用CREATE DATABASE语句；

选择数据库使用USE语句；

修改数据库使用ALTER DATABASE语句；

删除数据库使用DROP DATABASE语句。

（4）表是数据库中存储数据的数据库对象，每个数据库都包含了若干个表，表由行和列组成。每个表具有一定的结构，表结构包含一组固定的列。列由列名、列的数据类型、长度、是否为空、键、默认值等组成。

（5）对于MySQL表：

创建新表使用CREATE TABLE语句；

查看表的名称使用SHOW TABLES语句，查看表的基本结构使用SHOW COLUMNS语句或DESCRIBE|DESC语句，查看表的详细结构使用SHOW CREATE TABLE语句；

修改表使用ALTER TABLE语句；

删除表使用DROP TABLE语句。

（6）数据完整性指数据库中的数据的正确性、一致性和有效性，数据完整性规则通过完整性约束来实现。数据完整性包括实体完整性、参照完整性、用户定义的完整性和实现上述完整性的约束。

- PRIMARY KEY约束：主键约束，实现实体完整性。
- UNIQUE约束：唯一性约束，实现实体完整性。
- FOREIGN KEY约束：外键约束，实现参照完整性。
- CHECK约束：检查约束，实现用户定义的完整性。
- NOT NULL约束：非空约束，实现用户定义的完整性。

习题3

一、选择题

3.1 创建了数据库之后，需要用____语句来指定当前数据库。

A. USES　　B. USE　　C. USED　　D. USING

3.2 ____语句用于修改数据库。

A. ALTER DATABASE　　B. DROP DATABASE

C. CREATE DATABASE　　D. USE

3.3 在创建数据库时，确保数据库不存在时才执行创建操作的子句是____。

A. IF EXIST　　B. IF NOT EXIST

C. IF EXISTS　　D. IF NOT EXISTS

3.4 ____字段可以采用默认值。

A. 出生日期　B. 姓名　C. 专业　D. 学号

3.5 性别字段不宜选择____。

A. CHAR　B. TINYINT　C. INT　D. FLOAT

3.6 创建表时，不允许某列为空可以使用关键字____。

A. NOT NULL　B. NOT BLANK

C. NO NULL　D. NO BLANK

3.7 修改表结构的语句是____。

A. ALTER STRUCTURE　B. MODIFY STRUCTURE

C. ALTER TABLE　D. MODIFY TABLE

3.8 删除列的语句是____。

A. ALTER TABLE…DELETE COLUMN…

B. ALTER TABLE…DROP COLUMN…

C. ALTER TABLE… DELETE…

D. ALTER TABLE… DROP…

3.9 唯一性约束与主键约束的区别是____。

A. 唯一性约束的字段可以为空值

B. 唯一性约束的字段不可以为空值

C. 唯一性约束的字段的值可以不是唯一的

D. 唯一性约束的字段不可以有重复值

3.10 使字段的输入值小于100的约束是____。

A. FOREIGN KEY　B. PRIMARY KYE

C. UNIQUE　D. CHECK

3.11 保证一个表在非主键列中不输入重复值的约束是____。

A. CHECK　B. PRIMARY KYE

C. UNIQUE　D. FOREIGN KEY

二、填空题

3.12 系统使用的数据库包括____、information_schema、performance_schema和sys等。

3.13 关键字用于唯一____记录。

3.14 空值通常表示____、不可用或将在以后添加的数据。

3.15 在MySQL中，默认值即关键字____。

3.16 数据完整性一般包括实体完整性、____和用户定义的完整性。

3.17 完整性约束有_____约束、NOT NULL约束、PRIMARY KEY约束、UNIQUE约束、FOREIGN KEY约束等。

3.18 实体完整性可通过PRIMARY KEY或 ____实现。

3.19 参照完整性可通过FOREIGN KEY和____之间的对应关系实现。

三、简答题

3.20 简述数据定义语言的主要SQL语句。

3.21 为什么需要系统数据库？用户可否删除系统数据库？

3.22 在定义数据库时会涉及哪些语句？

3.23 什么是表？简述表的组成。

3.24 什么是表结构设计？简述表结构的组成。

3.25 什么是关键字？什么是主键？

3.26 简述创建表、查看表、修改表、删除表所使用的语句。

3.27 什么是主键约束？什么是唯一性约束？两者有什么区别？

3.28 什么是外键约束？

3.29 怎样定义CHECK约束和NOT NULL约束。

四、应用题

3.30 创建数据库teaching，选择数据库teaching。

3.31 在数据库teaching中，创建专业表speciality、学生表student、课程表course、成绩表score、教师表teacher、讲课表lecture；相关表结构参见附录B。

3.32 在数据库teaching中定义主键约束。

（1）创建speciality1表，以列级完整性约束方式定义主键。

（2）创建speciality2表，以表级完整性约束方式定义主键，并指定主键约束的名称。

3.33 在数据库teaching中定义唯一性约束。

（1）创建speciality3表，以列级完整性约束方式定义唯一性约束。

（2）创建speciality4表，以表级完整性约束方式定义唯一性约束，并指定唯一性约束的名称。

3.34 在数据库teaching中定义外键约束。

（1）创建student1表，以列级完整性约束方式定义外键约束。

（2）创建student2表，以表级完整性约束方式定义外键约束，并指定外键约束的名称。

3.35 在数据库teaching中定义检查约束。

（1）创建score1表，以列级完整性约束方式定义检查约束。

（2）创建score2表，以表级完整性约束方式定义检查约束，并指定检查约束的名称。

第4章 数据操纵

在创建数据库和表以后，需要对表中的数据进行操作。数据操纵语言（data manipulation language, DML）用于操纵数据库中的表和视图，即对它们进行插入、修改、删除等操作。MySQL提供了功能丰富的数据操纵语句，包括将数据插入表或视图中的插入语句INSERT，修改表或视图中的数据的修改语句UPDATE，从表或视图中删除数据的删除语句DELETE。本章内容包括数据操纵语言概述、插入数据、修改数据、删除数据等。

4.1 数据操纵语言

数据操纵语言用于操纵数据库中的各种对象，即对它们进行插入、修改、删除等操作。

数据操纵语言的主要SQL语句如下。

（1）INSERT语句，用于将数据插入表或视图中。

（2）UPDATE语句，用于修改表或视图中的数据，既可修改表或视图中的一行数据，也可修改表或视图中的一组或全部数据。

（3）DELETE语句，用于从表或视图中删除数据，可根据条件删除指定的数据。

4.2 使用INSERT语句插入数据

下面介绍INSERT语句，REPLACE语句和插入查询结果语句等。

4.2.1 INSERT语句的语法格式和插入数据的方法

向数据库的表中插入一行或多行数据，使用INSERT语句，其基本语法格式如下。

```
INSERT [LOW_PRIORITY | DELAYED | HIGH_PRIORITY] [IGNORE]
       [INTO] table_name [(col_name ,…)]
       VALUES({EXPR| DEFAULT},…),(…),…
```

说明如下。

（1）table_name：需要插入数据的表名。

（2）col_name：列名，插入列值的方法有两种。

- 不指定列名：必须为每个列都插入数据，值的顺序必须与表定义的列的顺序一一对应，且数据类型要相同。
- 指定列名：只需要为指定列插入数据。

（3）VALUES子句：包含各列需要插入的数据清单，数据的顺序要与列的顺序相对应。

下面介绍插入数据的方法。

1．对所有列插入数据时可以省略列名

对表的所有列插入数据且插入值的顺序和表定义的列的顺序相同时，列名可以省略。设在教学数据库teaching中，教师表teacher、teacher1、teacher2和学生表student1的表结构已创建，参见附录B。

【例4.1】向teacher1表中插入一条记录('100004','郭逸超','男','1975-07-24','教授','计算机学院')。

在MySQL命令行客户端输入如下SQL语句。

```
mysql> INSERT INTO teacher1
    ->      VALUES('100004','郭逸超','男','1975-07-24','教授','计算机学院');
```

执行结果如下。

```
Query OK, 1 row affected (0.08 sec)
```

使用SELECT语句查询插入的数据。

```
mysql> SELECT * FROM teacher1;
```

查询结果如下。

```
+-------------+-------------+--------+-------------+---------+----------+
|teacherno    |tname        |tsex    |tbirthday    |title    |school    |
+-------------+-------------+--------+-------------+---------+----------+
|100004       |郭逸超       |男      |1975-07-24   |教授     |计算机学院 |
+-------------+-------------+--------+-------------+---------+----------+
1 row in set (0.00 sec)
```

可以看出数据被成功插入所有列。在插入语句中，已省略列名，只有各列的插入值，且插入值的顺序和表定义的列的顺序相同。

2．对所有列插入数据时不能省略列名

如果插入值的顺序和表定义的列的顺序不同，则在对所有列插入数据时不能省略列名，参见下例。

【例4.2】向teacher1表中插入一条记录，教师编号为120037，职称为副教授，学院为外国语学院，姓名为杨静，性别为女，出生日期为1983-03-12。

```
mysql> INSERT INTO teacher1(teacherno, title, school, tname, tsex, tbirthday)
    ->      VALUES('120037','副教授','外国语学院','杨静','女','1983-03-12');
```

执行结果如下。

```
Query OK, 1 row affected (0.02 sec)
```

使用SELECT语句查询插入的数据。

```
mysql> SELECT * FROM teacher1;
```

查询结果如下。

```
+-------------+------------+--------+-------------+---------+----------+
|teacherno    |tname       |tsex    |tbirthday    |title    |school    |
+-------------+------------+--------+-------------+---------+----------+
|100004       |郭逸超      |男      |1975-07-24   |教授     |计算机学院 |
|120037       |杨静        |女      |1983-03-12   |副教授   |外国语学院 |
+-------------+------------+--------+-------------+---------+----------+
2 rows in set (0.00 sec)
```

3．为表的指定列插入数据

为表的指定列插入数据时，在插入语句中，只须给出指定列的列名和对应的列值，其他列的列名和列值可以不给出，即取表定义时的默认值或空值。

【例4.3】向teacher1表中插入一条记录，教师编号为600014，职称为副教授，学院取空值，性别为男（取默认值），出生日期为1981-11-02，姓名为孙建。

```
mysql> INSERT INTO teacher1(teacherno, title, tbirthday, tname)
    ->     VALUES('600014','副教授','1981-11-02','孙建');
```

执行结果如下。

```
Query OK, 1 row affected (0.05 sec)
```

使用SELECT语句查询插入的数据。

```
mysql> SELECT * FROM teacher1
```

查询结果如下。

```
+-------------+------------+--------+-------------+---------+----------+
|teacherno    |tname       |tsex    |tbirthday    |title    |school    |
+-------------+------------+--------+-------------+---------+----------+
|100004       |郭逸超      |男      |1975-07-24   |教授     |计算机学院 |
|120037       |杨静        |女      |1983-03-12   |副教授   |外国语学院 |
|600014       |孙建        |男      |1981-11-02   |副教授   |NULL      |
+-------------+------------+--------+-------------+---------+----------+
3 rows in set (0.00 sec)
```

4.2.2 插入多条记录

插入多条记录时，在插入语句中，只须指定多个插入值，插入值之间用逗号隔开。

【例4.4】 分别向teacher表和student表中插入样本数据，参见附录B。

向teacher表中插入样本数据。

```
mysql> INSERT INTO teacher
    ->      VALUES('100004','郭逸超','男','1975-07-24','教授','计算机学院'),
    ->      ('100021','任敏','女','1979-10-05','教授','计算机学院'),
    ->      ('400012','周章群','女','1988-09-21','讲师','通信学院'),
    ->      ('800023','黄玉杰','男','1985-12-18','副教授','数学学院'),
    ->      ('120037','杨静','女','1983-03-12','副教授','外国语学院');
```

执行结果如下。

```
Query OK, 5 rows affected (0.03 sec)
Records: 5  Duplicates: 0  Warnings: 0
```

使用SELECT语句查询插入的数据。

```
mysql> SELECT * FROM teacher;
```

查询结果如下。

```
+------------+------------+-------+------------+--------+----------+
|teacherno   |tname       |tsex   |tbirthday   |title   |school    |
+------------+------------+-------+------------+--------+----------+
|100004      |郭逸超      |男     |1975-07-24  |教授    |计算机学院 |
|100021      |任敏        |女     |1979-10-05  |副教授  |计算机学院 |
|120037      |杨静        |女     |1983-03-12  |副教授  |外国语学院 |
|400012      |周章群      |女     |1988-09-21  |讲师    |通信学院   |
|800023      |黄玉杰      |男     |1985-12-18  |副教授  |数学学院   |
+------------+------------+-------+------------+--------+----------+
5 rows in set (0.00 sec)
```

向student表中插入样本数据。

```
mysql> INSERT INTO student
    ->      VALUES('193001','梁俊松','男','1999-12-05',52,'080903'),
    ->      ('193002','周玲','女','1998-04-17',50,'080903'),
    ->      ('193003','夏玉芳','女','1999-06-25',52,'080903'),
    ->      ('198001','康文卓','男','1998-10-14',50,'080703'),
    ->      ('198002','张小翠','女','1998-09-21',48,'080703'),
    ->      ('198004','洪波','男','1999-11-08',52,'080703');
```

执行结果如下。

```
Query OK, 6 rows affected (0.03 sec)
Records: 6  Duplicates: 0  Warnings: 0
```

使用SELECT语句查询插入的数据。

```
mysql> SELECT * FROM student;
```

查询结果如下。

```
+-------------+-------------+--------+-------------+------+------------+
|studentno    |sname        |ssex    |sbirthday    |tc    |specialityno|
+-------------+-------------+--------+-------------+------+------------+
|193001       |梁俊松       |男      |1999-12-05   |    52|080903      |
|193002       |周玲         |女      |1998-04-17   |    50|080903      |
|193003       |夏玉芳       |女      |1999-06-25   |    52|080903      |
|198001       |康文卓       |男      |1998-10-14   |    50|080703      |
|198002       |张小翠       |女      |1998-09-21   |    48|080703      |
|198004       |洪波         |男      |1999-11-08   |    52|080703      |
+-------------+-------------+--------+-------------+------+------------+
6 rows in set (0.00 sec)
```

4.2.3 REPLACE语句

REPLACE语句的语法格式与INSERT语句基本相同，当存在相同的记录时，REPLACE语句可以在插入数据之前将与新记录冲突的旧记录删除，使新记录能够正常插入。

【例4.5】在teacher1表中重新插入记录('120037','杨静','女','1983-03-12','副教授','外国语学院')。

```
mysql> REPLACE INTO teacher1
    ->     VALUES('120037','杨静','女','1983-03-12','副教授','外国语学院');
```

执行结果如下。

```
Query OK, 2 rows affected (0.10 sec)
```

4.2.4 插入查询结果语句

将已有表的记录快速插入当前表中，使用INSERT INTO…SELECT…语句。其中，SELECT语句会返回一个查询结果集，INSERT语句会将这个结果集插入指定表中。

语法格式如下。

```
INSERT [INTO] table_name 1 (column_list1)
    SELECT (column_list2) FROM table_name e2 WHERE (condition)
```

其中，table_name 1是待插入数据的表名，column_list1是待插入数据的列名；table_name e2是数据来源表名，column_list2是数据来源表的列名；column_list2必须和column_list1的列数相同且数据类型相匹配；condition指定查询语句的查询条件。

【例4.6】向teacher2表中插入teacher表的记录。

```
mysql> INSERT INTO teacher2
    ->     SELECT * FROM teacher;
```

执行结果如下。

```
Query OK, 5 rows affected (0.27 sec)
Records: 5  Duplicates: 0  Warnings: 0
```

4.3 使用UPDATE语句修改数据

修改表中的一行或多行记录的列值使用UPDATE语句。

语法格式如下。

```
UPDATE table_name
   SET column1=value1[, column2=value2,…]
   [WHERE < condition >]
```

说明如下。

（1）SET子句：用于指定表中要修改的列名及其值；column1, column2,…为要修改的列名；value1, value2,…为相应列被修改后的值。

（2）WHERE子句：用于限定表中要修改的行，condition指定要修改的行应满足的条件。若语句中不使用WHERE子句，则会修改所有行。

> **注意**
>
> UPDATE语句修改的是一行或多行记录中的列值。

4.3.1 修改指定记录

修改指定记录需要通过WHERE子句指定要修改的记录应满足的条件。

【例4.7】在teacher1表中，将教师杨静的出生日期改为1984-03-12。

```
mysql> UPDATE teacher1
    ->      SET tbirthday='1984-03-12'
    ->      WHERE tname ='杨静';
```

执行结果如下。

```
Query OK, 1 row affected (0.12 sec)
Rows matched: 1  Changed: 1  Warnings: 0
```

使用SELECT语句查询修改指定记录后的teacher1表。

```
mysql> SELECT * FROM teacher1;
```

查询结果如下。

```
+-------------+------------+--------+--------------+---------+----------+
|teacherno    |tname       |tsex    |tbirthday     |title    |school    |
+-------------+------------+--------+--------------+---------+----------+
|100004       |郭逸超      |男      |1975-07-24    |教授     |计算机学院 |
|120037       |杨静        |女      |1984-03-12    |副教授   |外国语学院 |
|600014       |孙建        |男      |1981-11-02    |副教授   |NULL      |
+-------------+------------+--------+--------------+---------+----------+
3 rows in set (0.00 sec)
```

4.3.2 修改全部记录

修改全部记录不需要使用WHERE子句。

【例4.8】在student表中，将所有学生的学分增加2分。

```
mysql> UPDATE student
    ->      SET tc=tc+2;
```

执行结果如下。

```
Query OK, 6 rows affected (0.12 sec)
Rows matched: 6  Changed: 6  Warnings: 0
```

使用SELECT语句查询修改全部记录后的student表。

```
mysql> SELECT * FROM student;
```

查询结果如下。

```
+-------------+-------------+--------+--------------+------+------------+
|studentno    |sname        |ssex    |sbirthday     |tc    |specialityno|
+-------------+-------------+--------+--------------+------+------------+
|193001       |梁俊松       |男      |1999-12-05    |    54|080903      |
|193002       |周玲         |女      |1998-04-17    |    52|080903      |
|193003       |夏玉芳       |女      |1999-06-25    |    54|080903      |
|198001       |康文卓       |男      |1998-10-14    |    52|080703      |
|198002       |张小翠       |女      |1998-09-21    |    50|080703      |
|198004       |洪波         |男      |1999-11-08    |    54|080703      |
+-------------+-------------+--------+--------------+------+------------+
6 rows in set (0.00 sec)
```

4.4 使用DELETE语句删除数据

删除表中的一行或多行记录使用DELETE语句。

语法格式如下。

```
DELETE FROM table_name
    [WHERE < condition >]
```

其中，table_name是要删除数据的表名；WHERE子句是可选项，用于指定表中要删除的行，若省略WHERE子句，则删除所有行；condition指定删除条件。

注意

DELETE语句删除的是一行或多行记录。如果删除所有行，则表结构仍然存在，即会存在一个空表。

4.4.1 删除指定记录

删除指定记录需要通过WHERE子句指定表中需要删除的行应满足的条件。

【例4.9】 在teacher1表中，删除教师编号为120037的行。

```
mysql> DELETE FROM teacher1
    ->     WHERE teacherno='120037';
```

执行结果如下。

```
Query OK, 1 row affected (0.05 sec)
```

使用SELECT语句查询删除一行记录后的数据。

```
mysql> SELECT * FROM teacher1;
```

查询结果如下。

```
+------------+------------+-------+------------+--------+----------+
|teacherno   |tname       |tsex   |tbirthday   |title   |school    |
+------------+------------+-------+------------+--------+----------+
|100004      |郭逸超      |男     |1975-07-24  |教授    |计算机学院|
|600014      |孙建        |男     |1981-11-02  |副教授  |NULL      |
+------------+------------+-------+------------+--------+----------+
2 rows in set (0.00 sec)
```

4.4.2 删除全部记录

删除全部记录有两种方式：一种是使用DELETE语句并省略WHERE子句，此时会删除表中所有行，但仍会在数据库中保留表的定义；另一种是使用TRUNCATE语句，此时会删除原来的表并重新创建一个表。

1. DELETE语句

省略WHERE子句的DELETE语句，可用于删除表中所有行，而不删除表的定义。

【例4.10】 在teacher1表中，删除所有行。

```
mysql> DELETE FROM teacher1;
```

执行结果如下。

```
Query OK, 2 rows affected (0.04 sec)
```

使用SELECT语句进行查询。

```
mysql> SELECT * FROM teacher1;
```

查询结果如下。

```
Empty set (0.00 sec)
```

2. TRANCATE语句

TRUNCATE语句用于删除原来的表并重新创建一个表，而不是逐行删除表中的记录，因此其执行速度比DELETE语句快。

语法格式如下。

```
TRUNCATE [TABLE] table_name
```

其中，table_name是要删除全部数据的表名。

【例4.11】 在student表中，删除所有行。

```
mysql> TRUNCATE student;
```

执行结果如下。

```
Query OK, 0 rows affected (0.30 sec)
```

使用SELECT语句进行查询。

```
mysql> SELECT * FROM student;
```

查询结果如下。

```
Empty set (0.01 sec)
```

本章小结

本章主要介绍了以下内容。

（1）数据操纵语言用于操纵数据库中的表，即对它们进行插入、修改、删除等操作。数据操纵语言的主要SQL语句有：插入数据语句INSERT，修改数据语句UPDATE，删除数据语句DELETE等。

（2）插入数据的语句有：INSERT语句、REPLACE语句和插入查询结果语句等。

INSERT语句用于向数据库的表中插入一行或多行数据，可为表的所有列插入数据，也可为表的指定列插入数据和插入多行数据。

当存在相同的记录时，REPLACE语句可以在插入数据之前将与新记录冲突的旧记录删除，使新记录能够正常插入。

将已有表的记录快速插入当前表中，可以使用INSERT INTO…SELECT…语句。

（3）修改表中的一行或多行记录的列值使用UPDATE语句。

修改指定记录需要通过WHERE子句指定要修改的记录应满足的条件，修改全部记录时不需要使用WHERE子句。

（4）删除表中的一行或多行记录使用DELETE语句。

删除指定记录需要通过DELETE语句中的WHERE子句指定表中要删除的行应满足的条件，

删除全部记录有两种方式：一种是通过DELETE语句并省略WHERE子句，此时会删除表中所有行，但仍会在数据库中保留表的定义；另一种是通过TRUNCATE语句，此时会删除原来的表并重新创建一个表。

习题 4

一、选择题

4.1 操纵表数据的基本语句不包括_____。

A. INSERT　　B. DROP　　C. UPDATE　　D. DELETE

4.2 删除表的全部记录采用_____语句。

A. DELETE　　B. TRUNCATE

C. A和B选项　　D. INSERT

4.3 以下语句_____无法添加记录。

A. INSERT INTO…UPDATE…　　B. INSERT INTO…SELECT…

C. INSERT INTO…SET…　　D. INSERT INTO…VALUES…

4.4 快速清空表中的记录可采用_____语句。

A. DELETE　　B. TRUNCATE

C. CLEAR TABLE　　D. DROP TABLE

4.5 _____字段可以采用默认值。

A. 出生日期　　B. 姓名　　C. 专业　　D. 学号

二、填空题

4.6 数据操纵语言的主要SQL语句有：插入数据语句INSERT，修改数据语句______，删除数据语句DELETE等。

4.7 插入数据的语句有_____语句和REPLACE语句。

4.8 将已有表的记录快速插入当前表中，可以使用_____语句。

4.9 插入数据时不指定列名，要求必须为每个列都插入数据，且数据值的顺序必须与表定义的列的顺序_____。

4.10 VALUES子句包含了_____需要插入的数据，数据的顺序要与列的顺序相对应。

4.11 为表的指定列插入数据，在插入语句中，除给出了部分列的值外，其他列的值为表定义时的默认值或_____。

4.12 当存在相同的记录时，REPLACE语句可以在插入数据之前将与新记录冲突的旧记录

_____，使新记录能够正常插入。

4.13　插入多条记录时，在插入语句中只须指定多个插入值列表，插入值列表之间用____隔开。

4.14　修改表中的一行或多行记录的_____使用UPDATE语句。

4.15　修改指定记录需要通过WHERE子句指定要修改的记录应满足的_____。

4.16　删除全部记录有两种方式：一种是通过DELETE语句并省略WHERE子句，另一种是通过_____语句。

三、简答题

4.17　比较插入列值使用的两种方法：不指定列名和指定列名。

4.18　修改数据有哪两种方法？

4.19　比较删除数据使用的两种方法：删除指定记录和删除全部记录。

4.20　删除全部记录的两种方法各有何特点？

四、应用题

4.21　设专业表speciality、课程表course、成绩表score、教师表teacher、讲课表lecture已创建，分别向表speciality、表course、表score、表teacher、表lecture插入样本数据，参见附录B。

4.22　设学生表student、student1和student2已创建，参见附录B，采用3种不同的方法向student1表中插入数据。

（1）指定列名，插入记录('193001','梁俊松','男','1999-12-05',52,'080903')。

（2）不指定列名，插入学号为198002，专业代码为080703，总学分为48，性别为女，出生日期为1998-09-21，姓名为张小翠的记录。

（3）插入学号为198004，出生日期为1999-11-08，姓名为洪波，性别为“男”（取默认值），专业代码为080703，总学分为空值的记录。

4.23　向student表中插入样本数据，样本数据参见附录B。

4.24　使用INSERT INTO…SELECT…语句，将student表的记录快速插入student2表中。

4.25　在student1表中，将学生洪波的出生日期改为1998-11-08。

4.26　在student1表中，将所有学生的学分增加2分。

4.27　采用两种不同的方法，删除表中的全部记录。

（1）使用DELETE语句，删除student1表中的全部记录。

（2）使用TRUNCATE语句，删除student2表中的全部记录。

第5章 数据查询

在数据库应用中，数据查询是常用的数据库操作，用于从数据库的一个表或多个表中检索出需要的数据信息。数据查询语言（data query language, DQL）的主要SQL语句是SELECT语句。数据查询语言通过SELECT语句来实现查询功能。SELECT语句具有灵活的使用方式和强大的功能，能够实现选取、投影和连接等操作。

本章内容为数据查询语言概述，对数据库进行单表查询（包括投影查询、选择查询、分组查询和统计计算、排序查询和限制查询结果的数量等查询方法），对数据库进行多表查询（包括连接查询、子查询和联合查询等查询方法）。

5.1 数据查询语言

数据查询语言的主要SQL语句是SELECT语句，用于从表或视图中检索数据，是使用最频繁的SQL语句之一。

SELECT语句是SQL的核心，其基本语法格式如下。

```
SELECT [ALL | DISTINCT | DISTINCTROW ] 列名或表达式 …   /*SELECT子句*/
[FROM 源表… ]                                          /*FROM子句*/
[WHERE 条件]                                           /*WHERE子句*/
[GROUP BY {列名| 表达式 | position} [ASC | DESC], … [WITH ROLLUP]]
                                                       /*GROUP BY子句*/
[HAVING 条件]                                          /*HAVING 子句*/
[ORDER BY {列名 | 表达式 | position} [ASC | DESC] , …] /*ORDER BY子句*/
[LIMIT {[offset,] row_count | row_count OFFSET offset}]   /*LIMIT子句*/
```

说明如下。

（1）SELECT子句：用于选择要显示的列或表达式。

（2）FROM子句：用于指定查询数据的来源表（或视图），既可以指定一个表，也可以指定多个表。

（3）WHERE子句：用于指定选择行的条件。

（4）GROUP BY子句：用于指定分组表达式。

（5）HAVING 子句：用于指定满足分组的条件。
（6）ORDER BY子句：用于指定行的升序或降序排序。
（7）LIMIT子句：用于指定查询结果集所包含的行数。

5.2 单表查询

单表查询指通过SELECT语句从一个表中查询数据。下面分别介绍SELECT子句、WHERE子句、GROUP BY子句和HAVING子句、ORDER BY子句和LIMIT子句等内容。

5.2.1 SELECT子句

SELECT子句用于选择列。选择列的查询被称为投影查询。
语法格式如下。

```
SELECT [ALL | DISTINCT | DISTINCTROW ] 列名或表达式 …
```

如果没有指定选项ALL、DISTINCT、DISTINCTROW，则默认为ALL，返回投影查询操作所有匹配行，包括可能存在的重复行。如果指定DISTINCT或DISTINCTROW，则清除结果集中的重复行。DISTINCT与DISTINCTROW为同义词。

1．投影指定的列

使用SELECT子句可选择表中的一列或多列。如果选择多列，则各列名中间要用逗号分开。
【例5.1】在teacher表中，查询所有教师的教师编号、姓名和学院。
在MySQL命令行客户端输入如下SQL语句。

```
mysql> SELECT teacherno, tname, school
    -> FROM teacher;
```

查询结果如下。

```
+-------------+-----------+----------------+
|teacherno    |tname      |school          |
+-------------+-----------+----------------+
|100004       |郭逸超      |计算机学院        |
|100021       |任敏        |计算机学院        |
|120037       |杨静        |外国语学院        |
|400012       |周章群      |通信学院          |
|800023       |黄玉杰      |数学学院          |
+-------------+-----------+----------------+
5 rows in set (0.00 sec)
```

2．投影全部列

在SELECT子句指定列的位置上使用*号时，表示查询表中所有列。

【例5.2】在teacher表中，查询所有列。

```
mysql> SELECT *
    -> FROM teacher;
```

上述语句与下面的语句等价。

```
mysql> SELECT teacherno, tname, tsex, tbirthday, title, school
    -> FROM teacher;
```

查询结果如下。

```
+------------+-----------+-------+-------------+----------+----------+
|teacherno   |tname      |tsex   |tbirthday    |title     |school    |
+------------+-----------+-------+-------------+----------+----------+
|100004      |郭逸超     |男     |1975-07-24   |教授      |计算机学院 |
|100021      |任敏       |女     |1979-10-05   |教授      |计算机学院 |
|120037      |杨静       |女     |1983-03-12   |副教授    |外国语学院 |
|400012      |周章群     |女     |1988-09-21   |讲师      |通信学院   |
|800023      |黄玉杰     |男     |1985-12-18   |副教授    |数学学院   |
+------------+-----------+-------+-------------+----------+----------+
5 rows in set (0.00 sec)
```

3．修改查询结果的列标题

改变查询结果中显示的列标题，可以在列名后使用【AS 列别名】。

语法格式如下。

```
SELECT … 列名 [AS 列别名]
```

【例5.3】在teacher表中，查询所有教师的teacherno、tname、title，并将结果中各列的标题分别修改为教师编号、姓名、职称。

```
mysql> SELECT teacherno AS 教师编号, tname AS 姓名, title AS 职称
    -> FROM teacher;
```

查询结果如下。

```
+--------------+-----------+-----------+
|教师编号      |姓名       |职称       |
+--------------+-----------+-----------+
|100004        |郭逸超     |教授       |
|100021        |任敏       |教授       |
|120037        |杨静       |副教授     |
|400012        |周章群     |讲师       |
|800023        |黄玉杰     |副教授     |
+--------------+-----------+-----------+
5 rows in set (0.01 sec)
```

4．计算列值

使用SELECT子句对列进行查询时，可以使用加（+）、减（−）、乘（*）、除（/）等算术运算符对数字类型的列进行计算；SELECT子句可使用表达式。

语法格式如下。

```
SELECT <表达式> [ , <表达式> ]
```

【例5.4】在student表中，列出学号、学分和增加2分后的学分。

```
mysql> SELECT studentno AS 学号, tc AS 学分, tc+2 AS 增加2分后的学分
    -> FROM student;
```

查询结果如下。

```
+-----------+---------+-------------------------+
|学号        |学分      |增加2分后的学分              |
+-----------+---------+-------------------------+
|193001     |       52|                       54|
|193002     |       50|                       52|
|193003     |       52|                       54|
|198001     |       50|                       52|
|198002     |       48|                       50|
|198004     |       52|                       54|
+-----------+---------+-------------------------+
6 rows in set (0.06 sec)
```

5．去掉重复行

去掉结果集中的重复行可以使用DISTINCT关键字。

语法格式如下。

```
SELECT DISTINCT <列名> [ , <列名>…]
```

【例5.5】在teacher表中，查询title列，消除结果集中的重复行。

```
mysql> SELECT DISTINCT title
    -> FROM teacher;
```

查询结果如下。

```
+------------+
|title       |
+------------+
|教授         |
|副教授       |
|讲师         |
+------------+
3 rows in set (0.03 sec)
```

5.2.2 WHERE子句

WHERE子句用于选择行。选择行的查询被称为选择查询。WHERE子句通过条件表达式设置查询条件，该子句必须紧跟FROM子句。

语法格式如下。

```
WHERE 条件
条件=:
<判定条件> [ 逻辑运算符 <判定条件> ]
<判定条件> =:
表达式 { = | < | <= | > | >= | <=> | <> | != }表达式          /*比较运算*/
   |表达式[ NOT ] LIKE表达式 [ ESCAPE 'escape_character ' ] /*LIKE运算符*/
   |表达式[ NOT ][ REGEXP | RLIKE ] 表达式                   /*REGEXP运算符*/
   |表达式[ NOT ] BETWEEN 表达式AND 表达式                    /*指定范围*/
   |表达式IS [ NOT ] NULL                                     /*空值判断*/
   |表达式[ NOT ] IN ( subquery |表达式[,…n] )               /*IN子句*/
   |表达式{ = | < | <= | > | >= | <=> | <> | !=} { ALL | SOME | ANY } (
subquery )                                                    /*比较子查询*/
   | EXIST ( 子查询 )                                          /*EXIST子查询*/
```

说明如下。

（1）判定运算包括比较运算、指定范围、空值判断、模式匹配、子查询等。

（2）判定运算的结果为TRUE、FALSE或UNKNOWN。

（3）逻辑运算符包括AND（与）、OR（或）、NOT（非）。逻辑运算符是有优先级的，三者之中，NOT优先级最高，AND次之，OR优先级最低。

（4）条件表达式可以使用多个判定运算（通过逻辑运算符）组成复杂的查询条件。

（5）字符串和日期必须用单引号标注。

1．比较运算

比较运算符用于比较两个表达式的值。共有7个比较运算符：=（等于）、<（小于）、<=（小于或等于）、>（大于）、>=（大于或等于）、<>（不等于）、!=（不等于）。

语法格式如下。

```
<表达式1> { = | < | <= | > | >= | <> | != } <表达式2>
```

【例5.6】在student表中，查询专业代码为080903或性别为男的学生。

```
mysql> SELECT *
    -> FROM student
    -> WHERE specialityno='080903' or ssex='男';
```

查询结果如下。

```
+------------+-----------+--------+------------+------+--------------+
|studentno   |sname      |ssex    |sbirthday   |tc    | specialityno |
+------------+-----------+--------+------------+------+--------------+
|193001      |梁俊松     |男      |1999-12-05  |   52|     080903    |
|193002      |周玲       |女      |1998-04-17  |   50|     080903    |
```

```
|193003        |夏玉芳        |女       |1999-06-25    |     52|080903         |
|198001        |康文卓        |男       |1998-10-14    |     50|080703         |
|198004        |洪波          |男       |1999-11-08    |     52|080703         |
+-------------+------------+--------+-------------+------+---------------+
5 rows in set (0.00 sec)
```

【例5.7】在student表中，查询总学分在50分以上的学生。

```
mysql> SELECT *
    -> FROM student
    -> WHERE tc>50;
```

查询结果如下。

```
+-------------+------------+--------+-------------+------+---------------+
|studentno     |sname         |ssex     |sbirthday     |tc     |specialityno    |
+-------------+------------+--------+-------------+------+---------------+
|193001        |梁俊松        |男       |1999-12-05    |     52|080903         |
|193003        |夏玉芳        |女       |1999-06-25    |     52|080903         |
|198004        |洪波          |男       |1999-11-08    |     52|080703         |
+-------------+------------+--------+-------------+------+---------------+
3 rows in set (0.00 sec)
```

2. 指定范围

BETWEEN、NOT BETWEEN、IN是用于查找字段值在（或不在）指定范围的行的3个关键字。

当要查询的条件是某个值的范围时，可以使用BETWEEN关键字。BETWEEN关键字指出查询范围。

语法格式如下。

```
<表达式> [ NOT ] BETWEEN <表达式1> AND <表达式2>
```

当不使用NOT时，若表达式的值在表达式1的值与表达式2的值（包括这两个值）之间，则返回TRUE，否则返回FALSE；当使用NOT时，返回值刚好相反。

【例5.8】在student表中，查询学分为48分、50分的学生记录。

```
mysql> SELECT *
    -> FROM student
    -> WHERE tc in (48,50);
```

查询结果如下。

```
+-------------+------------+--------+-------------+------+---------------+
|studentno     |sname         |ssex     |sbirthday     |tc     |specialityno    |
+-------------+------------+--------+-------------+------+---------------+
|193002        |周玲          |女       |1998-04-17    |     50|080903         |
|198001        |康文卓        |男       |1998-10-14    |     50|080703         |
|198002        |张小翠        |女       |1998-09-21    |     48|080703         |
+-------------+------------+--------+-------------+------+---------------+
```

```
3 rows in set (0.06 sec)
```

【例5.9】在teacher表中，查询不在20世纪80年代出生的教师。

```
mysql> SELECT *
    -> FROM teacher
    -> WHERE tbirthday NOT BETWEEN '19800101' AND '19891231';
```

查询结果如下。

```
+------------+----------+-------+------------+--------+---------+
|teacherno   |tname     |tsex   |tbirthday   |title   |school   |
+------------+----------+-------+------------+--------+---------+
|100004      |郭逸超     |男     |1975-07-24  |教授     |计算机学院 |
|100021      |任敏       |女     |1979-10-05  |教授     |计算机学院 |
+------------+----------+-------+------------+--------+---------+
2 rows in set (0.01 sec)
```

3．空值判断

判定一个表达式的值是否为空值时，使用IS NULL关键字。
语法格式如下。

```
<表达式> IS [ NOT ] NULL
```

【例5.10】查询成绩未知的学生情况。

```
mysql> SELECT *
    -> FROM score
    -> WHERE grade IS NULL;
```

查询结果如下。

```
+------------+------------+---------+
|studentno   |courseno    |grade    |
+------------+------------+---------+
|198002      |1201        |NULL     |
+------------+------------+---------+
1 row in set (0.03 sec)
```

4．使用LIKE关键字的字符串匹配查询

关键字LIKE用于进行字符串匹配查询。
语法格式如下。

```
<字符串表达式1> [ NOT ] LIKE <字符串表达式2> [ ESCAPE '<转义字符>' ]
```

在使用LIKE关键字时，字符串表达式2可以含有通配符，通配符有以下两种。
%：代表0或多个字符。
_：代表一个字符。

LIKE匹配中使用通配符的查询也被称为模糊查询。

【例5.11】在teacher表中，查询姓杨的教师。

```
mysql> SELECT *
    -> FROM teacher
    -> WHERE tname LIKE '杨%';
```

查询结果如下。

```
+------------+-----------+-------+------------+---------+----------+
|teacherno   |tname      |tsex   |tbirthday   |title    |school    |
+------------+-----------+-------+------------+---------+----------+
|120037      |杨静       |女     |1983-03-12  |副教授   |外国语学院 |
+------------+-----------+-------+------------+---------+----------+
1 row in set (0.09 sec)
```

5．使用正则表达式进行查询

正则表达式通常用于检索或替换符合某个模式的文本内容，根据指定的匹配模式匹配文本中符合要求的特殊字符串。例如从一个文本文件中提取电话号码，查找一篇文章中重复的单词等。正则表达式的查询能力比通配字符的查询能力更强大，可以应用于非常复杂的查询。

在MySQL中，使用REGEXP关键字来匹配查询正则表达式。REGEXP是正则表达式（regular expression）的缩写，它的一个同义词是RLIKE。

语法格式如下。

```
match_表达式 [ NOT ][ REGEXP | RLIKE ] match_表达式
```

MySQL中使用REGEXP关键字指定正则表达式的字符匹配模式，可以匹配任意一个字符，可以在匹配模式中使用|分隔每个供选择的字符串，可以使用定位符匹配处于特定位置的文本，还可以对要匹配的字符或字符串的数目进行控制，常用的字符匹配选项如表5.1所示。

表5.1　正则表达式中常用的字符匹配选项

选项	说明	例子	匹配值示例
<字符串>	匹配包含指定的字符串的文本	fa	fan、afa、faad
[ ]	匹配[ ]中的任何一个字符	[ab]	bay、big、app
[^]	匹配不在[ ]中的任何一个字符	[^abc]	desk、six
^	匹配文本的开始字符	^b	bed、bridge
$	匹配文本的结束字符	er$	worker、teacher
.	匹配任何单个字符	b.t	bit、better
*	匹配零个或多个*前面的字符	f*n	fn、fan、begin
+	匹配+前面的字符1次或多次	ba+	bay、bare、battle
{n}	匹配{n}前面的字符串至少n次	b{2}	bb、bbb、bbbbbb

【例5.12】在课程表中，查询含有“系统”或“工程”的所有课程名称。

```
mysql> SELECT *
    -> FROM course
    -> WHERE cname REGEXP '系统|工程';
```

查询结果如下。

```
+------------+----------------+----------+
|courseno    |cname           |credit    |
+------------+----------------+----------+
|1004        |数据库系统      |         4|
|1009        |软件工程        |         3|
+------------+----------------+----------+
2 rows in set (0.67 sec)
```

5.2.3 GROUP BY子句和HAVING子句

GROUP BY子句用于指定分组表达式，HAVING子句用于指定满足分组的条件，查询数据通常需要进行统计计算和使用聚合函数。本小节介绍使用聚合函数、GROUP BY子句、HAVING子句进行统计计算的方法。

1. 聚合函数

聚合函数实现数据的统计与计算，可用于计算表中的数据并返回单个计算结果。聚合函数包括COUNT()、SUM()、AVG()、MAX()、MIN()等函数，分别介绍如下。

（1）COUNT()函数。COUNT()函数用于计算组中满足条件的行数或总行数。

语法格式如下。

```
COUNT ( { [ ALL | DISTINCT ] <表达式> } | * )
```

其中，ALL表示对所有值进行计算，ALL为默认值；DISTINCT指去掉重复值。COUNT()函数在计算时会忽略空值。

【例5.13】在教师表中，求教师的总人数。

```
mysql> SELECT COUNT(*) AS 总人数
    -> FROM teacher;
```

上述语句采用了COUNT(*)来计算表中的总行数，总人数与总行数一致。

查询结果如下。

```
+--------------+
|总人数        |
+--------------+
|             5|
+--------------+
1 row in set (0.09 sec)
```

【例5.14】在教师表中，分别统计各学院男女教师的人数。

```
mysql> SELECT school AS 学院, tsex AS 性别, COUNT(*) AS 人数
    -> FROM teacher
    -> GROUP BY school, tsex;
```

查询结果如下。

```
+------------------------+-----------+-----------+
|学院                    |性别       |人数       |
+------------------------+-----------+-----------+
|计算机学院              |男         |          1|
|计算机学院              |女         |          1|
|外国语学院              |女         |          1|
|通信学院                |女         |          1|
|数学学院                |男         |          1|
+------------------------+-----------+-----------+
5 rows in set (0.00 sec)
```

（2）SUM()函数和AVG()函数。SUM()函数用于求出一组数据的总和，AVG()函数用于求出一组数据的平均值，这两个函数只能处理数值类型的数据。

语法格式如下。

```
SUM / AVG ( [ ALL | DISTINCT ] <表达式> )
```

其中，ALL表示对所有值进行计算，ALL为默认值；DISTINCT指去掉重复值。SUM()函数和AVG()函数在计算时会忽略空值。

【例5.15】统计课程号为8001的总分。

```
mysql> SELECT SUM(grade) AS 课程号8001总分
    -> FROM score;
```

上述语句采用SUM()函数统计课程号为8001的总分。

查询结果如下。

```
+-------------------------+
|课程号8001总分           |
+-------------------------+
|                     1515|
+-------------------------+
1 row in set (0.00 sec)
```

（3）MAX()函数和MIN()函数。MAX()函数用于求出一组数据的最大值，MIN()函数用于求出一组数据的最小值，这两个函数适用于处理任意类型的数据。

语法格式如下。

```
MAX / MIN ( [ ALL | DISTINCT ] <表达式> )
```

其中，ALL表示对所有值进行计算，ALL为默认值；DISTINCT指去掉重复值。MAX()函数和MIN()函数在计算时会忽略空值。

【例5.16】查询课程号为4008的最高分、最低分和平均分。

```
mysql> SELECT MAX(grade) AS 课程号4008最高分, MIN(grade) AS 课程号4008最低分,
AVG(grade) AS
    -> 课程号4008平均分
    -> FROM score;
```

上述语句采用MAX()函数求最高分、MIN()函数求最低分、AVG()函数求平均分。

查询结果如下。

```
+--------------------------+--------------------------+------------------+
|课程号4008最高分          |课程号4008最低分          |课程号4008平均分  |
+--------------------------+--------------------------+------------------+
|                        95|                        77|           89.1176|
+--------------------------+--------------------------+------------------+
1 row in set (0.07 sec)
```

2．GROUP BY子句

GROUP BY子句用于指定需要分组的列。

语法格式如下。

```
GROUP BY [ ALL ] <分组表达式> [,…n]
```

其中，分组表达式通常包含字段名，ALL表示显示所有分组。

注意

如果SELECT子句的列名表包含聚合函数，则该列名表只能包含聚合函数指定的列名和GROUP BY子句指定的列名。聚合函数常与GROUP BY子句一起使用。

【例5.17】查询成绩表中各门课程的最高分、最低分和平均分。

```
mysql> SELECT courseno AS 课程号, MAX(grade) AS 最高分, MIN(grade) AS 最低分,
AVG(grade) AS 平均分
    -> FROM score
    -> GROUP BY courseno;
```

上述语句采用MAX()、MIN()、AVG()等聚合函数，并用GROUP BY子句对courseno（课程号）进行分组。

查询结果如下。

```
+--------------+--------------+--------------+----------------+
|课程号        |最高分        |   最低分     |    平均分      |
+--------------+--------------+--------------+----------------+
|1004          |            94|            86|         91.0000|
|1201          |            93|            85|         90.8000|
|8001          |            95|            77|         88.3333|
|4008          |            92|            79|         86.0000|
+--------------+--------------+--------------+----------------+
```

```
4 rows in set (0.11 sec)
```

3．HAVING子句

HAVING子句用于对分组按指定条件进一步进行筛选，以筛选出满足指定条件的分组。

语法格式如下。

```
[ HAVING <条件表达式> ]
```

其中，条件表达式为筛选条件，其可以使用聚合函数。

> **注意**
>
> HAVING子句可以使用聚合函数，但WHERE子句不可以使用聚合函数。

当WHERE子句、GROUP BY子句、HAVING子句、ORDER BY子句出现在同一个SELECT语句中时，执行顺序如下。

（1）执行WHERE子句，在表中选取行。

（2）执行GROUP BY子句，对选取的行进行分组。

（3）执行聚合函数。

（4）执行HAVING子句，筛选满足条件的分组。

（5）执行ORDER BY子句，对分组进行排序。

> **注意**
>
> HAVING子句放在GROUP BY子句的后面，ORDER BY子句放在HAVING子句的后面。

【例5.18】查询平均分在90分以上的学生的学号和平均分。

```
mysql> SELECT studentno AS 学号, AVG(grade) AS 平均分
    -> FROM score
    -> GROUP BY studentno
    -> HAVING AVG(grade)>90;
```

查询结果如下。

```
+-----------+--------------------+
|学号       |平均分              |
+-----------+--------------------+
|193001     |             92.3333|
|193003     |             91.3333|
|198001     |             91.3333|
|198004     |             91.3333|
+-----------+--------------------+
4 rows in set (0.05 sec)
```

【例5.19】查询至少有5名学生选修且以8开头的课程号和平均分。

```
mysql> SELECT courseno AS 课程号, AVG (grade) AS 平均分
```

```
    -> FROM score
    -> WHERE courseno LIKE '8%'
    -> GROUP BY courseno
    -> HAVING COUNT(*)>5;
```

查询结果如下。

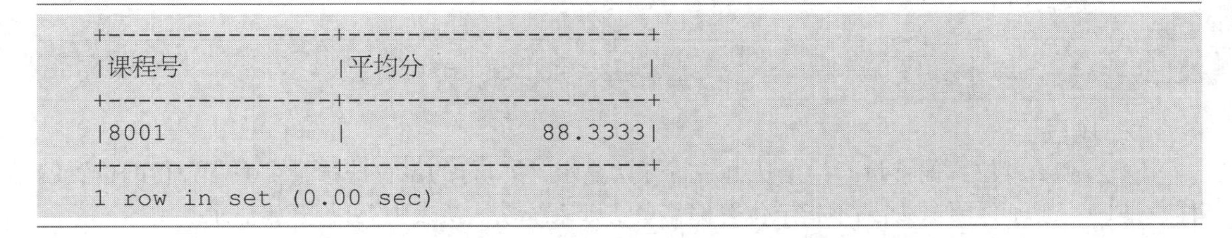

```
+--------------+-------------------+
|课程号         |平均分              |
+--------------+-------------------+
|8001          |            88.3333|
+--------------+-------------------+
1 row in set (0.00 sec)
```

5.2.4 ORDER BY子句和LIMIT子句

1. ORDER BY子句

ORDER BY子句用于对查询结果进行排序。

语法格式如下。

```
[ ORDER BY { <排序表达式> [ ASC | DESC ] } [ ,…n ]
```

其中，排序表达式可以是列名、表达式或一个正整数；ASC表示升序排列，它是系统默认的排序方式；DESC表示降序排列。

> **提示**
>
> 排序操作可应用于数值、日期和时间、字符串3种数据类型的数据；ORDER BY子句只能出现在整个SELECT语句的最后。

【例5.20】将080703专业的学生按出生时间降序排序。

```
mysql> SELECT *
    -> FROM student
    -> WHERE specialityno='080703'
    -> ORDER BY sbirthday DESC;
```

上述语句采用ORDER BY子句进行排序。

查询结果如下。

```
+------------+-----------+-------+------------+-----+-------------+
|studentno   |sname      |ssex   |sbirthday   |tc   |specialityno |
+------------+-----------+-------+------------+-----+-------------+
|198004      |洪波        |男      |1999-11-08  |   52|080703       |
|198001      |康文卓      |男      |1998-10-14  |   50|080703       |
|198002      |张小翠      |女      |1998-09-21  |   48|080703       |
+------------+-----------+-------+------------+-----+-------------+
```

```
3 rows in set (0.00 sec)
```

2．LIMIT子句

LIMIT子句用于限制SELECT语句返回的行数。

语法格式如下。

```
LIMIT {[offset,] row_count | row_count OFFSET offset}
```

说明如下。

（1）offset：位置偏移量，指定从哪一行开始显示，第1行的位置偏移量是0，第2行的位置偏移量是1……以此类推，如果不指定位置偏移量，则系统默认从表中第1行开始显示。

（2）row_count：返回的行数。

（3）LIMIT子句有两种语法格式。例如，显示表中第2～4行，可写为“LIMIT 1,3”，也可写为“LIMIT 3 OFFSET 1”。

【例5.21】查询成绩表中成绩排名前3位的学生的学号、课程号和成绩。

```
mysql> SELECT studentno,courseno, grade
    -> FROM score
    -> ORDER BY grade DESC
    -> LIMIT 0, 3;
```

或

```
mysql> SELECT studentno, courseno, grade
    -> FROM score
    -> ORDER BY grade DESC
    -> LIMIT 3 OFFSET 0;
```

查询结果如下。

```
+-------------+-+-------------+--------+
|studentno     |courseno      |grade   |
+--------------+--------------+--------+
|198004        |8001          |      95|
|193003        |1004          |      94|
|193001        |1004          |      93|
+--------------+--------------+--------+
3 rows in set (0.00 sec)
```

5.3 多表查询

多表查询指通过SELECT语句从两个表或两个以上的表中查询数据。下面分别介绍连接查询、子查询和联合查询等查询方法。

5.3.1 连接查询

连接查询是重要的查询方式，包括交叉连接、内连接和外连接。连接查询属于多表查询。

1. 交叉连接

交叉连接（cross join）又被称为笛卡儿积，其是由第1个表的每一行与第2个表的每一行连接起来所形成的表。

语法格式如下。

```
SELECT * FROM table1 CROSS JOIN table 2;
```

或

```
SELECT * FROM table 1, table 2;
```

【例5.22】对专业表speciality和学生表student进行交叉连接，查询专业和学生所有可能的组合。

```
mysql> SELECT specialityname, sname
    -> FROM speciality CROSS JOIN student;
```

或

```
mysql> SELECT specialityname, sname
    -> FROM speciality, student;
```

查询结果如下。

```
+------------------------------+--------------+
|specialityname                |sname         |
+------------------------------+--------------+
|电子信息工程                  |梁俊松        |
|电子科学与技术                |梁俊松        |
|通信工程                      |梁俊松        |
|计算机科学与技术              |梁俊松        |
|软件工程                      |梁俊松        |
|网络工程                      |梁俊松        |
|电子信息工程                  |周玲          |
|电子科学与技术                |周玲          |
|通信工程                      |周玲          |
|计算机科学与技术              |周玲          |
|软件工程                      |周玲          |
|网络工程                      |周玲          |
|电子信息工程                  |夏玉芳        |
|电子科学与技术                |夏玉芳        |
|通信工程                      |夏玉芳        |
|计算机科学与技术              |夏玉芳        |
|软件工程                      |夏玉芳        |
|网络工程                      |夏玉芳        |
|电子信息工程                  |康文卓        |
|电子科学与技术                |康文卓        |
```

```
|通信工程                    |康文卓        |
|计算机科学与技术            |康文卓        |
|软件工程                    |康文卓        |
|网络工程                    |康文卓        |
|电子信息工程                |张小翠        |
|电子科学与技术              |张小翠        |
|通信工程                    |张小翠        |
|计算机科学与技术            |张小翠        |
|软件工程                    |张小翠        |
|网络工程                    |张小翠        |
|电子信息工程                |洪波          |
|电子科学与技术              |洪波          |
|通信工程                    |洪波          |
|计算机科学与技术            |洪波          |
|软件工程                    |洪波          |
|网络工程                    |洪波          |
+----------------------------+--------------+
36 rows in set (0.03 sec)
```

交叉连接返回的结果集行数等于所连接的两个表行数的乘积。例如，第1个表有100条记录，第2个表有200条记录，则交叉连接后结果集的记录有100×200=20 000条。由于交叉连接查询结果集十分庞大，执行时间长，会消耗大量计算机资源，而且结果集中很多记录没有意义，因此在实际工作中很少用到。需要避免使用交叉连接，此外也可以在FROM子句后面使用WHERE子句并在其中设置查询条件，以减少返回的结果集行数。

2．内连接

在内连接（inner join）查询中，只有满足查询条件的记录才能出现在结果集中。

内连接使用比较运算符进行表间某些字段值的比较操作，并将与连接条件相匹配的数据行组成新记录，以消除交叉连接中没有意义的数据行。

内连接的两种连接方式如下。

第一种：使用INNER JOIN定义连接条件的显式语法结构。

语法格式如下。

```
SELECT 目标列表达式1, 目标列表达式2, …, 目标列表达式n
FROM table1 [INNER] JOIN table2 ON 连接条件
[WHERE 过滤条件]
```

第二种：使用WHERE子句定义连接条件的隐式语法结构。

语法格式如下。

```
SELECT 目标列表达式1, 目标列表达式2, …, 目标列表达式n
FROM table1, table2
WHERE连接条件[AND 过滤条件]
```

说明如下。

① 目标列表达式：需要检索的列的名称或别名。

② table1、table2：进行内连接的表名。

③ 连接条件：连接查询中用来连接两个表的条件，其格式如下。

```
[<表名1.>] <列名1> <比较运算符> [<表名2.>] <列名2>
```

其中，比较运算符有：<、<=、=、>、>=、!=、<>。

④ 在使用INNER JOIN的内连接中，连接条件放在FROM子句的ON子句中，过滤条件放在WHERE子句中。

⑤ 在使用WHERE子句定义连接条件的内连接中，连接条件和过滤条件都放在WHERE子句中。

内连接是系统默认的，可省略INNER关键字。经常用到的内连接有等值连接与非等值连接、自然连接、自连接等，分别介绍如下。

（1）等值连接与非等值连接。表之间通过比较运算符“=”连接起来，这被称为等值连接，而使用其他比较运算符的则被称为非等值连接。

【例5.23】对专业表speciality和学生表student进行等值连接。

```
mysql> SELECT speciality.*, student.*
    -> FROM speciality, student
    -> WHERE speciality.specialityno=student.specialityno;
```

或

```
mysql> SELECT speciality.*, student.*
    -> FROM speciality INNER JOIN student ON speciality.specialityno=student.
specialityno;
```

查询结果如下。

```
+--------+----------+---------+-------+--------+--------+------+----------+
|specialityno|specialityname|studentno|sname|ssex|sbirthday|tc|specialityno|
+--------+----------+---------+-------+--------+--------+------+----------+
|080903  |网络工程     |193001    |梁俊松  |男     |1999-12-05 |    52|080903    |
|080903  |网络工程     |193002    |周玲    |女     |1998-04-17 |    50|080903    |
|080903  |网络工程     |193003    |夏玉芳  |女     |1999-06-25 |    52|080903    |
|080703  |通信工程     |198001    |康文卓  |男     |1998-10-14 |    50|080703    |
|080703  |通信工程     |198002    |张小翠  |女     |1998-09-21 |    48|080703    |
|080703  |通信工程     |198004    |洪波    |男     |1999-11-08 |    52|080703    |
+--------+----------+---------+-------+--------+--------+------+----------+
6 rows in set (0.04 sec)
```

由于连接多个表时存在公共列，为了区分公共列是哪个表中的列，引入了表名前缀以指定连接列。例如，student.sno表示student表的studentno列，score.sno表示score表的studentno列。为了简化输入，SQL允许在查询中使用表的别名。可在FROM子句中为表定义别名，然后在查询中引用。

【例5.24】查询所有学生的成绩单，要求结果中有学生的学号、姓名、专业名、课程名和成绩。

对题目要求进行分析，发现涉及学生表student、专业表speciality、课程表courseno、成绩表score这4个表的连接，故可采用内连接。

```
mysql> SELECT student.studentno, sname, specialityname, cname, grade
    -> FROM  speciality,student, score, course
```

```
    -> WHERE speciality.specialityno=student.specialityno AND student.
studentno=score.studentno AND score.courseno=course.courseno;
```

或

```
mysql> SELECT student.studentno, sname, specialityname, cname, grade
    -> FROM speciality JOIN student ON speciality.specialityno=student.
specialityno
    ->      JOIN score ON student.studentno=score.studentno
    ->      JOIN course ON score.courseno=course.courseno;
```

查询结果如下。

```
+-----------+----------+----------------+------------+-------+
|studentno  |sname     |specialityname  |cname       |grade  |
+-----------+----------+----------------+------------+-------+
|193001     |梁俊松    |网络工程        |数据库系统  |     93|
|193001     |梁俊松    |网络工程        |英语        |     93|
|193001     |梁俊松    |网络工程        |高等数学    |     91|
|193002     |周玲      |网络工程        |数据库系统  |     86|
|193002     |周玲      |网络工程        |英语        |     85|
|193002     |周玲      |网络工程        |高等数学    |     89|
|193003     |夏玉芳    |网络工程        |数据库系统  |     94|
|193003     |夏玉芳    |网络工程        |英语        |     93|
|193003     |夏玉芳    |网络工程        |高等数学    |     87|
|198001     |康文卓    |通信工程        |英语        |     91|
|198001     |康文卓    |通信工程        |通信原理    |     92|
|198001     |康文卓    |通信工程        |高等数学    |     91|
|198002     |张小翠    |通信工程        |英语        |   NULL|
|198002     |张小翠    |通信工程        |通信原理    |     79|
|198002     |张小翠    |通信工程        |高等数学    |     77|
|198004     |洪波      |通信工程        |英语        |     92|
|198004     |洪波      |通信工程        |通信原理    |     87|
|198004     |洪波      |通信工程        |高等数学    |     95|
+-----------+----------+----------------+------------+-------+
18 rows in set (0.01 sec)
```

注意

内连接可用于多个表的连接，本例用于4个表的连接。注意FROM子句中JOIN关键字与多个表连接的写法。

（2）自然连接。自然连接在FROM子句中会使用关键字NATURAL JOIN，在目标列中会去除相同的字段名。

【例5.25】 对例5.23进行自然连接查询。

```
mysql> SELECT *
    -> FROM speciality NATURAL JOIN student;
```

上述语句采用自然连接。

查询结果如下。

```
+----------+----------+--------+----------+--------+-------------+-------+
|specialityno|specialityname|studentno|sname |ssex    |sbirthday    |tc     |
+----------+----------+--------+----------+--------+-------------+-------+
|080903    |网络工程   |193001  |梁俊松     |男      |1999-12-05   |     52|
|080903    |网络工程   |193002  |周玲       |女      |1998-04-17   |     50|
|080903    |网络工程   |193003  |夏玉芳     |女      |1999-06-25   |     52|
|080703    |通信工程   |198001  |康文卓     |男      |1998-10-14   |     50|
|080703    |通信工程   |198002  |张小翠     |女      |1998-09-21   |     48|
|080703    |通信工程   |198004  |洪波       |男      |1999-11-08   |     52|
+----------+----------+--------+----------+--------+-------------+-------+
6 rows in set (0.02 sec)
```

（3）自连接。将某个表与自身进行连接，这被称为自表连接或自身连接，简称自连接。使用自连接需要为表指定多个别名，且对所有查询字段的引用必须使用表的别名进行限定。

【例5.26】查询选修了“1201”课程的成绩高于“学号为193002的学生的成绩”的学生姓名。

为了使用自连接，给score表指定两个别名，一个是a，一个是b。连接条件是a表的成绩大于b表的成绩，即a.grade>b.grade；选择条件是b表的学号为193002，即b.studentno='193002'；查询结果是列出a表的课程号a.courseno、学号a.studentno和成绩a.grade，并采用a表的成绩降序排列。

```
mysql> SELECT a.courseno, a.studentno, a.grade
    -> FROM score a, score b
    -> WHERE a.grade>b.grade AND a.courseno='1201' AND b.courseno='1201'
AND b.studentno='193002'
    -> ORDER BY a.grade DESC;
```

或

```
mysql> SELECT a.courseno, a.studentno, a.grade
    -> FROM score a JOIN score b ON a.grade>b.grade
    -> WHERE a.courseno='1201' AND b.courseno='1201' AND b.studentno='193002'
    -> ORDER BY a.grade DESC;
```

上述语句实现了自连接。使用自连接时为一个表指定了两个别名a和b。

查询结果如下。

```
+------------+------------+---------+
|courseno    |studentno   |grade    |
+------------+------------+---------+
|1201        |193001      |       93|
|1201        |193003      |       93|
|1201        |198004      |       92|
|1201        |198001      |       91|
+------------+------------+---------+
4 rows in set (0.00 sec)
```

3．外连接

在内连接的结果表中，只有满足连接条件的行才能作为结果输出。外连接的结果表不但包含满足连接条件的行，还包含相应表中的所有行。外连接有以下2种。

（1）左外连接（left outer join）：结果表中除了满足连接条件的行外，还包括左表所有的行；当左表有记录而在右表中没有相匹配的记录时，右表对应列会被设置为空值NULL。

（2）右外连接（right outer join）：结果表中除了满足连接条件的行外，还包括右表所有的行；当右表有记录而在左表中没有相匹配的记录时，左表对应列会被设置为空值NULL。

【例5.27】为查询教师的任课情况，对教师表和讲课表进行左外连接。

```
mysql> SELECT tname, courseno
    -> FROM teacher LEFT JOIN lecture ON (teacher.teacherno=lecture.teacherno);
```

上述语句采用左外连接。

查询结果如下。

```
+--------------+--------------+
|tname         |courseno      |
+--------------+--------------+
|郭逸超        |1004          |
|任敏          |NULL          |
|杨静          |1201          |
|周章群        |4008          |
|黄玉杰        |8001          |
+--------------+--------------+
5 rows in set (0.05 sec)
```

注意

左表共5行，都出现在了结果表中。左表的第1行、第3～5行为满足连接条件的行，与右表中有关记录匹配，表示有关教师的任课情况；左表的第2行为不满足连接条件的行，在右表中找不到匹配记录，故将其设置为空值NULL，表示该教师没有任课。

【例5.28】为查询课程开课情况，对讲课表和课程表进行右外连接。

```
mysql> SELECT teacherno, cname
    -> FROM lecture RIGHT JOIN course ON (course.courseno=lecture.courseno);
```

查询结果如下。

```
+--------------+------------------------+
|teacherno     |cname                   |
+--------------+------------------------+
|100004        |数据库系统              |
|120037        |英语                    |
|400012        |通信原理                |
|800023        |高等数学                |
|NULL          |软件工程                |
+--------------+------------------------+
5 rows in set (0.05 sec)
```

注意

右表共5行，都出现在了结果表中。右表的前4行为满足连接条件的行，与左表中有关记录匹配，表示有课程开课；右表最后1行不满足连接条件，在左表中找不到匹配记录，故将其设置为空值NULL，表示该课程本学期没有开课。

5.3.2 子查询

子查询又被称为嵌套查询。可以用一系列简单的查询构成复杂的查询，从而“增强”SQL语句的功能。

在MySQL中，一个SELECT-FROM-WHERE语句被称为一个查询块。在WHERE子句或HAVING 子句所指定的条件中，可以使用另一个查询块的查询结果作为指定条件的一部分，这种将一个查询块嵌套在另一个查询块的子句指定条件中的查询被称为嵌套查询。例如：

```
SELECT *
FROM student
WHERE studentno IN
     (SELECT studentno
      FROM score
      WHERE courseno='1004'
      );
```

在本例中，下层查询块“SELECT studentno FROM score WHERE courseno='1004'”的查询结果，作为上层查询块“SELECT * FROM student WHERE studentno IN”的查询条件。上层查询块被称为父查询或外层查询，下层查询块被称为子查询（subquery）或内层查询。嵌套查询的处理过程是由内向外的，即由子查询到父查询，子查询的结果作为父查询的查询条件。

SQL允许SELECT多层嵌套使用，即一个子查询可以嵌套其他子查询，以增强查询能力。

子查询通常与IN、EXISTS关键字和比较运算符结合使用。

1. IN子查询

在IN子查询中，使用IN关键字实现子查询和父查询的连接。

语法格式如下。

```
<表达式> [ NOT ] IN (<子查询>)
```

说明如下。

在IN子查询中，首先执行括号内的子查询，再执行父查询，子查询的结果作为父查询的查询条件。

当表达式与子查询的结果集中的某个值相等时，IN关键字返回TRUE，否则返回FALSE；若使用了NOT，则返回的值相反。

【例5.29】查询选修了课程号为1004的课程的学生情况。

```
mysql> SELECT *
    -> FROM student
    -> WHERE studentno IN
```

```
    ->      (SELECT studentno
    ->       FROM score
    ->       WHERE courseno='1004'
    ->       );
```

上述语句采用IN子查询。

查询结果如下。

```
+------------+-----------+--------+------------+------+---------------+
|studentno   |sname      |ssex    |sbirthday   |tc    |specialityno   |
+------------+-----------+--------+------------+------+---------------+
|193001      |梁俊松     |男      |1999-12-05  |    52|080903         |
|193002      |周玲       |女      |1998-04-17  |    50|080903         |
|193003      |夏玉芳     |女      |1999-06-25  |    52|080903         |
+------------+-----------+--------+------------+------+---------------+
3 rows in set (0.00 sec)
```

注意

使用IN子查询时，子查询返回的结果和父查询引用列的值在逻辑上应具有可比较性。

2．比较子查询

比较子查询是指父查询与子查询之间用比较运算符进行关联。

语法格式如下。

```
<表达式> { < | <= | = | > | >= | != | <>  } { ALL | SOME | ANY } (<子查询>)
```

说明如下。

关键字ALL、SOME和ANY用于对比较运算的限制。ALL表示表达式要与子查询结果集中的每个值都进行比较。当表达式与子查询结果集中的每个值都满足比较关系时，才返回TRUE，否则返回FALSE。SOME和ANY表示表达式只要与子查询结果集中的某个值满足比较关系，就返回TRUE，否则返回FALSE。

【例5.30】查询比通信工程专业任一学生年龄都大的学生。

```
mysql> SELECT *
    -> FROM student
    -> WHERE sbirthday<ALL
    ->      (SELECT sbirthday
    ->       FROM student a, speciality b
    ->       WHERE a.specialityno=b.specialityno AND specialityname='通信工程'
    ->      );
```

上述语句采用比较子查询。

查询结果如下。

```
+------------+-----------+--------+------------+------+---------------+
|studentno   |sname      |ssex    |sbirthday   |tc    |specialityno   |
+------------+-----------+--------+------------+------+---------------+
```

```
|193002        |周玲        |女      |1998-04-17    |     50|080903        |
+------------+-----------+--------+------------+------+---------------+
1 row in set (0.00 sec)
```

3. EXISTS子查询

在EXISTS子查询中，EXISTS关键字只用于测试子查询是否返回行。若子查询返回一个或多个行，则EXISTS返回TRUE，否则返回FALSE。如果为NOT EXISTS，则其返回值与EXISTS相反。

语法格式如下。

```
[ NOT ] EXISTS ( <子查询> )
```

说明如下。

在EXISTS子查询中，父查询的SELECT语句返回的每一行数据都要由子查询来筛选。如果EXISTS关键字指定条件返回值为TRUE，查询结果就包含该行，否则该行被舍弃。

【例5.31】查询选修4008课程的学生姓名。

```
mysql> SELECT sname AS 姓名
    -> FROM student
    -> WHERE EXISTS
    ->      (SELECT *
    ->       FROM score
    ->       WHERE score.studentno=student.studentno AND courseno='4008'
    ->      );
```

上述语句采用EXISTS子查询。

查询结果如下。

```
+------------+
|姓名        |
+------------+
|康文卓      |
|张小翠      |
|洪波        |
+------------+
3 rows in set (0.00 sec)
```

注意

由于EXISTS关键字的返回值取决于子查询是否返回行，而不取决于返回行的内容，因此子查询输出列表无关紧要，可以使用*来代替。

提示

子查询和连接往往都要涉及两个表或多个表，其区别是连接可以合并两个表或多个表的数据，而使用子查询的SELECT语句的结果只能来自一个表。

5.3.3 联合查询

联合查询将两个或多个SQL语句的查询结果集合并起来，利用联合进行查询处理以完成特定的任务。联合查询时使用UNION关键字，将两个或多个SQL查询语句结合成一个单独的SQL查询语句。

联合查询的语法格式如下。

```
<SELECT查询语句1>
{UNION | UNION ALL }
<SELECT查询语句2>
```

UNION语句将第1个查询结果中的所有行与第2个查询结果中的所有行相加。若不使用关键字ALL，则消除重复行，且所有返回行都是唯一的；若使用关键字ALL，则不消除重复行，也不对结果自动排序。

在联合查询中，需要遵循的规则如下。

- 在构成联合查询的各个单独的查询中，列数和列的顺序必须匹配，数据类型必须兼容。
- ORDER BY子句和LIMIT子句，必须置于最后一条SELECT语句之后。

【例5.32】查询性别为女且专业为网络工程的学生。

```
mysql> SELECT studentno, sname, ssex
    -> FROM student
    -> WHERE ssex='女'
    -> UNION
    -> SELECT a.studentno, a.sname, a.ssex
    -> FROM student a, speciality b
    -> WHERE a.specialityno=b.specialityno AND specialityname='网络工程';
```

上述语句采用UNION关键字将两个查询的结果合并成一个结果集，消除重复行。

查询结果如下。

```
+-------------+-----------+-------+
|studentno    |sname      |ssex   |
+-------------+-----------+-------+
|193002       |周玲       |女     |
|193003       |夏玉芳     |女     |
|198002       |张小翠     |女     |
|193001       |梁俊松     |男     |
+-------------+-----------+-------+
4 rows in set (0.01 sec)
```

本章小结

本章主要介绍了以下内容。

（1）数据查询语言的主要SQL语句是SELECT语句，用于从表或视图中检索数据，是使用极为频繁的SQL语句之一。

SELECT语句是SQL的核心，它包含SELECT子句、FROM子句、WHERE子句、GROUP BY子句、HAVING子句、ORDER BY子句、LIMIT子句等。

（2）数据查询可分为单表查询和多表查询。单表查询指通过SELECT语句从一个表中查询数据；多表查询指通过SELECT语句从两个表或两个以上的表中查询数据。

单表查询涉及SELECT子句的使用、WHERE子句的使用、GROUP BY子句的使用、HAVING子句的使用、ORDER BY子句的使用、LIMIT子句的使用等。

多表查询包括连接查询、子查询、联合查询等内容。

（3）SELECT子句用于选择列，选择列的查询被称为投影查询。WHERE子句用于选择行，选择行的查询被称为选择查询。WHERE子句通过条件表达式设置查询条件，该子句必须紧跟在FROM子句之后。

（4）GROUP BY子句用于指定需要分组的列。HAVING子句用于对分组按指定条件进一步进行筛选，以筛选出满足指定条件的分组。ORDER BY子句用于对查询结果进行排序。LIMIT子句用于限制SELECT语句返回的行数。

聚合函数实现数据的统计与计算，可用于计算表中的数据并返回单个计算结果。聚合函数包括COUNT()、SUM()、AVG()、MAX()、MIN()等。

（5）连接查询是重要的查询方式，包括交叉连接、内连接和外连接。

交叉连接又被称为笛卡儿积，其是由第1个表的每一行与第2个表的每一行连接起来后所形成的表。

在内连接查询中，只有满足查询条件的记录才能出现在结果集中。常用的内连接有等值连接与非等值连接、自然连接、自连接等。内连接有两种连接方式：使用INNER JOIN定义连接条件的显式语法结构和使用WHERE子句定义连接条件的隐式语法结构。

外连接的结果表不但包含满足连接条件的行，还包含相应表中的所有行。外连接可分为左外连接和右外连接。

（6）子查询又被称为嵌套查询，将一个查询块嵌套在另一个查询块的子句指定条件中的查询也被称为嵌套查询。在嵌套查询中，上层查询块被称为父查询或外层查询，下层查询块被称为子查询或内层查询。

子查询通常包括IN子查询、比较子查询和EXIST子查询。

（7）联合查询将两个或多个SQL语句的查询结果集合并起来，利用联合进行查询处理以完成特定的任务。联合查询会使用UNION关键字将两个或多个SQL查询语句结合成一个单独的SQL查询语句。

习题 5

一、选择题

5.1 查询goods表的记录数，使用语句_____。

A. SELECT SUM(stockquantity) FROM goods

B. SELECT COUNT(goodsno) FROM goods

C. SELECT MAX(stockquantity) FROM goods

D. SELECT AVG(stockquantity) FROM goods

5.2 统计表中的记录数，使用聚合函数_____。

A. SUM()　　B. AVG()　　C. COUNT()　　D. MAX()

5.3 在SELECT语句中使用关键字_____去掉结果集中的重复行。

A. ALL　　B. MERGE　　C. UPDATE　　D. DISTINCT

5.4 需要将employee表的所有行连接department表的所有行，应创建_____。

A. 内连接　　B. 外连接　　C. 交叉连接　　D. 自然连接

5.5 _____运算符可以用于多行运算。

A. =　　B. IN　　C. <>　　D. LIKE

5.6 使用_____关键字进行子查询时，只测试子查询是否返回行；如果子查询返回一个或多个行，则为真，否则为假。

A. EXISTS　　B. ANY　　C. ALL　　D. IN

5.7 使用交叉连接查询两个表，一个表有6条记录，另一个表有9条记录。如果未使用子句，则查询结果中有_____条记录。

A. 15　　B. 3　　C. 9　　D. 54

5.8 LIMIT 1,5描述的是_____。

A. 获取第1～6条记录　　B. 获取第1～5条记录

C. 获取第2～6条记录　　D. 获取第2～5条记录

二、填空题

5.9 数据查询语言的主要SQL语句是_____语句。

5.10 SELECT语句包含SELECT、FROM、WHERE、GROUP BY、HAVING、ORDER BY、_____等子句。

5.11 WHERE子句可以接收_____子句输出的数据。

5.12 MySQL中使用_____关键字指定正则表达式的字符匹配模式。

5.13 JOIN关键字指定的连接类型有inner join、outer join、_____3种。

5.14 内连接有两种连接方式：使用_____定义连接条件的显式语法结构和使用WHERE子句定义连接条件的隐式语法结构。

5.15 外连接有left outer join、_____2种。

5.16 SELECT语句的WHERE子句可以将 _____的结果作为父查询的条件。

5.17 使用IN操作符实现指定匹配查询时，使用_____操作符实现任意匹配查询，使用ALL操作符实现全部匹配查询。

5.18 集合运算符UNION实现了集合的_____运算。

三、简答题

5.19 什么是数据查询语言？简述其主要功能。

5.20 简述SELECT语句所包含各子句的功能。

5.21 比较LIKE关键字和REGEXP关键字用于匹配基本字符串的异同。

5.22 什么是聚合函数？简述聚合函数的函数名称和功能。

5.23 在一个SELECT语句中，当WHERE子句、GROUP BY子句和HAVING子句同时出现在一个查询中时，SQL的执行顺序如何？

5.24 在使用JOIN关键字指定的连接中，怎样指定连接的多个表的表名？怎样指定连接条件？

5.25 内连接和外连接有什么区别？左外连接、右外连接和全外连接有什么区别？

5.26 什么是子查询？IN子查询、比较子查询、EXISTS子查询各有何功能？

5.27 什么是联合查询？简述其功能。

四、应用题

5.28 查询course表中的全部记录。

5.29 查询score表中学号为198001，课程号为8001的学生成绩。

5.30 查询course表中包含“工程”或“原理”的所有课程。

5.31 查询课程号为1201且成绩第1～3名的所有信息。

5.32 查询080903专业学生的最高学分。

5.33 查询4008课程的最高分、最低分、平均分。

5.34 查询至少有3名学生选修且以8开头的课程号和平均分。

5.35 将专业代码为080703的学生按出生日期升序排列。

5.36 查询选修课程3门以上且成绩在90分以上的学生的情况。

5.37 查询选修了“高等数学”的学生姓名及成绩。

5.38 查询选修了“通信原理”且成绩在80分以上的学生的情况。

5.39 查询选修课程的平均分高于90分的教师姓名。

5.40 查询选修1201号课程或选修1004号课程的学生姓名、性别和总学分。

5.41 查询通信工程专业学生的最高分和平均分。

5.42 查询每个专业的最高分及其所对应的课程名。

5.43 查询数据库系统课程的任课教师。

5.44 查询成绩表中高于平均分的成绩记录。

第6章 视图和索引

视图是数据库中重要的数据库对象。视图的概念和外模式的概念常常联系在一起。外模式是数据库用户能够看见和使用的局部逻辑结构；视图是一个虚拟表，通过SELECT查询语句定义，可方便用户的查询和处理。索引也是一个重要的数据库对象，可提高数据查询的速度。本章介绍视图的概念、视图操作、索引的概念、索引操作等内容。

6.1 视图

本节内容为视图概述、创建视图、查询视图、更新视图、修改视图和删除视图等。

6.1.1 视图概述

视图（view）是从一个或多个表（或视图）导出的虚拟表。

视图与表（基础表）有以下区别。

（1）视图是一个虚拟表。视图的结构和数据建立在对表的查询的基础上。用来导出视图的表称为基础表（base table）或基表，导出的视图称为虚拟表。

（2）视图中的内容由SQL语句定义。在数据库中只存储视图的定义，不存储视图对应的数据，这些数据存储在原来的表（基础表）中。

（3）视图就像基础表的窗口，它反映了一个或多个基础表的局部数据。视图一经定义，就可以像表一样被查询、修改、删除和更新。视图可以由一个表中选取的某些行和列组成，也可以由多个表中满足一定条件的数据组成。

视图的优点如下。

（1）方便用户的查询和处理。集中分散的数据，简化查询操作。当用户所需的数据分散在多个表中时，通过视图可以将它们集中在一起，方便查询处理。

（2）提高安全性。仅授予用户使用视图的权限，不授予用户使用基础表的权限，使用户权限被限制在基础数据的子集上，从而保护了数据的安全。

（3）便于数据共享。各个用户不必重复定义和存储自己所需的数据，可以共享数据库中的数据，因此同样的数据只须存储一次。

（4）提高数据的逻辑独立性。由于有了视图，使应用程序和数据库表结构在一定程度上逻辑分离。使用视图既可以向应用程序屏蔽表结构，又可以向数据库表屏蔽应用程序。

6.1.2 创建视图

在MySQL中，创建视图的语句是CREATE VIEW语句。

语法格式如下。

```
CREATE [ OR REPLACE ] VIEW view_name[ (column_list) ]
    AS
    SELECT_statement
    [ WITH [ CASCADE | LOCAL ] CHECK OPTION ]
```

说明如下。

（1）OR REPLACE：为可选项，在创建视图时，如果存在同名视图，则重新创建视图。

（2）view_name：指定视图名称。

（3）column_list：该子句为视图中每个列指定列名，为可选子句。用户可以自定义视图中包含的列，若使用源表或视图中相同的列名，则可不必给出列名。

（4）SELECT_statement：定义视图的SELECT语句，用于创建视图，可查询多个表或视图。

SELECT语句有以下限制。

- 定义视图的用户必须对所涉及的基础表或其他视图有查询的权限。
- 不能包含FROM子句中的子查询。
- 不能引用系统或用户变量。
- 不能引用预处理语句参数。
- 在定义中引用的表或视图必须存在。
- 若引用的不是当前数据库的表或视图，则要在表或视图前加上数据库的名称。
- 在视图定义中允许使用ORDER BY子句，但是如果从特定视图进行了选择，而该视图已经使用了ORDER BY子句，则它将被忽略。
- 对于SELECT语句中的其他选项（或子句），若所创建的视图中包含了这些选项，则说明语句的执行效果未被定义。

（5）WITH CHECK OPTION：指出在视图上进行的修改都要符合SELECT语句所指定的限制条件。

【例6.1】在数据库teaching中创建V_TeacherLecture视图，该视图包含teacher表的所有教师的教师编号、姓名、职称、学院和lecture表的上课地点。

创建V_TeacherLecture 视图的语句如下。

```
mysql> CREATE OR REPLACE VIEW V_TeacherLecture
    -> AS
    -> SELECT a.teacherno, tname, title, school, location
    -> FROM teacher a, lecture b
    -> WHERE a.teacherno=b.teacherno
    -> WITH CHECK OPTION;
Query OK, 0 rows affected (0.05 sec)
```

【例6.2】在数据库teaching中创建V_TeacherCourseLecture视图，该视图包含teacher表的教师编号、姓名、职称、学院，course表的课程号、课程名，lecture表的上课地点，且学院为计算机学院，查询结果按教师编号升序排列。

创建V_TeacherCourseLecture视图的语句如下。

```
mysql> CREATE OR REPLACE VIEW V_TeacherCourseLecture
    -> AS
    -> SELECT a.teacherno, tname, title, school, b.courseno, cname, location
    -> FROM teacher a, course b, lecture c
    -> WHERE a.teacherno=c.teacherno AND b.courseno=c.courseno AND school=
'计算机学院'
    -> ORDER BY a.teacherno;
Query OK, 0 rows affected (0.05 sec)
```

6.1.3 查询视图

使用SELECT语句对视图进行查询与使用SELECT语句对表进行查询类似。SELECT语句不仅可以简化用户的程序设计流程以方便用户，还可以通过指定列限制用户访问以提高安全性。

【例6.3】分别查询V_TeacherLecture 视图和V_TeacherCourseLecture视图。

使用SELECT语句对V_TeacherLecture 视图进行查询。

```
mysql> SELECT *
    -> FROM V_TeacherLecture;
```

查询结果如下。

```
+-------------+------------+-----------+-----------------+-----------+
|teacherno    |tname       |title      |school           |location   |
+-------------+------------+-----------+-----------------+-----------+
|100004       |郭逸超      |教授       |计算机学院       |5-314      |
|120037       |杨静        |副教授     |外国语学院       |4-317      |
|400012       |周章群      |讲师       |通信学院         |1-208      |
|800023       |黄玉杰      |副教授     |数学学院         |6-105      |
+-------------+------------+-----------+-----------------+-----------+
4 rows in set (0.00 sec)
```

使用SELECT语句对V_TeacherCourseLecture视图进行查询。

```
mysql> SELECT *
    -> FROM V_TeacherCourseLecture;
```

查询结果如下。

```
+---------+--------+-------+------------+---------+-----------+--------+
|teacherno |tname   |title  |school      |courseno |cname      |location|
+---------+--------+-------+------------+---------+-----------+--------+
|100004   |郭逸超  |教授   |计算机学院  |1004     |数据库系统 |5-314   |
+---------+--------+-------+------------+---------+-----------+--------+
1 row in set (0.00 sec)
```

【例6.4】 查询计算机学院教师的教师编号、姓名、课程名、上课地点。

查询计算机学院教师的教师编号、姓名、课程名、上课地点，不使用视图，直接使用SELECT语句需要连接teacher、course和lecture这3个表进行查询，较为复杂，此处使用视图则会十分简捷方便。

```
mysql> SELECT teacherno, tname, cname, location
    -> FROM V_TeacherCourseLecture;
```

上述语句对V_TeacherCourseLecture视图进行查询。

查询结果如下。

```
+-------------+------------+---------------+-----------+
|teacherno    |tname       |cname          |location   |
+-------------+------------+---------------+-----------+
|100004       |郭逸超      |数据库系统     |5-314      |
+-------------+------------+---------------+-----------+
1 row in set (0.00 sec)
```

6.1.4 更新视图

更新视图指通过视图进行插入、删除、修改数据等操作。由于视图是不存储数据的虚拟表，对视图的更新最终会转化为对基础表的更新。

通过更新视图数据可以更新基础表数据，但只有满足可更新条件的视图才能被更新。

如果视图包含下述结构中的任意一种，那么它就是不可更新的。

（1）聚合函数。

（2）DISTINCT关键字。

（3）GROUP BY子句。

（4）ORDER BY子句。

（5）HAVING子句。

（6）UNION运算符。

（7）位于选择列表中的子查询。

（8）FROM子句中包含多个表。

（9）SELECT语句中引用了不可更新视图。

（10）WHERE子句中的子查询引用了FROM子句中的表。

【例6.5】 创建可更新视图V_TeacherRenewable，使其包含teacher表中计算机学院所有教师的信息。

创建V_TeacherRenewable视图的语句如下。

```
mysql> CREATE OR REPLACE VIEW V_TeacherRenewable
    -> AS
    -> SELECT *
    -> FROM teacher
    -> WHERE school='计算机学院';
Query OK, 0 rows affected (0.05 sec)
```

使用SELECT语句查询V_TeacherRenewable视图。

```
mysql> SELECT *
    -> FROM V_TeacherRenewable;
```

查询结果如下。

```
+-----------+-----------+--------+-------------+-----------+--------+
|teacherno  |tname      |tsex    |tbirthday    |title      |school  |
+-----------+-----------+--------+-------------+-----------+--------+
|100004     |郭逸超      |男      |1975-07-24   |教授        |计算机学院|
|100021     |任敏        |女      |1979-10-05   |教授        |计算机学院|
+-----------+-----------+--------+-------------+-----------+--------+
2 rows in set (0.01 sec)
```

1. 插入数据

使用INSERT语句向视图中插入数据。

【例6.6】向V_TeacherRenewable视图中插入一条记录：('100012','刘勇','男','1981-06-15','副教授','计算机学院')。

```
mysql> INSERT INTO V_TeacherRenewable
    -> VALUES('100012','刘勇','男','1981-06-15','副教授','计算机学院');
Query OK, 1 row affected (0.05 sec)
```

使用SELECT语句查询V_TeacherRenewable视图的基础表teacher。

```
mysql> SELECT *
    -> FROM teacher;
```

上述语句对基础表teacher进行查询，该表已添加记录('100012','刘勇','男','1981-06-15','副教授','计算机学院')。

查询结果如下。

```
+-----------+-----------+--------+-------------+-----------+--------+
|teacherno  |tname      |tsex    |tbirthday    |title      |school  |
+-----------+-----------+--------+-------------+-----------+--------+
|100004     |郭逸超      |男      |1975-07-24   |教授        |计算机学院|
|100012     |刘勇        |男      |1981-06-15   |副教授      |计算机学院|
|100021     |任敏        |女      |1979-10-05   |教授        |计算机学院|
|120037     |杨静        |女      |1983-03-12   |副教授      |外国语学院|
|400012     |周章群      |女      |1988-09-21   |讲师        |通信学院  |
|800023     |黄玉杰      |男      |1985-12-18   |副教授      |数学学院  |
+-----------+-----------+--------+-------------+-----------+--------+
6 rows in set (0.00 sec)
```

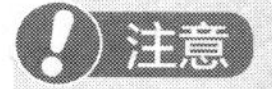

当视图依赖的基础表有多个时，不能向该视图中插入数据。

2．修改数据

使用UPDATE语句通过视图修改基础表数据。

【例6.7】将V_TeacherRenewable视图中教师编号为100012的教师的出生日期改为1981-02-15。

```
mysql> UPDATE V_TeacherRenewable SET tbirthday='1981-02-15'
    -> WHERE teacherno='100012';
Query OK, 1 row affected (0.08 sec)
Rows matched: 1  Changed: 1  Warnings: 0
```

使用SELECT语句查询V_TeacherRenewable视图的基础表teacher。

```
mysql> SELECT *
    -> FROM teacher;
```

上述语句对基础表teacher进行查询，该表已将教师编号为100012的教师的出生日期改为1981-02-15。

查询结果如下。

```
+-------------+------------+--------+------------+----------+---------+
|teacherno    |tname       |tsex    |tbirthday   |title     |school   |
+-------------+------------+--------+------------+----------+---------+
|100004       |郭逸超      |男      |1975-07-24  |教授      |计算机学院|
|100012       |刘勇        |男      |1981-02-15  |副教授    |计算机学院|
|100021       |任敏        |女      |1979-10-05  |教授      |计算机学院|
|120037       |杨静        |女      |1983-03-12  |副教授    |外国语学院|
|400012       |周章群      |女      |1988-09-21  |讲师      |通信学院  |
|800023       |黄玉杰      |男      |1985-12-18  |副教授    |数学学院  |
+-------------+------------+--------+------------+----------+---------+
6 rows in set (0.00 sec)
```

注意

当视图依赖的基础表有多个时，每次修改视图只能修改一个基础表的数据。

3．删除数据

使用DELETE语句通过视图删除基础表中的数据。

【例6.8】删除V_TeacherRenewable视图中教师编号为100012的记录。

```
mysql> DELETE FROM V_TeacherRenewable
    -> WHERE teacherno='100012';
Query OK, 1 row affected (0.08 sec)
```

使用SELECT语句查询V_TeacherRenewable视图的基础表teacher。

```
mysql> SELECT *
    -> FROM teacher;
```

上述语句对基础表teacher进行查询，该表已删除记录('100012','刘勇','男','1981-02-15','副教授','计算机学院')。

查询结果如下。

```
+------------+-----------+-------+-------------+----------+-------+
|teacherno   |tname      |tsex   |tbirthday    |title     |school |
+------------+-----------+-------+-------------+----------+-------+
|100004      |郭逸超      |男     |1975-07-24   |教授      |计算机学院|
|100021      |任敏        |女     |1979-10-05   |教授      |计算机学院|
|120037      |杨静        |女     |1983-03-12   |副教授    |外国语学院|
|400012      |周章群      |女     |1988-09-21   |讲师      |通信学院 |
|800023      |黄玉杰      |男     |1985-12-18   |副教授    |数学学院 |
+------------+-----------+-------+-------------+----------+-------+
5 rows in set (0.00 sec)
```

注意

当视图依赖的基础表有多个时，不能通过该视图删除基础表中的数据。

6.1.5 修改视图

修改视图使用ALTER VIEW语句。

语法格式如下。

```
ALTER VIEW view_name[ (column_list) ]
    AS
    SELECT_statement
    [ WITH [ CASCADE | LOCAL ] CHECK OPTION ]
```

ALTER VIEW语句的语法与CREATE VIEW类似，此处不再重复解释。

【例6.9】将例6.1定义的视图V_TeacherLecture 进行修改，指定教师的职称为教授或副教授。

```
mysql> ALTER VIEW V_TeacherLecture
    -> AS
    -> SELECT a.teacherno, tname, title, school, location
    -> FROM teacher a, lecture b
    -> WHERE a.teacherno=b.teacherno AND (title='教授' OR title='副教授')
    -> WITH CHECK OPTION;
Query OK, 0 rows affected (0.05 sec)
```

【例6.10】修改例6.2创建的视图V_TeacherCourseLecture，按教师编号降序排列。

```
mysql> CREATE OR REPLACE VIEW V_TeacherCourseLecture
    -> AS
    -> SELECT a.teacherno, tname, title, school, b.courseno, cname, location
    -> FROM teacher a, course b, lecture c
    -> WHERE a.teacherno=c.teacherno AND b.courseno=c.courseno AND school=
'计算机学院'
```

```
    -> ORDER BY a.teacherno DESC;
Query OK, 0 rows affected (0.20 sec)
```

6.1.6 删除视图

不再需要的视图，可以被删除。删除视图对该视图的基础表没有任何影响。

删除视图使用DROP VIEW语句。

语法格式如下。

```
DROP VIEW [IF EXISTS]
    view_name [, view_name] …
```

其中，view_name是视图名，声明了IF EXISTS，可防止因视图不存在而出现错误信息。使用DROP VIEW可以一次删除多个视图。

【例6.11】在teaching数据库中，设视图V_TeacherOrderformDepartmen1已被创建，删除视图V_TeacherOrderformDepartmen1。

```
mysql> DROP VIEW V_TeacherOrderformDepartmen1;
Query OK, 0 rows affected (0.11 sec)
```

注意

删除视图时，应将由该视图导出的其他视图删去。删除基础表时，应将由该表导出的其他视图删去。

6.2 索引

本节内容为索引概述、创建索引、查看索引、删除索引等。

6.2.1 索引概述

为了提高对某一本书某一章/节的查找速度，不应从该书的第一页开始查找，而应首先查看书前的目录，从目录中找到某一章/节的页码，由页码快速找到要查看的章/节。在数据库中，类似于书的章/节的检索技术被称为索引技术。

对数据库中的表进行查询操作时，有两种搜索扫描方式：一种是全表扫描，另一种是使用表上创建的索引扫描。

无索引的表是一个无顺序的行集（记录集），要查找某个特定的行，必须从第1行开始查找表中的每一行，查看它们是否与所需的值匹配，这就是全表扫描。当表中有很多行的时候，这样会浪费时间，效率很低。

索引（index）是按照数据表中一列或多列进行索引排序，并为其创建指向数据表记录所在位置的指针，如图6.1所示。索引中的列被称为索引字段或索引项，该列的各个值被称为索引值。索引访问首先会搜索索引值，然后会通过指针直接找到数据表中对应的记录，从而实现快速地查找到数据。

索引

teacherno	指针
100004	
100021	
120037	
400012	
800023	

数据表

teacherno	tname	tsex	tbirthday	title	school
100021	任敏	女	1979-10-05	教授	计算机学院
120037	周章群	女	1988-09-21	讲师	通信学院
800023	杨静	女	1983-03-12	副教授	外国语学院
100004	郭逸超	男	1975-07-24	教授	计算机学院
400012	黄玉杰	男	1985-12-18	副教授	数学学院

图 6.1　索引示意

例如，用户对teacher表中的teacherno列创建索引后，MySQL将在索引中排序teacherno列，当需要查找教师编号为120037的教师信息时，首先会在索引项中找到120037，然后会通过指针直接找到teacher表中相应的行('120037','杨静','女','1983–03–12','副教授','外国语学院')。在这个过程中，除搜索索引项外，只须处理一行即可返回结果。如果没有教师编号列的索引，则要扫描teacher表中的所有行，因此使用索引可大幅度地提高查询速度。

索引的功能如下。

- 提高查询速度。
- 保证列值的唯一性。
- 查询优化可依靠索引实现。
- 提高ORDER BY与GROUP BY的执行速度。

索引的分类如下。

（1）普通索引（INDEX）。这是最基本的索引类型，它没有唯一性之类的限制。创建普通索引的关键字是INDEX。

（2）唯一性索引（UNIQUE）。这种索引和前面的普通索引基本相同，区别在于：索引列的所有值都只能出现一次，即它们必须是唯一的。创建唯一性索引的关键字是UNIQUE。

（3）主键（PRIMARY KEY）。主键是一种唯一性索引，它必须被指定为PRIMARY KEY。主键一般在创建表的时候指定，也可以通过修改表的方式加入主键，但是每个表只能有一个主键。

（4）聚簇索引。聚簇索引的索引顺序就是数据存储的物理顺序，这样能保证索引值相近的元组所存储的物理位置也相近。一个表只能有一个聚簇索引。

（5）全文索引（FULLTEXT）。MySQL支持全文检索和全文索引。在MySQL中，全文索引的关键字是FULLTEXT。

索引可以建立在一列上，被称为单列索引。一个表可以创建多个单列索引。索引也可以建立在多个列上，被称为组合索引、复合索引或多列索引。

使用索引可以提高系统的性能，加快数据检索的速度，但是使用索引要付出一定的代价，介绍如下。

- 增加存储空间：索引需要占用磁盘空间。
- 降低更新表中数据的速度：当更新表中数据时，系统会自动更新索引列的数据，这可能需要重新组织索引。

创建索引的建议如下。

- 查询中很少涉及的列和重复值比较多的列不要创建索引。
- 数据量较小的表最好不要创建索引。
- 限制表中索引的数量。
- 在表中插入数据后创建索引。
- 如果CHAR列或VARCHAR列字符数很多，可视具体情况选取前*N*个字符值创建索引。

6.2.2 创建索引

在MySQL中，有3种创建索引的方法：在已有的表上创建索引使用CREATE INDEX语句和ALTER TABLE语句，在创建表的同时创建索引使用CREATE TABLE语句。

1．使用CREATE INDEX语句创建索引

使用CREATE INDEX语句可在一个已有的表上创建索引。

语法格式如下。

```
CREATE [UNIQUE] INDEX index_name
    ON tbl_name ( col_name [ (length) ] [ ASC | DESC ] ,…)
```

说明如下。

- index_name：指定所创建的索引名称。一个表中可创建多个索引，而每个索引名称必须是唯一的。
- tbl_name：指定需要创建索引的表名。
- UNIQUE：为可选项，指定所创建的索引是唯一性索引。
- col_name：指定要创建索引的列名。
- length：为可选项，用于指定使用列的前length个字符来创建索引。
- ASC | DESC：为可选项，指定索引是按升序（ASC）还是降序（DESC）排列，默认为ASC。

【例6.12】在teacher表的tbirthday列上，创建一个普通索引I_TeacherTbirthday。

```
mysql> CREATE INDEX I_TeacherTbirthday ON teacher(tbirthday);
Query OK, 0 rows affected (0.46 sec)
Records: 0  Duplicates: 0  Warnings: 0
```

上述语句执行后，在teacher表的tbirthday列上创建了一个普通索引I_TeacherTbirthday，普通索引是没有唯一性等约束的索引。上述语句没有指明排序方式，因此采用默认方式，即升序索引。

【例6.13】在course表的courseno列上，创建一个索引I_CourseCourseno，要求按courseno字段值的前2个字符降序排列。

```
mysql> CREATE INDEX I_CourseCourseno ON course(courseno(2) DESC);
Query OK, 0 rows affected (0.15 sec)
Records: 0  Duplicates: 0  Warnings: 0
```

上述语句执行后，在course表的courseno列上创建了一个普通索引I_CourseCourseno，按courseno字段值前2个字符降序排列。排列时，如果字符是英文，则按照英文字母顺序排列；如果字符是中文，则按照汉语拼音对应的英文字母顺序排列。

【例6.14】在teacher表的出生日期列（降序）和姓名列（升序）上创建一个组合索引I_Teacher TbirthdayTname。

```
mysql> CREATE INDEX I_TeacherTbirthdayTname ON teacher(tbirthday DESC, tname);
Query OK, 0 rows affected (0.18 sec)
Records: 0  Duplicates: 0  Warnings: 0
```

上述语句执行后，在teacher表的tbirthday列和tname列上创建了一个组合索引I_Teacher TbirthdayTname。排列时，按tbirthday列降序排列，若tbirthday列值相同，则按tname列升序排列。

2. 使用ALTER TABLE语句创建索引

使用ALTER TABLE语句也可在一个已有的表上创建索引。

语法格式如下。

```
ALTER TABLE tbl_name
    ADD [UNIQUE | FULLTEXT ] [ INDEX | KEY ] [ index_name ] ( col_name [
(length) ] [ ASC | DESC] ,…)
```

上述语句中的tbl_name、UNIQUE、index_name、col_name、length、ASC | DESC等选项与CREATE INDEX语句中的相关选项类似，此处不再赘述。

【例6.15】在teacher表的tname列，创建一个唯一性索引I_TeacherTname，并按降序排列。

```
mysql> ALTER TABLE teacher
    -> ADD UNIQUE INDEX I_TeacherTname(tname DESC);
Query OK, 0 rows affected (0.18 sec)
Records: 0  Duplicates: 0  Warnings: 0
```

3. 使用CREATE TABLE语句创建索引

使用CREATE TABLE语句可在创建表的同时创建索引。

语法格式如下。

```
CREATE TABLE tbl_name [ col_name data_type ]
    [ CONSTRAINT index_name ] [UNIQUE | FULLTEXT ] [ INDEX | KEY ]
    [ index_name ] ( col_name [ (length) ] [ ASC | DESC] ,…)
```

上述语句中的tbl_name、index_name、UNIQUE、col_name、length、ASC | DESC等选项与CREATE INDEX语句中的相关选项类似，此处不再赘述。

【例6.16】创建新表lecture1表，主键为teacherno和courseno，同时在location列上创建普通索引。

```
mysql> CREATE TABLE lecture1
    ->    (
    ->        teacherno char(6) NOT NULL,
    ->        courseno char(4) NOT NULL,
```

```
    ->          location char(10) NULL,
    ->          PRIMARY KEY(teacherno,courseno),
    ->          INDEX(location)
    ->     );
Query OK, 0 rows affected (0.14 sec)
```

6.2.3 查看索引

查看表上建立的索引使用SHOW INDEX语句。

语法格式如下。

```
SHOW { INDEX | INDEXES | KEYS } { FROM | IN } tbl_name [{ FROM | IN } db_name ]
```

上述语句以二维表的形式显示建立在表上的所有索引信息，由于显示的信息较多，不易查看，可以使用\G参数将每一行的值垂直输出。

【例6.17】查看例6.16所创建的lecture1表的索引。

创建新表lecture1表，主键为teacherno和courseno，同时在location列上创建普通索引。

```
mysql> SHOW INDEX FROM lecture1 \G;
*************************** 1. row ***************************
        Table: lecture1
   Non_unique: 0
     Key_name: PRIMARY
 Seq_in_index: 1
  Column_name: teacherno
    Collation: A
  Cardinality: 0
     Sub_part: NULL
       Packed: NULL
         Null:
   Index_type: BTREE
      Comment:
Index_comment:
      Visible: YES
   Expression: NULL
*************************** 2. row ***************************
        Table: lecture1
   Non_unique: 0
     Key_name: PRIMARY
 Seq_in_index: 2
  Column_name: courseno
    Collation: A
  Cardinality: 0
     Sub_part: NULL
       Packed: NULL
         Null:
   Index_type: BTREE
      Comment:
Index_comment:
```

```
      Visible: YES
   Expression: NULL
*************************** 3. row ***************************
        Table: lecture1
   Non_unique: 1
     Key_name: location
 Seq_in_index: 1
  Column_name: location
    Collation: A
  Cardinality: 0
     Sub_part: NULL
       Packed: NULL
         Null: YES
   Index_type: BTREE
      Comment:
Index_comment:
      Visible: YES
   Expression: NULL
3 rows in set (0.20 sec)
```

可以看出，在lecture1表上创建了3个索引：2个主键索引，索引名称是PRIMARY，索引建立在teacherno和courseno列上；1个普通索引，索引名称是location，索引建立在location列上。

6.2.4 删除索引

索引的删除有两种实现方式：使用DROP INDEX语句删除索引和使用ALTER TABLE语句删除索引。

1．使用DROP INDEX语句删除索引

DROP INDEX语句用于删除索引。

语法格式如下。

```
DROP INDEX index_name ON table_ name
```

其中，index_name是要删除的索引名，table_ name是索引所在的表。

【例6.18】 删除已建索引I_TeacherTbirthdayTname。

```
mysql> DROP INDEX I_TeacherTbirthdayTname ON teacher;
Query OK, 0 rows affected (0.21 sec)
Records: 0  Duplicates: 0  Warnings: 0
```

上述语句执行后，teacher表上的索引I_TeacherTbirthdayTname将被删除，这对teacher表无影响，也不会影响该表上的其他索引。

2．使用ALTER TABLE语句删除索引

ALTER TABLE语句不仅能创建索引，还能删除索引。

语法格式如下。

```
ALTER TABLE tbl_name
    DROP INDEX index_name
```

其中，tbl_ name是索引所在的表，index_name是要删除的索引名。

【例6.19】 删除已建索引I_TeacherTname。

```
mysql> ALTER TABLE teacher
    -> DROP INDEX I_TeacherTname;
Query OK, 0 rows affected (0.10 sec)
Records: 0  Duplicates: 0  Warnings: 0
```

本章小结

本章主要介绍了以下内容。

（1）视图通过SELECT查询语句定义，它是从一个或多个表（或视图）中导出的。用来导出视图的表被称为基础表或基表，导出的视图被称为虚拟表。在数据库中，仅会存储视图的定义，而不会存储视图对应的数据，这些数据仍然存放在原来的基础表中。

视图的优点为方便用户的查询和处理、提高安全性、便于数据共享、提高数据的逻辑独立性。

（2）创建视图使用CREATE VIEW语句。定义视图使用SELECT语句。修改视图使用ALTER VIEW语句。删除视图使用DROP VIEW语句。

（3）使用SELECT语句对视图进行查询与使用SELECT语句对表进行查询类似。SELECT语句不仅可以简化用户的程序设计流程以方便用户，还可以指定列限制用户访问以提高安全性。

更新视图指通过视图进行插入、删除、修改数据等操作。由于视图是不存储数据的虚拟表，对视图的更新最终会转化为对基础表的更新，只有满足可更新条件的视图才能更新。

（4）索引是按照数据表中的一列或多列进行索引排序，并为其建立指向数据表记录所在位置的指针。索引访问首先会搜索索引值，然后即可通过指针直接找到数据表中所对应的记录。

索引的功能为提高查询速度、保证列值的唯一性、查询优化可依靠索引实现、提高ORDER BY与GROUP BY的执行速度。

索引可分为普通索引（INDEX）、唯一性索引（UNIQUE）、主键（PRIMARY KEY）、聚簇索引和全文索引（FULLTEXT）等。

索引可以建立在一个列上，被称为单列索引；也可以建立在多个列上，被称为组合索引、复合索引或多列索引。

（5）在MySQL中有3种创建索引的方法：在已有的表上创建索引使用CREATE INDEX语句和ALTER TABLE语句，在创建表的同时创建索引使用CREATE TABLE语句。

查看表上建立的索引使用SHOW INDEX语句。

索引的删除有两种方式：使用DROP INDEX语句删除索引和使用ALTER TABLE语句删除索引。

习题 6

一、选择题

6.1 下列语句中的____用于创建视图。

A. ALTER VIEW
B. DROP VIEW
C. CREATE TABLE
D. CREATE VIEW

6.2 下列语句中的____不可对视图进行操作。

A. UPDATE
B. CREATE INDEX
C. DELETE
D. INSERT

6.3 以下关于视图的描述中，____是错误的。

A. 视图中保存有数据
B. 视图通过SELECT查询语句定义
C. 可以通过视图操作数据库中表的数据
D. 通过视图操作的数据仍然保存在表中

6.4 ____是不正确的。

A. 视图的基础表可以是表或视图
B. 视图占用实际的存储空间
C. 创建视图必须通过SELECT查询语句
D. 利用视图可以实现数据的永久保存

6.5 建立索引的主要目的是____。

A. 提高安全性
B. 提高查询速度
C. 节省存储空间
D. 提高数据更新速度

6.6 不能采用____语句创建索引。

A. CREATE INDEX
B. CREATE TABLE
C. ALTER INDEX
D. ALTER TABLE

6.7 能够在已有的表上建立索引的语句是____。

A. ALTER TABLE
B. CREATE TABLE
C. UPDATE TABLE
D. REINDEX TABLE

6.8 不属于MySQL索引类型的是____。

A. 唯一性索引　B. 主键索引　C. 非空值索引　D. 全文索引

6.9 索引可以提高____操作的效率。

A. UPDATE　B. DELETE　C. INSERT　D. SELECT

二、填空题

6.10 视图的优点是方便用户操作、____。

6.11 视图的数据存放在____中。

6.12 可更新的视图指____的视图。

6.13 修改视图的定义使用____语句。

6.14 索引是按照数据表中一列或多列进行索引排序，并为其建立指向数据表记录所在位置的____。

6.15 索引访问首先会搜索索引值，然后即可通过指针直接找到数据表中对应的____。

6.16 在已有的表上创建索引使用____语句和ALTER TABLE语句。

6.17 在创建表的同时创建索引的语句是____。

6.18 删除索引的语句有DROP INDEX语句和____语句。

三、简答题

6.19 什么是视图？

6.20 简述表和视图的区别与联系。

6.21 可更新视图需要满足哪些条件？

6.22 什么是索引？简述索引的作用和使用代价。

6.23 简述MySQL中索引的分类及特点。

四、应用题

6.24 创建视图V_StudentSpeciality，使其包括学号、姓名、性别、总学分、专业代码和专业名称。

6.25 查看视图V_StudentSpeciality的所有记录。

6.26 查看网络工程专业学生的学号、姓名、性别和总学分。

6.27 更新视图V_StudentSpeciality，并将学号为193002的学生的总学分更改为52分。

6.28 对视图V_StudentSpeciality进行修改，指定专业为“通信工程”。

6.29 删除视图V_StudentSpeciality。

6.30 在student表的sname列上，创建一个普通索引I_StudentSname。

6.31 在student表的studentno列上，创建一个索引I_StudentStudentno，要求按学号studentno字段值的前6个字符降序排列。

6.32 在student表的tc列（降序）和sname列（升序）上创建一个组合索引I_ StudentTcSname。

6.33 删除已建索引I_StudentSname。

第7章 MySQL编程技术

存储过程、存储函数、触发器和事件等都是MySQL支持的过程式数据库对象。在MySQL编程技术中，存储过程和存储函数可以加快数据库的处理速度，提高数据库编程的灵活性。存储过程通过CALL语句调用，存储函数通过关键字SELECT调用。触发器在基于某个表的特定事件出现时触发执行，事件则在指定时刻触发执行；触发器用于保证数据的完整性，事件可用于适时性较高的应用。

本章内容为存储过程概述，创建存储过程，局部变量，流程控制，存储过程的调用和删除；存储函数概述，存储函数的创建、调用和删除；触发器概述，触发器的创建、使用和删除；事件概述，事件的创建、修改和删除等。

7.1 存储过程

本节内容包括存储过程概述、创建存储过程、局部变量、流程控制、存储过程的调用和删除等，分别介绍如下。

7.1.1 存储过程概述

执行SQL语句时，需要先编译、后执行，这成为了语句执行效率的瓶颈问题。存储过程将语句编译后存储在数据库服务器端，用户通过指定存储过程的名称并给出参数（如果该存储过程带有参数）来执行操作。将经常需要执行的特定操作写成存储过程，通过指定过程名即可多次调用，从而实现程序的模块化设计。这种方式提高了程序运行的效率，节省了用户的时间。

在处理一些比较简单的应用问题时，可以针对一个表或多个表通过单条语句进行处理。但对于较为复杂的应用问题，往往需要针对多个表通过多条语句和控制结构进行处理，例如学生成绩单的处理、商品订单的处理等。存储过程由于是一组完成特定功能的SQL语句集，即一段存放在数据库服务器端的代码，可由声明式SQL语句（例如CREATE语句、SELECT语句、INSERT语句等）和过程式SQL语句（例如IF-THEN-ELSE控制结构语句）组成，也可以对较为复杂的应用问题进行处理。

概括起来，存储过程的优点如下。

（1）提高了程序执行的效率，加快了执行速度。

（2）可以用于处理较为复杂的应用问题。

（3）可以提高系统性能。

（4）增强了数据库的安全性。

（5）可增强SQL的功能和灵活性。

（6）存储过程允许模块化程序设计。

（7）可减少网络流量。

7.1.2 创建存储过程

创建存储过程使用的语句是CREATE PROCEDURE。

语法格式如下。

```
CREATE PROCEDURE sp_name( [ proc_parameter[,…] ] )
    [ characteristic… ]
routine_body
```

其中，proc_parameter的格式如下。

```
[IN|OUT|INOUT] param_name type
```

characteristic的格式如下。

```
COMMENT 'string'
| LANGUAGE SQL
| [NOT] DETERMINISTIC
| { CONTAINS SQL | NO SQL | READS SQL DATA | MODIFIES SQL DATA }
| SQL SECURITY { DEFINER | INVOKER }
```

routine_body的格式如下。

```
Valid SQL routine statement
```

说明如下。

（1）sp_name：存储过程的名称。

（2）proc_parameter：存储过程的参数列表。其中，param_name为参数名，type为参数类型。存储过程的参数类型有输入参数、输出参数、输入/输出参数3种，分别用IN、OUT和INOUT这3个关键字来标志。存储过程中的参数被称为形式参数（简称形参），调用带参数的存储过程则应提供相应的实际参数（简称实参）。

- IN：向存储过程传递参数，只能将实参的值传递给形参；在存储过程内部只能读、不能写；对应IN关键字的实参可以是常量或变量。
- OUT：从存储过程输出参数，存储过程结束时形参的值会被赋给实参；在存储过程内部可以读或写；对应OUT关键字的实参必须是变量。
- INOUT：具有前面两种参数的特性，调用时，实参的值传递给形参；结束时，形参的值传递给实参，对应INOUT关键字的实参必须是变量（存储过程可以有一个或多个参数，也可以没有参数）。

（3）characteristic：存储过程的特征。

- COMMENT 'string'：对存储过程的描述，string表示描述内容。描述可以用SHOW CREATE PROCEDURE语句来显示。
- LANGUAGE SQL：表示编写存储过程所使用的语言为SQL。
- DETERMINISTIC：DETERMINISTIC表示存储过程对同样的输入参数会产生相同的结果，NOT DETERMINISTIC则表示会产生不确定的结果。
- CONTAINS SQL | NO SQL：CONTAINS SQL表示存储过程不包含读或写数据的语句，NO SQL表示存储过程不包含SQL语句。
- SQL SECURITY：用于指定存储过程是使用创建该存储过程的用户（DEFINER）的许可来执行，还是使用调用者（INVOKER）的许可来执行。

（4）routine_body：存储过程体，包含存储过程调用时必须执行的SQL语句。这部分从BEGIN开始，以END结束。

在MySQL中，服务器处理程序时默认以分号为结束标志。但是在创建存储过程的时候，存储过程体中可能包含多个SQL语句，每个SQL语句都是以分号为结尾的。服务器处理程序的时候遇到第一个分号就会认为程序已结束，这显然是不行的。为此，可使用DELIMITER命令将MySQL语句的结束标志修改为其他符号，使MySQL服务器可以完整地处理存储过程体中的多个SQL语句。语法格式如下。

```
DELIMITER $$
```

其中，$$是用户定义的结束符，结束符可以是一些特殊的符号，例如两个“#”、两个“￥”等。当使用DELIMITER命令时，应该避免使用反斜线“\”字符，因为它是MySQL的转义字符。

【例7.1】 修改MySQL的结束符为“//”。

```
mysql> DELIMITER //
```

执行完上述语句后，程序结束的标志就换成双斜线“//”了。

要想恢复使用分号“;”作为结束符，运行下面的语句即可。

```
mysql> DELIMITER ;
```

存储过程可以带参数，也可以不带参数，下面两个例题分别介绍不带参数的存储过程和带参数的存储过程。

【例7.2】 不带参数的存储过程。存储过程名为P_withoutParameters，输出“Network Engineering”。

```
mysql> DELIMITER $$
mysql> CREATE PROCEDURE P_withoutParameters()
    -> BEGIN
    ->     SELECT 'Network Engineering';
    -> END $$
Query OK, 0 rows affected (0.13 sec)
mysql> DELIMITER ;
```

调用存储过程采用CALL语句，后面再具体介绍它，这里先使用。

```
mysql> CALL P_withoutParameters;
```

执行结果如下。

```
+--------------------------+
|Network Engineering       |
+--------------------------+
|Network Engineering       |
+--------------------------+
1 row in set (0.04 sec)
Query OK, 0 rows affected (0.06 sec)
```

【例7.3】带参数的存储过程。存储过程名为P_Name，查询指定教师编号的教师姓名。

```
mysql> DELIMITER $$
mysql> CREATE PROCEDURE P_Name(IN v_teacherno char(6))
    -> /*创建带参数的存储过程，v_teacherno为输入参数*/
    -> BEGIN
    ->     SELECT tname FROM teacher WHERE teacherno=v_teacherno;
    -> END $$
Query OK, 0 rows affected (0.06 sec)
mysql> DELIMITER ;
```

使用CALL语句调用存储过程。

```
mysql> CALL P_Name('100004');
```

执行结果如下。

```
+---------------+
|tname          |
+---------------+
|郭逸超          |
+---------------+
1 row in set (0.05 sec)
Query OK, 0 rows affected (0.07 sec)
```

7.1.3 局部变量

局部变量用来存放存储过程体中的临时结果。局部变量在存储过程体中声明。

1．声明局部变量

可以使用DECLARE语句声明局部变量，并对其赋初始值。

语法格式如下。

```
DECLARE var_name[ ,… ] type [DEFAULT value ]
```

说明如下。

- var_name：指定局部变量的名称。
- type：指定局部变量的数据类型。
- DEFAULT子句：给局部变量指定一个默认值，如果不指定，则默认为NULL。

例如，在存储过程体中，声明一个整型局部变量和一个字符型局部变量。

```
DECLARE v_n int(3);
DECLARE v_str char(5);
```

声明局部变量说明如下。

（1）局部变量只能在存储过程体的BEGIN…END语句块中声明。

（2）局部变量必须在存储过程体的开始就声明，且只能在BEGIN…END语句块中使用，在其他语句块中不可使用。

（3）在存储过程体中，也可使用用户变量。不要混淆用户变量和局部变量，它们的区别为：用户变量名称前面有@符号，局部变量名称前面没有@符号；用户变量存在于整个会话中，局部变量只存在于其声明的BEGIN…END语句块中。

2．SET语句

为局部变量赋值可以使用SET语句。

语法格式如下。

```
SET var_name=expr[, var_name=expr]…
```

例如，在存储过程体中，使用SET语句给局部变量赋值。

```
SET v_n=4, v_str='World';
```

- 注意，上面这条语句无法单独执行，只能在存储过程和存储函数中使用。

3．SELECT…INTO语句

SELECT…INTO语句将选定的列值直接存储到局部变量中，返回的结果集只能有一行。

语法格式如下。

```
SELECT col_name[ ,…] INTO var_name[ ,…] table_expr
```

说明如下。

- col_name：指定列名。
- var_name：指定要赋值的变量名。
- table_expr：SELECT语句中FROM子句及其后面的语法部分。

例如，将教师编号为100004的教师姓名和性别分别存入局部变量v_name和v_sex，这两个局部变量要预先声明。

```
SELECT tname, tsex INTO v_name, v_sex      /* 一次存入两个局部变量*/
FROM teacher
WHERE teacherno ='100004';
```

7.1.4 流程控制

在MySQL存储过程体中，可以使用两类过程式SQL语句：条件判断语句和循环语句。

1．条件判断语句

条件判断语句包括IF-THEN-ELSE语句和CASE语句。

（1）IF-THEN-ELSE语句可根据不同的条件执行不同的操作。

语法格式如下。

```
IF search_condition THEN statement_list
    [ELSEIF search_condition THEN statement_list ]
    …
    [ELSE statement_list]
END IF
```

说明如下。

- search_condition：指定判断条件。
- statement_list：要执行的SQL语句。当判断条件为真时，执行THEN后的SQL语句。

注意

IF-THEN-ELSE语句不同于内置函数IF()。

【例7.4】定义一个包含IF语句的存储过程P_Math，其功能为：如果高等数学课程的平均成绩大于80分，则显示高等数学成绩良好，否则显示高等数学成绩一般。

```
mysql> DELIMITER $$
mysql> CREATE PROCEDURE P_Math(OUT v_gde char(20))
    -> BEGIN
    ->     DECLARE v_avg decimal(4,2);
    ->     SELECT AVG(grade) INTO v_avg
    ->     FROM student a, course b, score c
    ->     WHERE a.studentno=c.studentno AND b.courseno=c.courseno AND
           cname='高等数学';
    ->     IF v_avg >80 THEN
    ->         SET v_gde='高等数学成绩良好';
    ->     ELSE
    ->         SET v_gde='高等数学成绩一般';
    ->     END IF;
    -> END $$
Query OK, 0 rows affected (0.12 sec)
mysql> DELIMITER ;
```

使用CALL语句调用存储过程。

```
mysql> CALL P_Math(@gde);
Query OK, 1 row affected (0.12 sec)
```

查看执行结果。

```
mysql> SELECT @arrivalgoods;
```

执行结果如下。

```
mysql> SELECT @gde;
+---------------------------------------+
|@gde                                   |
+---------------------------------------+
|高等数学成绩良好                        |
+---------------------------------------+
1 row in set (0.00 sec)
```

（2）CASE语句有以下两种语法格式。

```
CASE case_value
    WHEN when_value THEN statement_list
    [WHEN when_value THEN statement_list]
    …
    [ELSE statement_list]
END CASE
```

或

```
CASE
    WHEN search_condition THEN statement_list
    [WHEN search_condition THEN statement_list]
    …
    [ELSE statement_list]
END CASE
```

说明如下。

- 第一种语法格式在关键字CASE后指定参数case_value，每一个WHEN-THEN语句块中的参数when_value的值与case_value的值进行比较，如果比较的结果为真，则执行对应关键字THEN后的SQL语句。如果每一个WHEN-THEN语句块中的参数when_value都不能与case_value相匹配，则执行关键字ELSE后的语句。
- 第二种语法格式中在CASE关键字后没有参数，在WHEN-THEN语句块中使用search_condition指定一个比较表达式，如果该比较表达式为真，则执行对应关键字THEN后的SQL语句。

第二种语法格式与第一种语法格式相比，能够实现更为复杂的条件判断，使用起来更方便。

【例7.5】定义一个包含CASE语句的存储过程P_Title，其功能为将教师职称转变为职称类型。

```
mysql> DELIMITER $$
mysql> CREATE PROCEDURE P_Title(IN v_teacherno char(6), OUT v_type char(10))
    -> BEGIN
    ->     DECLARE v_str char(12);
    ->     SELECT title INTO v_str FROM teacher WHERE teacherno= v_teacherno;
    ->     CASE v_str
    ->         WHEN '教授' THEN SET v_type='高级职称';
```

```
    ->         WHEN '副教授' THEN SET v_type='高级职称';
    ->         WHEN '讲师' THEN SET v_type='中级职称';
    ->         WHEN '助教' THEN SET v_type='初级职称';
    ->         ELSE SET v_type:='Nothing';
    ->     END CASE;
    -> END $$
Query OK, 0 rows affected (0.03 sec)
mysql> DELIMITER ;
```

调用存储过程使用CALL语句。

```
mysql> CALL P_Title('100004', @type);
Query OK, 1 row affected (0.00 sec)
```

查看执行结果。

```
mysql> SELECT @type;
```

执行结果如下。

```
+--------------------+
|@type               |
+--------------------+
|高级职称            |
+--------------------+
1 row in set (0.00 sec)
```

2．循环语句

MySQL有3种创建循环的语句：WHILE语句、REPEAT语句和LOOP语句。

（1）WHILE语句。

语法格式如下。

```
[begin_label:] WHILE search_condition DO
    statement_list
END WHILE [end_label]
```

说明如下。

- WHILE语句首先判断条件search_condition是否为真，若为真则执行statement_list中的语句，然后再次进行判断：为真则继续循环，不为真则结束循环。
- begin_label和end_label是WHILE语句的标注，两者必须都出现，且名字相同。

【例7.6】定义一个包含WHILE循环的存储过程P_integerSum，计算1～100的整数和。

```
mysql> DELIMITER $$
mysql> CREATE PROCEDURE P_integerSum(OUT v_sum1 int)
    -> BEGIN
    ->     DECLARE v_n int DEFAULT 1;
    ->     DECLARE v_s int DEFAULT 0;
    ->     WHILE v_n<=100 DO
    ->         SET v_s=v_s+v_n;
```

```
    ->          SET v_n=v_n+1;
    ->      END WHILE;
    ->      SET v_sum1=v_s;
    -> END $$
Query OK, 0 rows affected (0.10 sec)
mysql> DELIMITER ;
```

使用CALL语句调用存储过程。

```
mysql> CALL P_integerSum(@sum1);
Query OK, 0 rows affected (0.01 sec)
```

查看执行结果。

```
mysql> SELECT @sum1;
```

执行结果如下。

```
+------------+
|@sum1       |
+------------+
|5050        |
+------------+
1 row in set (0.02 sec)
```

（2）REPEAT语句。

语法格式如下。

```
[begin_label:] REPEAT
    statement_list
    UNTIL search_condition
END REPEAT [end_label]
```

说明如下。

- REPEAT语句首先执行statement_list中的语句，然后判断条件search_condition是否为真，若为真则停止循环，若不为真则继续循环。REPEAT也可使用begin_label和end_label进行标注。
- REPEAT语句和WHILE语句的区别为：REPEAT语句先执行语句，后进行判断；而WHILE语句是先判断，等条件为真后才执行语句。

【例7.7】定义一个包含REPEAT循环的存储过程P_oddSum，计算1～100的奇数和。

```
mysql> DELIMITER $$
mysql> CREATE PROCEDURE P_oddSum(OUT v_sum2 int)
    -> BEGIN
    ->      DECLARE v_n int DEFAULT 1;
    ->      DECLARE v_s int DEFAULT 0;
    ->      REPEAT
    ->          IF MOD(v_n, 2)<>0 THEN
    ->              SET v_s=v_s+v_n;
    ->          END IF;
    ->          SET v_n=v_n+1;
    ->          UNTIL v_n>100
```

```
    ->      END REPEAT;
    ->      SET v_sum2=v_s;
    -> END $$
Query OK, 0 rows affected (0.10 sec)
mysql> DELIMITER ;
```

使用CALL语句调用存储过程。

```
mysql> CALL P_oddSum(@sum2);
Query OK, 0 rows affected (0.01 sec)
```

查看执行结果。

```
mysql> SELECT @sum2;
```

执行结果如下。

```
+------------+
|@sum2       |
+------------+
|        2500|
+------------+
1 row in set (0.00 sec)
```

（3）LOOP语句。

语法格式如下。

```
[begin_label:] LOOP
     statement_list
END LOOP [end_label]
```

说明如下。

- LOOP允许某特定语句或语句块重复执行，其中的 statement_list用于指定需要重复执行的语句。
- begin_label和end_label是LOOP语句的标注，两者必须都出现，且名字相同。
- 在循环体statement_list中，语句重复执行至循环时才会退出，退出循环时通常会使用LEAVE语句。

LEAVE语句的语法格式如下。

```
LEAVE label
```

其中，label是LOOP语句中标注的自定义名字。

循环语句中还有一个ITERATE语句，它只能出现在LOOP、REPEAT和WHILE语句中，意为“再次循环”。它的语法格式如下。

```
ITERATE label
```

这里的label也是LOOP语句中标注的自定义名字。

LEAVE 语句和ITERATE语句的区别是：LEAVE 语句用于结束整个循环，而ITERATE语句只是结束当前循环，然后开始下一个新循环。

【例7.8】定义一个包含LOOP循环的存储过程P_Factorial，计算10的阶乘。

```
mysql> DELIMITER $$
mysql> CREATE PROCEDURE P_Factorial(OUT v_prod int)
    -> BEGIN
    ->     DECLARE v_n int DEFAULT 1;
    ->     DECLARE v_p int DEFAULT 1;
    ->     label:LOOP
    ->         SET v_p:=v_p*v_n;
    ->         SET v_n=v_n+1;
    ->         IF v_n>10 THEN
    ->             LEAVE label;
    ->         END IF;
    ->     END LOOP label;
    ->     SET v_prod=v_p;
    -> END $$
Query OK, 0 rows affected (0.07 sec)
mysql> DELIMITER ;
```

使用CALL语句调用存储过程。

```
mysql> CALL P_Factorial(@prod);
Query OK, 0 rows affected (0.00 sec)
```

查看执行结果。

```
mysql> SELECT @prod;
```

执行结果如下。

```
+-------------+
|@prod       |
+-------------+
|      3628800|
+-------------+
1 row in set (0.00 sec)
```

3．游标使用

游标是SELECT语句检索出来的结果集，在MySQL中，游标一定要在存储过程或函数中使用，不能单独在查询中使用。

一个游标包含以下4条语句。

- DECLARE语句：该语句定义要使用的SELECT语句。
- OPEN语句：该语句用于打开游标。
- FETCH语句：该语句用于将产生的结果集的有关列读取到存储过程或存储函数的变量中。
- CLOSE语句：该语句用于关闭游标。

（1）声明游标。使用游标前，必须先声明游标。

语法格式如下。

```
DECLARE cursor_name CURSOR FOR select_statement
```

说明如下。

- cursor_name：用于指定创建的游标名称。
- select_statement：用于指定一个SELECT语句，返回的是一行或多行数据。这里的SELECT语句中不能含有INTO子句。

（2）打开游标。必须将游标打开后，才能使用游标。该过程将游标连接到了由SELECT语句返回的结果集中。

在MySQL中，使用OPEN语句打开游标。

语法格式如下。

```
OPEN cursor_name
```

其中，cursor_name用于指定要打开的游标，在程序中，一个游标可以被打开多次。由于其他用户或程序本身可能已经更新了表，所以每次打开的游标可能不同。

（3）读取数据。游标被打开后，可以使用FETCH…INTO语句从中读取数据。

语法格式如下。

```
FETCH cursor_name INTO var_name [ , var_name] …
```

说明如下。

- cursor_name：用于指定已打开的游标。
- var_name：用于指定存放数据的变量名。
- FETCH语句：将游标指向的一行数据赋给一些变量。SELECT子句中变量的数目必须等于声明游标时SELECT子句中列的数目。游标相当于指针，其会指向当前的一行数据。

（4）关闭游标。游标使用完以后，要及时关闭。关闭游标使用CLOSE语句。

语法格式如下。

```
CLOSE cursor_name
```

其中，cursor_name用于指定要关闭的游标。

【例7.9】定义一个包含游标的存储过程，计算teacher表中行的数目。

```
mysql> DELIMITER $$
mysql> CREATE PROCEDURE P_teacherRow(OUT v_rows int)
    -> BEGIN
    ->     DECLARE v_teacherno char(6);
    ->     DECLARE found boolean DEFAULT TRUE;
    ->     DECLARE CUR_teacher CURSOR FOR SELECT teacherno FROM teacher;
    ->     DECLARE CONTINUE HANDLER FOR NOT found
    ->     SET found=FALSE;
    ->     SET v_rows=0;
    ->     OPEN CUR_teacher;
    ->     FETCH CUR_teacher into v_teacherno;
    ->     WHILE found DO
    ->         SET v_rows=v_rows+1;
    ->         FETCH CUR_teacher INTO v_teacherno;
```

```
    ->      END WHILE;
    ->      CLOSE CUR_teacher;
    -> END $$
Query OK, 0 rows affected (0.42 sec)
mysql> DELIMITER ;
```

使用CALL语句调用存储过程。

```
mysql> CALL P_teacherRow(@rows);
Query OK, 0 rows affected (0.38 sec)
```

查看执行结果。

```
mysql> SELECT @rows;
```

执行结果如下。

```
+-----------+
|@rows      |
+-----------+
|          5|
+-----------+
1 row in set (0.00 sec)
```

本例中定义了一个CONTINUE HANDLER句柄，用于控制循环语句，使游标下移。

7.1.5 存储过程的调用

存储过程创建完毕后，可以在程序、触发器或者其他存储过程中被调用。存储过程的调用可采用CALL语句。

语法格式如下。

```
CALL sp_name([ parameter [ ,…]])
CALL sp_name[()]
```

说明如下。

- sp_name：指定被调用的存储过程的名称。
- parameter：指定调用存储过程要使用的参数，调用语句参数的个数必须等于存储过程参数的个数。
- 使用CALL sp_name()语句与CALL sp_name语句均可调用不含参数的存储过程。

【例7.10】创建存储过程P_insertTeacher，其作用是向教师表中插入一条记录，并调用该过程。

```
mysql> DELIMITER $$
mysql> CREATE PROCEDURE P_insertTeacher()
    -> BEGIN
    ->      INSERT INTO teacher VALUES('100015','程博','男','1982-02-26', NULL, NULL);
    ->      SELECT * FROM teacher WHERE teacherno='100015';
    -> END $$
Query OK, 0 rows affected (0.04 sec)
```

```
mysql> DELIMITER ;
```

使用CALL语句调用存储过程。

```
mysql> CALL P_insertTeacher();
```

执行结果如下。

```
+-------------+---------+------+--------------+---------+----------+
|teacherno    |tname    |tsex  |tbirthday     |title    |school    |
+-------------+---------+------+--------------+---------+----------+
|100015       |程博     |男    |1982-02-26    |NULL     |NULL      |
+-------------+---------+------+--------------+---------+----------+
1 row in set (0.05 sec)
Query OK, 0 rows affected (0.10 sec)
```

【例7.11】 创建存储过程P_updateTeacherTitle，其作用是修改教师的职称和学院，并调用该过程。

```
mysql> DELIMITER $$
mysql> CREATE PROCEDURE P_updateTeacherTitle(IN v_teacherno char(6), IN v_
title char(12), IN v_school char(12))
    -> BEGIN
    ->      UPDATE teacher SET title=v_title, school=v_school WHERE
            teacherno=v_teacherno;
    ->      SELECT * FROM teacher WHERE teacherno='100015';
    -> END $$
Query OK, 0 rows affected (0.03 sec)
mysql> DELIMITER ;
```

使用CALL语句调用存储过程。

```
mysql> CALL P_updateTeacherTitle('100015', '副教授', '计算机学院');
```

执行结果如下。

```
+------------+---------+------+-------------+---------+------------+
|teacherno   |tname    |tsex  |tbirthday    |title    |school      |
+------------+---------+------+-------------+---------+------------+
|100015      |程博     |男    |1982-02-26   |副教授   |计算机学院  |
+------------+---------+------+-------------+---------+------------+
1 row in set (0.06 sec)
Query OK, 0 rows affected (0.09 sec)
```

【例7.12】 创建存储过程P_deleteTeacher，其作用是删除教师记录，并调用该过程。

```
mysql> DELIMITER $$
mysql> CREATE PROCEDURE P_deleteTeacher(IN v_teacherno char(6), OUT v_msg char(8))
    -> BEGIN
    ->      DELETE FROM teacher WHERE teacherno=v_teacherno;
    ->      SET v_msg='删除成功';
    -> END $$
```

```
Query OK, 0 rows affected (0.08 sec)
mysql> DELIMITER ;
```

使用CALL语句调用存储过程。

```
mysql> CALL P_deleteTeacher('191005', @msg);
Query OK, 0 rows affected (0.03 sec)
```

查看执行结果。

```
mysql> SELECT @msg;
```

执行结果如下。

```
+--------------+
|@msg         |
+--------------+
|删除成功      |
+--------------+
1 row in set (0.00 sec)
```

7.1.6 存储过程的删除

当不再需要某个存储过程时，为释放它所占用的内存资源，应将其删除。

删除存储过程使用DROP PROCEDURE语句。

语法格式如下。

```
DROP PROCEDURE [ IF EXISTS] sp_name;
```

其中，sp_name指定要删除的存储过程名称。IF EXISTS用于避免由不存在的存储过程所引发的错误。

【例7.13】删除存储过程P_insertTeacher。

```
mysql> DROP PROCEDURE P_insertTeacher;
Query OK, 0 rows affected (0.06 sec)
```

7.2 存储函数

下面概述存储函数并介绍存储函数的创建、调用和删除等内容。

7.2.1 存储函数概述

在MySQL中，存储函数与存储过程很相似，都是由声明式SQL语句和过程式SQL语句组成的代码片段，并且可以在应用程序和SQL中调用。

存储函数与存储过程也有一些区别，说明如下。

（1）存储函数不能拥有输出参数，因为存储函数本身就是输出参数；然而存储过程可以拥有输出参数。

（2）调用存储函数不能使用CALL语句，而调用存储过程需要使用CALL语句。

（3）存储函数必须包含一条RETURN语句，而存储过程不允许包含RETURN语句。

7.2.2 创建存储函数

创建存储函数可以使用CREATE FUNCTION语句。

语法格式如下。

```
CREATE FUNCTION func_name([func_parameter [,…]])
    RETURNS type
routine_body
```

其中，func_parameter的语法格式如下。

```
param_name type
```

type的语法格式如下。

```
Any valid MySQL data type
```

routine_body的语法格式如下。

```
valid SQL routine statement
```

说明如下。

- func_name：用于指定存储函数的名称。
- func_parameter：用于指定存储函数的参数，参数只有名称和类型；不能指定IN、OUT和INOUT。
- RETURNS 子句：用于声明存储函数返回值的数据类型。
- routine_body：存储函数体必须包含一条RETURN value语句，value用于指定存储函数的返回值；此外，所有在存储过程中使用的SQL语句在存储函数中也适用。这部分从BEGIN开始，以END结束。

【例7.14】创建一个存储函数F_teacherSchool，实现由教师编号查询教师所在学院。

```
mysql> DELIMITER $$
mysql> CREATE FUNCTION F_teacherSchool(v_teacherno char(6))
    ->     RETURNS char(12)
    ->     DETERMINISTIC
    -> BEGIN
    ->     RETURN(SELECT school FROM teacher WHERE teacherno=v_teacherno);
    -> END $$
Query OK, 0 rows affected (0.05 sec)
mysql> DELIMITER ;
```

RETURN子句中包含SELECT语句时，SELECT语句的返回结果只能是一行且只能有一列值。

7.2.3 调用存储函数

调用存储函数可以使用SELECT关键字。

语法格式如下。

```
SELECT func_name([func_parameter [,…]])
```

【例7.15】调用存储函数F_teacherSchool。

```
mysql> SELECT F_teacherSchool ('800023');
```

执行结果如下。

```
+-----------------------------------+
|F_teacherSchool('800023')          |
+-----------------------------------+
|数学学院                            |
+-----------------------------------+
1 row in set (0.52 sec)
```

7.2.4 删除存储函数

删除存储函数可以使用DROP FUNCTION语句。

语法格式如下。

```
DROP FUNCTION [IF EXISTS] func_name
```

其中，func_name用于指定要删除的存储函数的名称。IF EXISTS用于避免由不存在的存储函数所引发的错误。

【例7.16】删除存储函数F_teacherSchool。

```
mysql> DROP FUNCTION IF EXISTS F_teacherSchool;
Query OK, 0 rows affected (0.06 sec)
```

7.3 触发器

本节包括触发器概述、创建触发器、使用触发器和删除触发器等内容，分别介绍如下。

7.3.1 触发器概述

触发器可以实现数据库的完整性，使多个表之间的数据保持一致。

触发器是被指定关联到表的数据库对象，与表的关系密切，用于保护表中的数据。它不需要用户调用，而是会在表的特定事件出现时被激活，此时某些MySQL语句会自动执行。

触发器是MySQL响应INSERT、UPDATE、DELETE语句时自动执行的一条或一组MySQL语句。

触发器的优点如下。

（1）可以实现数据库的完整性。

（2）可以对数据库中的相关表实现级联更改。

（3）可以提供更强大的约束。

（4）可以评估数据修改前后表的差异，并根据该差异采取措施。

（5）强制表的修改要合乎业务规则。

触发器的缺点是会增加决策和维护的复杂程度。

7.3.2 创建触发器

创建触发器使用CREATE TRIGGER语句。

语法格式如下。

```
CREATE TRIGGER trigger_name trigger_time trigger_event
    ON tbl_name FOR EACH ROW trigger_body
```

说明如下。

（1）trigger_name：指定触发器的名称。

（2）trigger_time：指定触发器被触发的时刻，有两个选项，BEFORE表示触发器在激活其语句之前被触发，AFTER表示在激活其语句之后被触发。

（3）trigger_event：指定触发事件，有INSERT、UPDATE、DELETE。

- INSERT：表中插入新行时激活触发器。
- UPDATE：更新表中某一行时激活触发器。
- DELETE：删除表中某一行时激活触发器。

（4）FOR EACH ROW：用于指定受触发事件影响的每一行都要激活触发器的动作。

（5）trigger_body：指定触发动作的主体，即触发体，包含触发器被激活时将要执行的语句。如果要执行多个语句，则可使用BEGIN … END复合语句结构。

综上所述可知，创建触发器的语法结构包括触发器定义和触发体两部分。触发器定义包含指定触发器名称、指定触发时间、指定触发事件等。触发体由MySQL语句块组成，它是触发器的执行部分。

在创建触发器时，每个表中的每个事件每次只允许创建一个触发器，即每条INSERT、UPDATE、DELETE语句的前和后均可创建1个触发器，每个表最多可创建6个触发器。

【例7.17】在score表中创建触发器T_insertScoreRecord，实现当向score表中插入一条记录时，显示“正在插入记录”。

创建触发器。

```
mysql> CREATE TRIGGER T_insertScoreRecord AFTER INSERT
    ->     ON score FOR EACH ROW SET @str='正在插入记录';
Query OK, 0 rows affected (0.11 sec)
```

验证触发器功能，通过INSERT语句向score表中插入一条记录。

```
mysql> INSERT INTO score
    ->      VALUES('198001','1004 ',92);
Query OK, 1 row affected (0.06 sec)
mysql> SELECT @str;
```

执行结果如下。

```
+--------------------+
|@str                |
+--------------------+
|正在插入记录          |
+--------------------+
1 row in set (0.00 sec)
```

7.3.3 使用触发器

MySQL中有3种触发器：INSERT触发器、UPDATE触发器、DELETE触发器。

1．INSERT触发器

INSERT触发器在INSERT语句执行之前或之后执行。

（1）INSERT触发器的触发体内可引用一个名为NEW的虚拟表来访问被插入的行。

（2）在BEFORE INSERT触发器中，名为NEW的虚拟表中的值可以被更新。

【例7.18】 在teacher表中创建触发器T_insertTeacherRecord，实现当向teacher表中插入一条记录时，显示插入记录中教师的姓名。

创建触发器。

```
mysql> CREATE TRIGGER T_insertTeacherRecord AFTER INSERT
    ->      ON teacher FOR EACH ROW SET @str1=NEW.tname;
Query OK, 0 rows affected (0.09 sec)
```

验证触发器功能，通过INSERT语句向teacher表中插入一条记录。

```
mysql> INSERT INTO teacher
    ->      VALUES('800009','傅茜 ','女','1984-11-07','副教授','数学学院');
Query OK, 1 row affected (0.01 sec)
mysql> SELECT @str1;
```

执行结果如下。

```
+-----------+
|@str1      |
+-----------+
|傅茜        |
+-----------+
1 row in set (0.00 sec)
```

2．UPDATE触发器

UPDATE触发器在UPDATE语句执行之前或之后执行。

（1）UPDATE触发器的触发体内可引用一个名为OLD的虚拟表来访问更新以前的值，也可引用一个名为NEW的虚拟表来访问更新以后的值。

（2）在BEFORE UPDATE触发器中，名为NEW的虚拟表中的值可能已被更新。

（3）名为OLD的虚拟表中的值不能被更新。

【例7.19】在teacher表中创建一个触发器T_updateTeacherLecture，实现当更新teacher表中的教师编号时，同时更新lecture表中所有相应的教师编号。

创建触发器。

```
mysql> DELIMITER $$
mysql> CREATE TRIGGER T_updateTeacherLecture AFTER UPDATE
    ->     ON teacher FOR EACH ROW
    -> BEGIN
    ->     UPDATE lecture SET teacherno=NEW.teacherno WHERE teacherno=OLD.teacherno;
    -> END $$
Query OK, 0 rows affected (0.04 sec)
mysql> DELIMITER ;
```

验证触发器T_updateTeacherLecture的功能。

```
mysql> UPDATE teacher SET teacherno='120032' WHERE teacherno='120037';
Query OK, 1 row affected (0.09 sec)
Rows matched: 1  Changed: 1  Warnings: 0
mysql> SELECT * FROM lecture WHERE teacherno='120032';
```

执行结果如下。

```
+-------------+-----------+------------+
|teacherno    |courseno   |location    |
+-------------+-----------+------------+
|120032       |1201       |4-317       |
+-------------+-----------+------------+
1 row in set (0.01 sec)
```

3．DELETE触发器

DELETE触发器在DELETE语句执行之前或之后执行。

（1）DELETE触发器的触发体内可引用一个名为OLD的虚拟表来访问被删除的行。

（2）名为OLD的虚拟表中的值不能被更新。

【例7.20】在teacher表中创建一个触发器T_deleteTeacherLecture，实现当删除teacher表中某个教师的记录时，同时将lecture表中与该教师有关的数据全部删除。

创建触发器。

```
mysql> DELIMITER $$
mysql> CREATE TRIGGER T_deleteTeacherLecture AFTER DELETE
    ->     ON teacher FOR EACH ROW
```

```
    -> BEGIN
    ->     DELETE FROM lecture WHERE teacherno=OLD.teacherno;
    -> END $$
Query OK, 0 rows affected (0.08 sec)
mysql> DELIMITER ;
```

验证触发器T_deleteTeacherLecture的功能。

```
mysql> DELETE FROM teacher WHERE teacherno='400012';
Query OK, 1 row affected (0.08 sec)
mysql> SELECT * FROM lecture WHERE teacherno='400012';
Empty set (0.00 sec)
```

7.3.4 删除触发器

删除触发器使用DROP TRIGGER语句。

语法格式如下。

```
DROP TRIGGER [schema_name] trigger_name
```

说明如下。

- schema_name：可选项，指定触发器所在数据库的名称，如果没有指定，则默认为当前数据库。
- trigger_name：要删除的数据库的名称。

当删除一个表时，同时会自动删除该表中的触发器。

【例7.21】删除触发器T_insertTeacherRecord。

```
mysql> DROP TRIGGER T_insertTeacherRecord;
Query OK, 0 rows affected (0.04 sec)
```

7.4 事件

下面概述事件并介绍事件的创建、修改和删除等内容。

7.4.1 事件概述

事件（event）是在指定时刻才被执行的过程式数据库对象。事件通过MySQL中的一个很有特色的功能模块——事件调度器（event scheduler）进行监视，并确定其是否需要被调用。

MySQL中的事件调度器可以精确到每秒执行一个任务，比操作系统的计划任务更具实时优势。处理一些对实时性要求比较高的应用（如股票交易、火车购票、球赛技术统计等）就很适合。

事件和触发器相似，都是在某些事情发生时启动。由于它们相似，所以事件又被称为临时触发器（temporal trigger）。它们的区别为：触发器是基于某个表所产生的事件来触发的，而事件

是基于特定的时间周期来触发的。

使用事件调度器之前，必须确保其已被开启。

（1）查看当前是否已开启事件调度器。

```
SHOW VARIABLE LIKE'EVENT_SCHEDULER';
```

或查看系统变量。

```
SELECT @@EVENT_SCHEDULER;
```

（2）如果当前没有开启事件调度器，则可使用以下命令进行开启。

```
SET GLOBLE EVENT_SCHEDULER=1;
```

或

```
SET GLOBLE EVENT_SCHEDULER=TRUE;
```

或在MySQL的配置文件my.ini中加上EVENT_SCHEDULER=1或SET GLOBLE EVENT_SCHEDULER=ON，然后重启MySQL服务器。

7.4.2 创建事件

使用CREATE EVENT语句创建事件。

语法格式如下。

```
CREATE EVENT [IF NOT EXISTS] event_name
    ON SCHEDULE schedule
    [ENABLE | DISABLE | DISABLE ON SLAVE]
    DO event_body;
```

其中，schedule的语法格式如下。

```
AT timestamp [+ INTERVAL interval] …
| EVERY interval
    [STARTS timestamp [+ INTERVAL interval] …]
    [ENDS timestamp [+ INTERVAL interval] …]
```

interval的语法格式如下。

```
quantity | YEAR | QUARTER | MONTH | DAY | HOUR | MINUTE |
          WEEK | SECOND | YEAR_MONTH | DAY_HOUR | DAY_MINUTE |
          DAY_SECOND | HOUR_MINUTE | HOUR_SECOND | MINUTE_SECOND|
```

说明如下。

（1）event_name：指定事件名。

（2）schedule：时间调度，表示事件何时发生或者每隔多久发生一次，其包含以下两个子句。

- AT timestamp子句：指定事件在某个时刻发生。其中，timestamp 为一个具体的时间点，其后面可加上时间间隔；interval为时间间隔，由数值和单位组成；quantity为时间间隔的数值。

- EVERY interval子句：表示事件在指定时间区间内每隔多久发生一次。其中，STARTS子句指定开始时间，ENDS子句指定结束时间，

（3）ENABLE | DISABLE | DISABLE ON SLAVE：可选项，表示事件的属性。

（4）event_body：DO子句中的event_body，用于指定事件启动时要执行的代码。如果要执行多个语句，则可使用BEGIN … END复合语句结构。

【例7.22】创建现在立即执行的事件E_immediate，执行时再创建一个表realtimetb。

```
mysql> CREATE EVENT E_immediate
    ->      ON SCHEDULE AT NOW()
    ->      DO
    ->      CREATE TABLE realtimetb(timeline timestamp);
Query OK, 0 rows affected (0.04 sec)
mysql> SHOW TABLES;
+---------------------------+
|Tables_in_teaching         |
+---------------------------+
|course                     |
|lecture                    |
|realtimetb                 |
|score                      |
|speciality                 |
|student                    |
|teacher                    |
+---------------------------+
7 rows in set (0.01 sec)
mysql> SELECT * FROM realtimetb;
Empty set (0.03 sec)
```

【例7.23】创建事件E_insertRealtimetb，每3s插入一条记录到realtimetb表中。

```
mysql> CREATE EVENT E_insertRealtimetb
    ->      ON SCHEDULE EVERY 3 SECOND
    ->      DO
    ->      INSERT INTO realtimetb VALUES(current_timestamp);
Query OK, 0 rows affected (0.02 sec)
```

18s后执行以下语句。

```
mysql> SELECT * FROM realtimetb;
```

执行结果如下。

```
+----------------------------+
|timeline                    |
+----------------------------+
|2020-12-07 15:58:29         |
|2020-12-07 15:58:32         |
|2020-12-07 15:58:35         |
|2020-12-07 15:58:38         |
|2020-12-07 15:58:42         |
|2020-12-07 15:58:44         |
```

```
|2020-12-07 15:58:47         |
+----------------------------+
7 rows in set (0.00 sec)
```

【例7.24】创建事件E_startMonths，从第2个月起，每月清空realtimetb表，在2021年12月31日结束。

```
mysql> DELIMITER $$
mysql> CREATE EVENT E_startMonths
    ->      ON SCHEDULE EVERY 1 MONTH
    ->      STARTS CURDATE()+INTERVAL 1 MONTH
    ->      ENDS '2021-12-31'
    ->      DO
    ->      BEGIN
    ->          TRUNCATE TABLE realtimetb;
    ->      END $$
Query OK, 0 rows affected (0.03 sec)
mysql> DELIMITER ;
```

7.4.3 修改事件

修改事件使用ALTER EVENT语句。

语法格式如下。

```
ALTER EVENT event_name
    [ON SCHEDULE schedule]
    [RENAME TO new_event_name]
    [ENABLE | DISABLE | DISABLE ON SLAVE]
    [DO event_body]
```

ALTER EVENT语句与CREATE EVENT语句的语法格式相似，此处不再赘述。

【例7.25】将事件E_startMonths更名为E_firstMonths。

```
mysql> ALTER EVENT E_startMonths
    ->      RENAME TO E_firstMonths;
Query OK, 0 rows affected (0.11 sec)
```

7.4.4 删除事件

删除事件使用DROP EVENT语句。

语法格式如下。

```
DROP EVENT [IF EXITS] event_name
```

【例7.26】删除事件E_firstMonths。

```
mysql> DROP EVENT E_firstMonths;
Query OK, 0 rows affected (0.04 sec)
```

本章小结

本章主要介绍了以下内容。

（1）存储过程是MySQL支持的过程式数据库对象，它是一组完成特定功能的SQL语句集，即一段存放在数据库中的代码，可由声明式SQL语句和过程式SQL语句组成。

创建存储过程使用CREATE PROCEDURE语句，调用存储过程使用CALL语句，删除存储过程使用DROP PROCEDURE语句。

存储过程既可以有一个或多个参数，也可以没有参数。存储过程的参数类型有输入参数、输出参数、输入/输出参数3种，分别用IN、OUT和INOUT这3个关键字来标志。

存储过程体从BEGIN开始，以END结束。

DELIMITER命令将MySQL语句的结束标志符修改为其他符号，可使MySQL服务器完整地处理存储过程体中的多个SQL语句。

（2）局部变量用来存放存储过程体中的临时结果。局部变量在存储过程体中声明。声明局部变量可以使用DECLARE语句，为局部变量赋值可以使用SET语句。SELECT…INTO语句可以将选定的列值直接存储到局部变量中。

在MySQL存储过程体中可以使用以下两类过程式SQL语句：条件判断语句和循环语句。条件判断语句包含IF-THEN-ELSE语句和CASE语句，循环语句包含WHILE语句、REPEAT语句和LOOP语句。

游标是SELECT语句检索出来的结果集。在MySQL中，游标一定要在存储过程或存储函数中使用，而不能单独在查询中使用。

（3）存储函数与存储过程相似，都是过程式数据库对象，都是由声明式SQL语句和过程式SQL语句组成的代码片段，可以在应用程序和SQL中调用。存储函数与存储过程的区别为：存储函数不能拥有输出参数，而存储过程可以拥有输出参数；调用存储函数不能使用CALL语句，而调用存储过程需要使用CALL语句；存储函数必须包含一条RETURN语句，而存储过程不允许包含RETURN语句。

创建存储函数使用CREATE FUNCTION语句，调用存储函数使用SELECT关键字，删除存储函数使用DROP FUNCTION语句。

（4）触发器是被指定关联到表的过程式数据库对象，在表的特定事件出现时被激活，此时某些MySQL语句会自动执行。

触发器操作包括创建触发器、使用触发器和删除触发器。

创建触发器使用CREATE TRIGGER语句。

MySQL支持3种触发器：INSERT触发器、UPDATE触发器、DELETE触发器。INSERT触发器在INSERT语句执行之前或之后执行。UPDATE触发器在UPDATE语句执行之前或之后执行。DELETE触发器在DELETE语句执行之前或之后执行。

删除触发器使用DROP TRIGGER语句。

（5）事件是在指定时刻才被执行的过程式数据库对象。

事件和触发器相似，都是在某些事情发生时被启动。由于它们相似，所以事件又被称为临时触发器。它们的区别为：触发器是基于某个表所产生的事件触发的，而事件是基于特定的时间周期来触发的。

事件操作包括事件的创建、修改和删除。创建事件使用CREATE EVENT语句，修改事件使用ALTER EVENT语句，删除事件使用DROP EVENT语句。

习题 7

一、选择题

7.1 下列关于存储过程的说法中，正确的是____。

A. 用户可以向存储过程传递参数，但不能输出存储过程产生的结果

B. 存储过程的执行是在客户端完成的

C. 在定义存储过程的代码中可以包含数据的增、删、改、查语句

D. 存储过程是存储在客户端的可执行代码

7.2 创建存储过程的用处主要是____。

A. 提高数据操作效率　　B. 实现复杂的业务规则

C. 维护数据的一致性　　D. 增强引用的完整性

7.3 关于存储过程的参数，正确的说法是____。

A. 存储过程的输入参数可以不输入信息而调用过程

B. 可以指定字符参数的字符长度

C. 存储过程的输出参数可以是常量

D. 以上说法都不对

7.4 存储过程中不能使用的循环语句是____。

A. WHILE　　B. REPEAT　　C. FOR　　D. LOOP

7.5 定义触发器的主要作用是____。

A. 提高数据的查询效率　　B. 加强数据的保密性

C. 增强数据的安全性　　D. 实现复杂的约束

7.6 MySQL支持的触发器不包括____。

A. INSERT触发器　　B. CHECK触发器

C. UPDATE触发器　　D. DELETE触发器

7.7 MySQL为每个触发器创建了两个虚拟表，即____。

A. NEW和OLD　　B. INT和CHAR

C. MAX和MIN　　D. AVG和SUM

7.8 数据库对象____可用来实现表间参照关系。

A. 索引　　B. 存储过程　　C. 触发器　　D. 视图

二、填空题

7.9 创建存储过程的语句是____。

7.10 调用存储过程使用____语句。

7.11 存储过程可由声明式SQL语句和____SQL语句组成。

7.12 存储过程参数的关键字有IN、OUT和____。

7.13 存储函数必须____一条RETURN语句，而存储过程不允许包含RETURN语句。

7.14 调用存储函数使用____关键字。

7.15 MySQL的触发器有INSERT触发器、UPDATE触发器和____ 3 种。

7.16 创建触发器使用____语句。

7.17 UPDATE触发器在UPDATE语句执行之前或____执行。

7.18 事件和触发器相似，所以事件又被称为____。

三、简答题

7.19 什么是存储过程？简述存储过程的特点。

7.20 存储过程的参数有哪几种类型？分别写出它们的关键字。

7.21 用户变量和局部变量有何区别？

7.22 MySQL有哪几种循环语句？简述各种循环语句的特点。

7.23 什么是游标？其包括哪些语句？简述各个语句的功能。

7.24 什么是存储函数？简述存储函数与存储过程的区别。

7.25 什么是触发器？简述触发器的作用。

7.26 在MySQL中，触发器有哪几类？每一个表最多可创建几个触发器？

7.27 什么是事件？举例说明事件的作用。

7.28 简述触发器和事件的相似点与不同点。

四、应用题

7.29 创建向学生表中插入一条记录的存储过程。

7.30 创建修改学生总学分的存储过程。

7.31 创建删除学生记录的存储过程。

7.32 创建一个使用游标的存储过程，实现输入学号后得出该学生的成绩单。

7.33 删除7.29题所建的存储过程。

7.34 创建一个存储函数，由专业代码查询专业名称。

7.35 删除7.34题所建的存储函数。

7.36 创建一个触发器，实现当向学生表中插入一条记录时，显示插入记录的学号。

7.37 创建一个触发器，实现当更新学生表中的学号时，同时更新成绩表中所有相应的学号。

7.38 创建一个触发器，实现当删除学生表中某个学生的记录时，同时将成绩表中与该学生有关的数据全部删除。

7.39 删除7.36题所建的触发器。

7.40 创建表te，再创建事件E_insertTe，实现每6s插入一条记录到表te中。

7.41 删除7.40题所建的事件。

第8章 MySQL安全管理

国家安全是民族复兴的根基，社会稳定是国家强盛的前提。对于维护国家安全而言，数据安全是我国总体国家安全观的重要组成部分，而数据安全又依赖于数据库的安全管理。

通过前面的学习可以知道，只有用已有的用户名登录到MySQL系统后才能访问数据库的数据。前面各章中的案例都是用root用户名来登录的。怎样创建用户并给新建用户授予适当的权限是MySQL安全管理的重要内容。

数据库的安全性是指保护数据库以防止不合法使用所造成的数据泄露、更改或破坏。安全管理是评价数据库管理系统的重要指标。MySQL提供了访问控制，可确保MySQL服务器的安全访问。数据库安全管理指拥有相应权限的用户才可以访问数据库中的相应对象，执行相应合法操作，用户应对他们需要的数据具有适当的访问权。例如，仅允许第1个用户查询表，第2个用户更新和删除表的数据，第3个用户创建新表等。本章介绍权限系统、用户管理、权限管理等内容。

8.1 权限系统

在MySQL数据库管理系统中，主要是通过用户权限管理来实现其安全性控制的。在服务器上运行MySQL时，数据库管理员的职责是当MySQL遭受非法入侵时，拒绝入侵者访问数据库，从而保证数据库的安全性和完整性。

8.1.1 MySQL权限系统工作过程

MySQL的访问控制分为两个阶段：连接核实阶段和请求核实阶段。

1．连接核实阶段

当用户试图连接MySQL服务器时，MySQL会将用户提供的信息和user表中的3个字段（Host、User、Password）相匹配以进行身份验证，仅当用户提供的主机名、用户名和密码与user表中对应字段值完全匹配时，才接受连接。

2. 请求核实阶段

接受连接后，MySQL服务器会进入请求核实阶段。针对该连接上的每个请求，MySQL服务器都会检查它们要执行什么操作，以及是否有足够的权限来执行这些操作。这些权限保存在user、db、host、tables_priv、columns_priv权限表中。

确认权限时，MySQL首先会检查指定的权限是否在user表中被授予，如果没有被授予，则继续检查db表，权限限定于数据库层级；如果在该层级没有找到指定的权限，则继续检查tables_priv表和columns_priv表，权限限定于表级和列级；如果所有权限表都检查完后的没有找到允许的权限操作，则MySQL将返回错误信息，用户请求操作不能执行，操作失败。

8.1.2 MySQL权限表

MySQL服务器通过权限来控制用户对数据库的访问。权限表存在于名为mysql的数据库中，这些权限表中最重要的是user表，此外，还有db表、tables_priv表、columns_priv表和procs_priv表等。

在MySQL权限表的层级中，顶层是user表，它是全局级的；下一层是db表（和host表），它们是数据库层级的；底层是tables_priv表和columns_priv表，它们是表级和列级的。另外还有procs_priv表。低层级的表只能从高层级的表中得到必要的范围或权限。

1. user表

user表是MySQL中最重要的一个权限表，记录允许连接到服务器的账号信息，里面的权限是全局级的，即针对所有用户数据库的所有表。MySQL 8.0中user表有51个字段，可分为4列，分别是用户列、权限列、安全列和资源控制列。在mysql数据库中，使用以下命令可以查看user表的表结构。

```
mysql> DESC user;
```

2. db表

db表也是mysql数据库中非常重要的权限表。db表中存储用户对某个数据库的操作权限，决定用户能从哪个主机存取哪个数据库。db表的字段大致可以分为两列，分别是用户列和权限列。

3. tables_priv表和columns_priv表

tables_priv表用于对表进行权限设置，其包含8个字段，分别是Host、Db、User、Table_name、Grantor、Timestamp、Table_priv和Column_priv。

columns_priv表用于对表的某一列进行权限设置，其包含7个字段，分别是Host、Db、User、Table_name、Column_name、Timestamp和Column_priv。

4. procs_priv表

procs_priv表用于对存储过程和存储函数进行权限设置，其包含8个字段，分别是Host、Db、User、Routine_name、Routine_type、Grantor 、Proc_priv和Timestamp。

8.2 用户管理

设一个新安装的MySQL系统，只有一个名为root的用户，可使用以下首行语句进行查看。

```
mysql> SELECT host, user, authentication_string FROM mysql.user;
+------------+----------+----------------------------------------------+
|host        |user      |authentication_string                         |
+------------+----------+----------------------------------------------+
|localhost   |root      |*6BB4837EB74329105EE4568DDA7DC67ED2CA2AD9     |
+------------+----------+----------------------------------------------+
1 rows in set (0.00 sec)
```

root用户是在安装MySQL服务器后由系统创建的，被赋予了操作和管理MySQL系统的所有权限。在实际操作中，为了避免恶意用户冒名使用root账号操作和控制数据库，通常需要创建一系列具备适当权限的用户，尽可能不用或少用root账号登录系统，以确保安全访问。

下面介绍用户管理中的创建用户、删除用户、修改用户账号和口令等操作。

8.2.1 创建用户

创建用户使用CREATE USER语句，该语句可用于创建一个或多个用户并设置口令。使用CREATE USER语句，必须要拥有mysql数据库的全局CREATE USER权限或INSERT权限。

语法格式如下。

```
CREATE USER user_specification [ , user_specification ] …
```

其中，user_specification的语法格式如下。

```
user
[
    IDENTIFIED BY [ PASSWORD ] 'password'
    | IDENTIFIED WITH auth_plugin [ AS 'auth_string']
]
```

说明如下。

- user：用于指定创建的用户账号，格式为'user_name'@'host_name'，其中，user_name是用户名，host_name是主机名。如果未指定主机名，则主机名默认为%，表示一组主机。
- IDENTIFIED BY子句：用于指定用户账号对应的口令，如果用户账号无口令，则可省略该子句。
- PASSWORD：可选项，用于指定散列口令。
- password：用于指定用户账号的口令。口令可以是由字母和数字组成的明文，也可以是散列值。
- IDENTIFIED WITH子句：用于指定验证用户账号的认证插件。
- auth_plugin：用于指定认证插件的名称。

【例8.1】创建用户zhang，口令为1234；创建用户hu，口令为pqr；创建用户fu，口令为k789；创建用户yang，口令为mno6。

```
mysql> CREATE USER 'zhang'@'localhost' IDENTIFIED BY '1234',
    ->        'hu'@'localhost' IDENTIFIED BY 'pqr',
    ->        'fu'@'localhost' IDENTIFIED BY 'k789',
    ->        'yang'@'localhost' IDENTIFIED BY 'mno6';
Query OK, 0 rows affected (0.16 sec)
```

使用CREATE USER语句的注意事项如下。

- 使用CREATE USER语句创建一个用户账号后，会在mysql数据库的user表中添加一个新记录。如果创建的账户存在，则该语句的执行会出错。
- 如果两个用户的用户名相同而主机名不同，则MySQL会认为它们是不同的用户。
- 如果使用CREATE USER语句时没有为用户指定口令，则MySQL会允许该用户不使用口令登录系统，但为了安全不推荐这种做法。
- 新创建的用户拥有的权限很少，只被允许进行不需要权限的操作。

8.2.2 删除用户

删除用户使用DROP USER语句。使用DROP USER语句，必须拥有mysql数据库的全局CREATE USER权限或DELETE权限。

语法格式如下。

```
DROP USER user [ user ]…
```

【例8.2】删除用户hu。

```
mysql> DROP USER 'hu'@'localhost';
Query OK, 0 rows affected (0.08 sec)
```

使用DROP USER语句的注意事项如下。

- DROP USER语句用于删除一个或多个用户，并消除其权限。
- 在DROP USER语句中，如果未指定主机名，则主机名默认为%。

8.2.3 修改用户账号

修改用户账号使用RENAME USER语句。使用RENAME USER语句，必须拥有mysql数据库的全局CREATE USER权限或UPDATE权限。

语法格式如下。

```
RENAME USER old_user TO new_user [ , old_user TO new_user ]…
```

说明如下。

- old_user：已存在的MySQL用户账号。
- new_user：新建的MySQL用户账号。

【例8.3】将用户yang的名字修改为ding。

```
mysql> RENAME USER 'yang'@'localhost' TO 'ding'@'localhost';
Query OK, 0 rows affected (0.05 sec)
```

使用RENAME USER语句的注意事项如下。

- RENAME USER语句用于对原有MySQL用户账号进行重命名。
- 如果系统中新账户已存在或旧账户不存在，则语句执行时会出错。

8.2.4 修改用户口令

修改用户口令使用SET PASSWORD语句。
语法格式如下。

```
SET PASSWORD FOR user='password'
```

【例8.4】将用户ding的口令修改为'def'。

```
mysql> SET PASSWORD FOR 'ding'@'localhost'='def';
Query OK, 0 rows affected (0.14 sec)
```

使用SET PASSWORD语句的注意事项：如果系统中账户不存在，则语句执行时会出错。

8.3 权限管理

创建一个新用户后，该用户还没有访问权限，因而无法操作数据库，还需要为该用户授予适当的权限。

8.3.1 授予权限

权限的授予使用GRANT语句。
语法格式如下。

```
GRANT
    priv_type[ (column_list) ] [ ,priv_type[ (column_list) ] ]…
    ON [ object_type ] priv_level
    TO user_specification[ , user_specification ]…
    [ REQUIRE | NONE | ssl_option [ [ AND ] ssl_option ]… | ]
    [ WITH with_option…]
```

其中，object_type的语法格式如下。

```
TABLE | FUNCTION | PROCEDURE
```

priv_level的语法格式如下。

```
* | *.* | db_name.* | db_name.tbl_name | tbl_name | db_name.routine _name
```

user_specification的语法格式如下。

```
user
[
    IDENTIFIED BY [ PASSWORD ] 'password'
    | IDENTIFIED WITH auth_plugin [ AS 'auth_string']
]
```

with_option的语法格式如下。

```
GRANT OPTION
| MAX_QUERIES_PER_HOUR count | MAX_UPDATES_PER_HOUR count
| MAX_CONNECTIONS_PER_HOUR count | MAX_USER_PER_HOUR count
```

说明如下。

（1）priv_type：用于指定权限的名称，例如SELECT、INSERT、UPDATE、DELETE等。

（2）column_list：可选项，用于指定要将权限授予表中的哪些列。

（3）ON子句：用于指定权限授予的对象和级别，例如要授予权限的数据库名或表名等。

（4）object_type：可选项，用于指定被授予权限的对象类型，包括表、函数和存储过程。

（5）priv_level：用于指定权限的级别，授予的权限有以下4组。

- 列权限：和表中的一个具体列相关。例如，使用UPDATE语句更新student表中studentno列的值的权限。
- 表权限：和一个具体表中的所有数据相关。例如，使用SELECT语句查询student表的所有数据的权限。
- 数据库权限：和一个具体数据库中的所有表相关。例如，在已有的stusys数据库中创建新表的权限。
- 用户权限：和MySQL中所有的数据库相关。例如，删除已有的数据库或者创建一个新的数据库的权限。

在GRANT语句中，可用于指定权限级别的值的格式如下。

- *：表示当前数据库中的所有表。
- *.*：表示所有数据库中的所有表。
- db_name.*：表示某个数据库中的所有表。
- db_name.tbl_name：表示某个数据库中的某个表或视图。
- tbl_name：表示某个表或视图。
- db_name.routine _name：表示某个数据库中的某个存储过程或存储函数。

（6）TO子句：指定被授予权限的用户。

（7）user_specification：该可选项与CREATE USER语句中的user_specification部分一样。

（8）WITH子句：用于实现权限的转移和限制。

1．授予列权限

授予列权限时，priv_level的值只能是SELECT、INSERT和UPDATE，权限后面需要加上列名列表。

【例8.5】授予用户zhang在teaching数据库中的teacher表上对教师编号列和姓名列的查询权限。

```
mysql> GRANT SELECT(teacherno, tname)
    ->      ON teaching.teacher
    ->      TO 'zhang'@'localhost';
Query OK, 0 rows affected (0.05 sec)
```

2．授予表权限

授予表权限时，priv_level可以是以下值。

- SELECT：授予用户使用SELECT语句访问特定表的权限。
- INSERT：授予用户使用INSERT语句向一个特定表中添加行的权限。
- UPDATE：授予用户使用UPDATE语句更新特定表中值的权限。
- DELETE：授予用户使用DELETE语句在一个特定表中删除行的权限。
- REFERENCES：授予用户创建一个外键来参照特定表的权限。
- CREATE：授予用户使用特定的名字创建一个表的权限。
- ALTER：授予用户使用ALTER TABLE语句修改表的权限。
- DROP：授予用户删除表的权限。
- INDEX：授予用户在表上定义和删除索引的权限。
- ALL或ALL PRIVILEGES：表示以上所有权限。

【例8.6】创建新用户tang和ma后，授予它们在teaching数据库中的teacher表上的查询和删除行权限。

```
mysql> CREATE USER 'tang'@'localhost' IDENTIFIED BY 'r401',
    ->      'ma'@'localhost' IDENTIFIED BY 'r402';
Query OK, 0 rows affected (0.02 sec)
mysql>
mysql> GRANT SELECT, DELETE
    ->      ON teaching.teacher
    ->      TO 'tang'@'localhost', 'ma'@'localhost';
Query OK, 0 rows affected (0.02 sec)
```

3．授予数据库权限

授予数据库权限时，priv_level可以是以下值。

- SELECT：授予用户使用SELECT语句访问特定数据库中所有表和视图的权限。
- INSERT：授予用户使用INSERT语句向特定数据库中所有表添加行的权限。
- UPDATE：授予用户使用UPDATE语句更新特定数据库中所有表的值的权限。
- DELETE：授予用户使用DELETE语句删除特定数据库中所有表的行的权限。
- REFERENCES：授予用户创建指向特定数据库中表外键的权限。
- CREATE：授予用户使用CREATE TABLE语句在特定数据库中创建新表的权限。
- ALTER：授予用户使用ALTER TABLE语句修改特定数据库中所有表的权限。
- DROP：授予用户删除特定数据库中所有表和视图的权限。
- INDEX：授予用户在特定数据库中的所有表上定义和删除索引的权限。
- CREATE TEMPORARY TABLES：授予用户在特定数据库中创建临时表的权限。

- CREATE VIEW：授予用户在特定数据库中创建新视图的权限。
- SHOW VIEW：授予用户查看特定数据库中已有视图的视图定义的权限。
- CREATE ROUTINE：授予用户为特定的数据库创建存储过程和存储函数的权限。
- ALTER ROUTINE：授予用户更新和删除数据库中已有存储过程和存储函数的权限。
- EXECUTE ROUTINE：授予用户调用特定数据库的存储过程和存储函数的权限。
- LOCK TABLES：授予用户锁定特定数据库已有表的权限。
- ALL或ALL PRIVILEGES：表示以上所有权限。

【例8.7】授予用户ding对teaching数据库执行所有数据库操作的权限。

```
mysql> GRANT ALL
    ->     ON teaching.*
    ->     TO 'ding'@'localhost';
Query OK, 0 rows affected (0.06 sec)
```

【例8.8】授予用户fu对所有数据库中所有表的查询和添加行的权限。

```
mysql> GRANT SELECT, INSERT
    ->     ON *.*
    ->     TO 'fu'@'localhost';
Query OK, 0 rows affected (0.03 sec)
```

【例8.9】授予已存在用户yuan在所有数据库中创建新表和删除表的权限。

```
mysql> GRANT CREATE, DROP
    ->     ON *.*
    ->     TO 'yuan'@'localhost';
Query OK, 0 rows affected (0.04 sec)
```

4．授予用户权限

授予用户权限时，priv_level可以是以下值。

- CREATE USER：授予用户创建和删除新用户的权限。
- SHOW DATABASES：授予用户使用SHOW DATABASES语句查看所有已有数据库的定义的权限。

【例8.10】授予已存在用户du创建新用户的权限。

```
mysql> GRANT CREATE USER
    ->     ON *.*
    ->     TO 'du'@'localhost';
Query OK, 0 rows affected (0.04 sec)
```

【例8.11】通过user表查询以上用户对所有数据库的权限。

```
mysql> SELECT Host, User, Select_priv, Insert_priv, Create_priv, Drop_priv,
Create_user_priv
    ->     FROM mysql.user;
```

查询结果如下。

```
+----------+-----------+--------+---------+--------+--------+-----------+
|Host      |User       |Select_ |Insert_  |Create_ |Drop_   |Create_    |
|          |           |priv    |priv     |priv    |priv    |user_priv  |
+----------+-----------+--------+---------+--------+--------+-----------+
|localhost |ding       |N       |N        |N       |N       |N          |
|localhost |du         |N       |N        |N       |N       |Y          |
|localhost |fu         |Y       |Y        |N       |N       |N          |
|localhost |jin        |N       |N        |N       |N       |N          |
|localhost |ma         |N       |N        |N       |N       |N          |
|localhostY|mysql.     |Y       |N        |N       |N       |N          |
|          |infoschema |        |         |        |        |           |
|localhost |mysql.     |N       |N        |N       |N       |N          |
|          |session    |        |         |        |        |           |
|localhost |mysql.sys  |N       |N        |N       |N       |N          |
|localhost |root       |Y       |Y        |Y       |Y       |Y          |
|localhost |tang       |N       |N        |N       |N       |N          |
|localhost |yuan       |N       |N        |Y       |Y       |N          |
|localhost |zhang      |N       |N        |N       |N       |N          |
+----------+-----------+--------+---------+--------+--------+-----------+
12 rows in set (0.00 sec)
```

由查询结果可以看出，用户du被授予创建新用户的权限；用户yuan被授予对所有数据库中所有表进行CREATE和DROP的权限；用户fu被授予对所有数据库中所有表进行SELECT和INSERT的权限。

5．权限的转移

在GRANT语句中，将WITH子句指定为WITH GRANT OPTION，表示TO子句中所指定的所有用户都具有将自己所拥有的权限（无论其他用户是否拥有该权限）授予其他用户的权利。

【例8.12】授予已存在用户jin在teaching数据库中的teacher表上添加行和更新表的值的权限，并允许他将自身的权限授予其他用户。

```
mysql> GRANT INSERT, UPDATE
    ->     ON teaching.teacher
    ->     TO 'jin'@'localhost'
    ->     WITH GRANT OPTION;
Query OK, 0 rows affected (0.06 sec)
```

8.3.2 撤销权限

撤销用户的权限使用REVOKE语句。使用REVOKE语句，必须拥有mysql数据库的全局CREATE USER权限或UPDATE权限。

语法格式如下。

```
REVOKE priv_type[ (column_list) ] [ ,priv_type[ (column_list) ] ]…
    ON [ object_type ] priv_level
    FROM user[ , user ]…
```

或

```
REVOKE ALL PRIVILIEGES, GRANT OPTION
    FROM user[ , user ]…
```

说明如下。

- REVOKE语句和GRANT语句的语法格式相似，但具有相反的效果。
- 第1种语法格式用于收回某些指定的权限。
- 第2种语法格式用于收回指定用户的所有权限。

【例8.13】收回用户jin在teaching数据库中的teacher表上的添加行权限。

```
mysql> REVOKE INSERT
    ->      ON teaching.teacher
    ->      FROM 'jin'@'localhost';
Query OK, 0 rows affected (0.04 sec)
```

【例8.14】通过tables_priv表，查询以上用户对teacher表的权限。

```
mysql> SELECT Host, Db, User, Table_name, Table_priv, Column_priv
    ->      FROM mysql.tables_priv;
```

查询结果如下。

```
+---------+--------+-------------+----------+-----------+------------+
|Host     |Db      |User         |Table_name |Table_priv |Column_priv |
+---------+--------+-------------+----------+-----------+------------+
|localhost|mysql   |mysql.session |user      |Select      |            |
|localhost|sys     |mysql.sys     |sys_config |Select      |            |
|localhost|teaching|jin           |teacher   |Update,Grant|            |
|localhost|teaching|ma            |teacher   |Select,Delete|           |
|localhost|teaching|tang          |teacher   |Select,Delete|           |
|localhost|teaching|zhang         |teacher   |            |Select      |
+-------+---------+-------------+----------+-----------+------------+
6 rows in set (0.00 sec)
```

由查询结果可以看出，用户tang和用户ma被授予在teacher表上的SELECT和DELETE权限；用户zhang被授予在teacher表上针对有关列的SELEC权限；用户jin被授予在teacher表上的UPDATE权限，并可将自身的权限授予其他用户。

本章小结

本章主要介绍了以下内容。

（1）安全管理是评价数据库管理系统的重要指标。MySQL提供了访问控制，可确保MySQL服务器的安全访问。MySQL数据库安全管理指拥有相应权限的用户才可以访问数据库中的相应对象，执行相应的合法操作。用户应对他们需要的数据具有适当的访问权，权限既不能多，也不能少。

（2）在MySQL数据库管理系统中，主要是通过用户权限管理来实现其安全性控制的。

MySQL的访问控制分为两个阶段：连接核实阶段和请求核实阶段。

MySQL权限表存在于名为mysql的数据库中。这些权限表中最重要的是user表，此外，还有db表、tables_priv表、columns_priv表和procs_priv表等。

在MySQL权限表的层级中，顶层是user表，它是全局级的；下一层是db表和host表，它们是数据库层级的；底层是tables_priv表和columns_priv表，它们是表级和列级的。另外还有procs_priv表。低层级的表只能从高层级的表中得到必要的范围或权限。

（3）root用户是在安装MySQL服务器后由系统创建的，被赋予了操作和管理MySQL的所有权限。在实际操作中，为了避免恶意用户冒名使用root账号操作和管理数据库，通常需要创建一系列具备适当权限的用户，尽可能不用或少用root账号登录系统，以确保安全访问。

（4）用户管理包括创建用户、删除用户、修改用户账号和口令等操作。创建用户使用CREATE USER语句，删除用户使用DROP USER语句，修改用户账号使用RENAME USER语句，修改用户口令使用SET PASSWORD语句。

（5）权限管理包括授予权限、撤销权限等操作。授予的权限又可分为授予列权限、授予表权限、授予数据库权限、授予用户权限4组。授予权限使用GRANT语句，撤销权限使用REVOKE语句。

习题 8

一、选择题

8.1　在MySQL中，存储用户全局权限的表是____。

A. columns_priv　B. user　C. procs_priv　D. tables_priv

8.2　创建用户的语句是____。

A. CREATE　B. INSERT　C. REVOKE　D. RENAME

8.3　撤销用户权限的语句是____。

A. GRANT　B. UPDATE　C. GRANT　D. REVOKE

二、填空题

8.4　MySQL的访问控制分为两个阶段：连接核实阶段和____。

8.5　root用户是在安装MySQL服务器后由系统创建的，被赋予了操作和管理MySQL的____权限。

8.6　删除用户使用____语句。

8.7　授予权限使用____语句。

三、简答题

8.8　MySQL权限表存在于哪个数据库中？有哪些权限表？

8.9　简述MySQL权限表的结构。

8.10　用户管理包括哪些操作？简述它们分别使用的语句。

8.11　权限管理包括哪些操作？它们使用的语句有哪些？

8.12　MySQL可以授予的权限有哪几组？

8.13　MySQL用于指定权限级别的值的格式有哪些？

四、应用题

8.14　创建用户instr1，口令为seq1；创建用户instr2，口令为seq2；创建用户instr3，口令为seq3；创建用户instr4，口令为seq4；创建用户instr5，口令为seq5。

8.15　删除用户instr5。

8.16　将用户instr4的口令修改为s104。

8.17　授予用户instr1在teaching数据库中的student表上对“学号”列和“姓名”列的查询权限。

8.18　授予用户instr2在teaching数据库中的student表上查询、添加行、更新表的值和删除行的权限，并允许将自身的权限授予其他用户。

8.19　授予用户instr3在teaching数据库中创建新表、修改表和删除表的权限。

8.20　授予用户instr4创建新用户的权限。

8.21　收回用户instr2在teaching数据库中的student表上的删除行权限。

第9章 备份和恢复

为了防止人为操作和自然灾难引起数据丢失或破坏，需要定期地、制度化地对数据进行备份。如果数据受到破坏，就可以使用备份的数据进行恢复。备份和恢复是数据库管理中常用的操作，提供备份和恢复机制是一项重要的数据库管理工作。本章介绍备份和恢复的基本概念、备份数据、恢复数据等内容。

9.1 备份和恢复的基本概念

数据库中的数据丢失或破坏，可能是由以下原因造成的。

（1）计算机硬件故障。由于使用不当或产品质量等原因，计算机硬件可能会出现故障而不能使用。

（2）软件故障。由于软件设计上的失误或用户使用的不当，软件系统可能会误操作数据，进而导致数据丢失或破坏。

（3）病毒。破坏性病毒会破坏系统软件、硬件和数据。

（4）误操作。例如，用户错误使用了DELETE、UPDATE等命令而导致数据丢失或破坏；用户错误使用DROP DATABASE或DROP TABLE语句，会让数据库或数据表中的数据被清除；用户错误使用DELETE * FROM table_name语句可以清空数据表。

（5）自然灾害。火灾、洪水或地震等自然灾害会造成极大的破坏，如毁坏计算机系统及其数据。

（6）盗窃。一些重要数据可能会被盗窃。

面对上述情况，数据库系统提供了备份和恢复策略来保证数据库中的数据的可靠性和完整性。

数据库备份是通过导出数据或复制表文件等方式来制作数据库的副本的。数据库恢复是当数据库出现故障或受到破坏时，将数据库的备份加载到系统，从而使数据库从错误状态恢复到备份时的正确状态的操作。数据库的恢复以备份为基础，它是与备份相对应的系统维护和管理操作。

9.2 备份数据

MySQL数据库常用的备份数据的方法有使用SELECT…INTO OUTFILE语句导出表数据，使用mysqldump命令备份数据等，分别介绍如下。

9.2.1 使用SELECT…INTO OUTFILE语句导出表数据

使用SELECT…INTO OUTFILE语句可以导出表数据的文本文件。可以使用LOAD DATA INFILE语句恢复先前导出的表数据。但SELECT…INTO OUTFILE只能导出或导入表的数据内容，而不能导出表结构。

语法格式如下。

```
SELECT columnist FROM table WHERE condition INTO OUTFILE 'filename' [OPTIONS]
```

其中，OPTIONS的语法格式如下。

```
FIELDS TERMINATED BY 'value'
FIELDS [OPTIONALLY] ENCLOSED BY 'value'
FIELDS ESCAPED BY 'value'
LINES STARTING BY 'value'
LINES TERMINATED BY 'value'
```

说明如下。

（1）filename：指定导出文件名。

（2）在OPTIONS中可以加入以下2个自选的子句，它们的作用是决定数据行在文件中存放的格式。

- FIELDS子句：在FIELDS子句中有3个亚子句，即TERMINATED BY、[OPTIONALLY] ENCLOSED BY和ESCAPED BY。如果指定了FIELDS子句，则这3个亚子句中至少要指定一个亚子句。TERMINATED BY亚子句用来指定字段值之间的符号，例如，TERMINATED BY','指定了逗号作为两个字段值之间的符号。ENCLOSED BY亚子句用来指定“包裹”文件中字符值的符号，例如，ENCLOSED BY' " '表示文件中字符值放在双引号之间；若加上关键字OPTIONALLY，则表示所有的值都放在双引号之间。ESCAPED BY亚子句用来指定转义字符，例如，ESCAPED BY '*'将*指定为转义字符（取代\）；若为空格，则表示为*N。
- LINES子句：在LINES子句中使用TERMINATED BY可以指定一行结束的标志，如LINES TERMINATED BY '?'表示一行以?为结束标志。

如果FIELDS和LINES子句都不指定，则默认声明以下子句。

```
FIELDS TERMINATED BY '\t' ENCLOSED BY '' ESCAPED BY '\\'
LINES TERMINATED BY '\n'
```

MySQL对使用SELECT…INTO OUTFILE语句和LOAD DATA INFILE语句进行导出和导入的目录具有权限限制，需要对指定目录进行操作。指定目录为：C:/ProgramData/MySQL/MySQL

Server 8.0/Uploads/。

【例9.1】 备份teaching数据库中teacher表的数据到指定目录：C:/ProgramData/MySQL/MySQL Server 8.0/Uploads/。要求字段值如果是字符就用双引号标注，字段值之间用逗号隔开，每行以问号为结束标志。

```
mysql> SELECT * FROM teacher
    ->      INTO OUTFILE 'C:/ProgramData/MySQL/MySQL Server 8.0/Uploads/teacher.txt'
    ->      FIELDS TERMINATED BY ','
    ->      OPTIONALLY ENCLOSED BY '"'
    ->      LINES TERMINATED BY '?';
Query OK, 5 rows affected (0.07 sec)
```

导出成功后，teacher.txt文件的内容如图9.1所示。

```
teacher - 记事本
文件(F)  编辑(E)  格式(O)  查看(V)  帮助(H)
"100004","郭逸超","男","1975-07-24","教授","计算机学院"?
"100021","任敏","女","1979-10-05","教授","计算机学院"?
"120037","杨静","女","1983-03-12","副教授","外国语学院"?
"400012","周章群","女","1988-09-21","讲师","通信学院"?
"800023","黄玉杰","男","1985-12-18","副教授","数学学院"?
```

图 9.1 teacher.txt 文件的内容

9.2.2 使用mysqldump命令备份数据

MySQL提供了很多客户端程序（和实用工具）。MySQL目录下的bin子目录可存储（备份）这些客户端程序。mysqldump命令是存储过程中所使用的命令之一。

使用客户端程序的方法如下。

（1）单击“开始”菜单，在“搜索程序和文件”框中输入“cmd”命令，按“Enter”键，进入“命令行提示符”窗口。

（2）输入“cd C:\Program Files\MySQL\MySQL Server 8.0\bin”命令，按“Enter”键，进入安装MySQL的bin目录。

进入MySQL客户端程序运行界面，如图9.2所示。

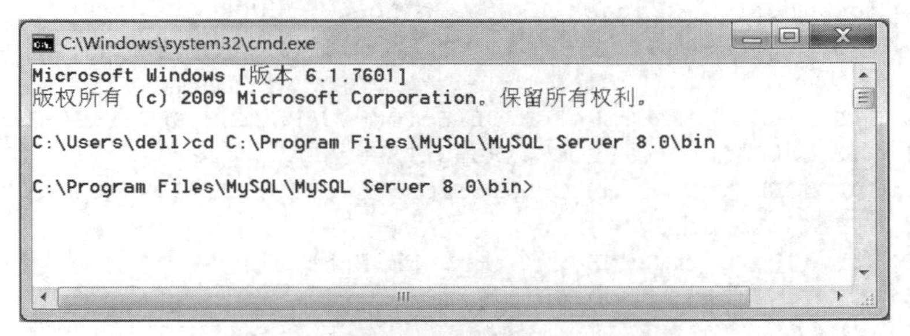
C:\Windows\system32\cmd.exe
Microsoft Windows [版本 6.1.7601]
版权所有 (c) 2009 Microsoft Corporation。保留所有权利。
C:\Users\dell>cd C:\Program Files\MySQL\MySQL Server 8.0\bin
C:\Program Files\MySQL\MySQL Server 8.0\bin>

图 9.2 MySQL 客户端程序运行界面

mysqldump命令可将数据库的数据备份到文本文件中。其工作原理是首先查出要备份的表的结构，在文本文件中生成一个CREATE语句；然后将表中的记录转换成INSERT语句。以后在恢复数据时，就会使用这些CREATE语句和INSERT语句。

mysqldump命令可用于备份表、备份数据库和备份整个数据库系统，分别介绍如下。

1．备份表

使用mysqldump命令可备份一个数据库的一个表或多个表。

语法格式如下。

```
mysqldump -u username-p dbname table1 table2…>filename.sql
```

说明如下。

- dbname：指定数据库名称。
- table1 table2…：指定一个表或多个表的名称。
- filename.sql：备份文件的名称（文件名前可加上一个绝对路径），通常会将其扩展名备份成sql。

【例9.2】用mysqldump命令备份teaching数据库中的teacher表到D盘的backup目录下。

操作前先在Windows 中创建目录D:\backup

```
mysqldump -u root -p teaching teacher>D:\backup\teacher.sql
```

使用mysqldump命令备份teacher表，如图9.3所示。

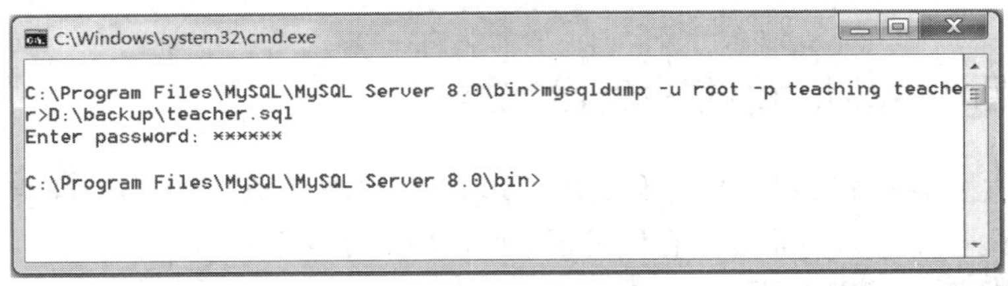
C:\Windows\system32\cmd.exe
C:\Program Files\MySQL\MySQL Server 8.0\bin>mysqldump -u root -p teaching teacher>D:\backup\teacher.sql
Enter password: ******
C:\Program Files\MySQL\MySQL Server 8.0\bin>

图 9.3　使用 mysqldump 命令备份 teacher 表

查看teacher.sql文本文件，其内容包括创建teacher表的CREATE语句和插入数据的INSERT语句。

```
-- MySQL dump 9.13  Distrib 8.0.18, for Win64 (x86_64)
--
-- Host: localhost    Database: teaching
-- ------------------------------------------------------
-- Server version      8.0.18
/*!40101 SET @OLD_CHARACTER_SET_CLIENT=@@CHARACTER_SET_CLIENT */;
/*!40101 SET @OLD_CHARACTER_SET_RESULTS=@@CHARACTER_SET_RESULTS */;
/*!40101 SET @OLD_COLLATION_CONNECTION=@@COLLATION_CONNECTION */;
/*!50503 SET NAMES utf8mb4 */;
/*!40103 SET @OLD_TIME_ZONE=@@TIME_ZONE */;
/*!40103 SET TIME_ZONE='+00:00' */;
/*!40014 SET @OLD_UNIQUE_CHECKS=@@UNIQUE_CHECKS, UNIQUE_CHECKS=0 */;
/*!40014 SET @OLD_FOREIGN_KEY_CHECKS=@@FOREIGN_KEY_CHECKS, FOREIGN_KEY_CHECKS=0 */;
/*!40101 SET @OLD_SQL_MODE=@@SQL_MODE, SQL_MODE='NO_AUTO_VALUE_ON_ZERO' */;
/*!40111 SET @OLD_SQL_NOTES=@@SQL_NOTES, SQL_NOTES=0 */;
--
```

```
-- Table structure for table 'teacher'
--
DROP TABLE IF EXISTS 'teacher';
/*!40101 SET @saved_cs_client     = @@character_set_client */;
/*!50503 SET character_set_client = utf8mb4 */;
CREATE TABLE 'teacher' (
  'teacherno' char(6) NOT NULL,
  'tname' char(8) NOT NULL,
  'tsex' char(2) NOT NULL DEFAULT '男',
  'tbirthday' date NOT NULL,
  'title' char(12) DEFAULT NULL,
  'school' char(12) DEFAULT NULL,
  PRIMARY KEY ('teacherno')
) ENGINE=InnoDB DEFAULT CHARSET=utf8mb4 COLLATE=utf8mb4_0900_ai_ci;
/*!40101 SET character_set_client = @saved_cs_client */;
--
-- Dumping data for table 'teacher'
--
LOCK TABLES 'teacher' WRITE;
/*!40000 ALTER TABLE 'teacher' DISABLE KEYS */;
INSERT INTO 'teacher' VALUES ('100004','郭逸超','男','1975-07-24','教授',
'计算机学院'),('100021','任敏','女','1979-10-05','教授','计算机学院'),('120037',
'杨静','女','1983-03-12','副教授','外国语学院'),('400012','周章群','女',
'1988-09-21','讲师','通信学院'),('800023','黄玉杰','男','1985-12-18','副教授',
'数学学院');
/*!40000 ALTER TABLE 'teacher' ENABLE KEYS */;
UNLOCK TABLES;
/*!40103 SET TIME_ZONE=@OLD_TIME_ZONE */;
/*!40101 SET SQL_MODE=@OLD_SQL_MODE */;
/*!40014 SET FOREIGN_KEY_CHECKS=@OLD_FOREIGN_KEY_CHECKS */;
/*!40014 SET UNIQUE_CHECKS=@OLD_UNIQUE_CHECKS */;
/*!40101 SET CHARACTER_SET_CLIENT=@OLD_CHARACTER_SET_CLIENT */;
/*!40101 SET CHARACTER_SET_RESULTS=@OLD_CHARACTER_SET_RESULTS */;
/*!40101 SET COLLATION_CONNECTION=@OLD_COLLATION_CONNECTION */;
/*!40111 SET SQL_NOTES=@OLD_SQL_NOTES */;
-- Dump completed on 2020-12-14 20:26:27
```

2. 备份数据库

使用mysqldump命令可备份一个数据库或多个数据库。

（1）备份一个数据库。

语法格式如下。

```
mysqldump -u username-p dbname > filename.sql
```

说明如下。

- dbname：指定数据库的名称。
- filename.sql：备份文件的名称（文件名前可加上一个绝对路径），通常会将其扩展名备份成sql。

【例9.3】备份teaching数据库到D盘的backup目录下。

```
mysqldump -u root -p teaching>D:\backup\teaching.sql
```

使用mysqldump命令备份teaching数据库，如图9.4所示。

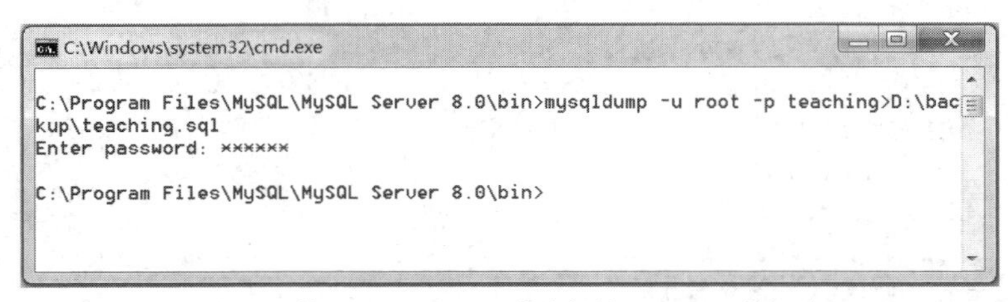
C:\Windows\system32\cmd.exe
C:\Program Files\MySQL\MySQL Server 8.0\bin>mysqldump -u root -p teaching>D:\backup\teaching.sql
Enter password: ******
C:\Program Files\MySQL\MySQL Server 8.0\bin>

图 9.4　使用 mysqldump 命令备份 teaching 数据库

（2）备份多个数据库。

语法格式如下。

```
mysqldump -u username -p -databases [dbname, [dbname…]]> filename.sql
```

说明如下。

- dbname：指定数据库的名称。
- filename.sql：备份文件的名称（文件名前可加上一个绝对路径），通常会将其扩展名备份成sql。

3．备份整个数据库系统

使用mysqldump命令可备份整个数据库系统。

语法格式如下。

```
mysqldump -u username-p -all-databases> filename.sql
```

说明如下。

- -all-database：指定整个数据库系统。
- filename.sql：备份文件的名称（文件名前可加上一个绝对路径），通常会将其扩展名备份成sql。

【例9.4】备份MySQL服务器上的所有数据库到D盘的backup目录下。

```
mysqldump -u root -p --all-databases>D:\backup\alldata.sql
```

使用mysqldump命令备份MySQL服务器上的所有数据库，如图9.5所示。

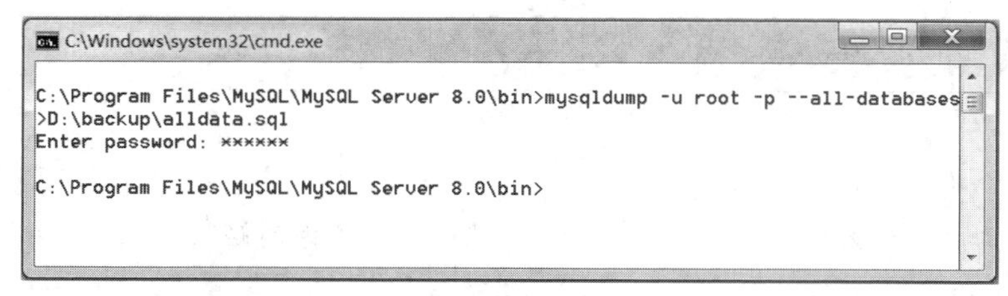
C:\Windows\system32\cmd.exe
C:\Program Files\MySQL\MySQL Server 8.0\bin>mysqldump -u root -p --all-databases>D:\backup\alldata.sql
Enter password: ******
C:\Program Files\MySQL\MySQL Server 8.0\bin>

图 9.5　使用 mysqldump 命令备份 MySQL 服务器上的所有数据库

9.3 恢复数据

MySQL数据库常用的恢复数据方法有使用LOAD DATA INFILE语句导入表数据，使用mysql命令恢复数据等，分别介绍如下。

9.3.1 表数据导入

表数据导入可使用LOAD DATA INFILE语句。

语法格式如下。

```
LOAD DATA [LOCAL] INFILE filename INTO TABLE 'tablename' [OPTIONS] [IGNORE
number LINES]
```

其中，OPTIONS的语法格式如下。

```
FIELDS TERMINATED BY 'value'
FIELDS [OPTIONALLY] ENCLOSED BY 'value'
FIELDS ESCAPED BY 'value'
LINES STARTING BY 'value'
LINES TERMINATED BY 'value'
```

说明如下。

（1）filename：待导入的数据备份文件名。

（2）tablename：指定需要导入数据的表名。

（3）在OPTIONS中可加入以下2个自选的子句，它们的作用是决定数据行在文件中存放的格式。

- FIELDS子句：在FIELDS子句中有3个亚子句，即TERMINATED BY、[OPTIONALLY] ENCLOSED BY和ESCAPED BY。如果指定了FIELDS子句，则这3个亚子句中至少要指定一个亚子句。TERMINATED BY亚子句用来指定字段值之间的符号，例如，TERMINATED BY ','指定了逗号作为两个字段值之间的符号。ENCLOSED BY亚子句用来指定“包裹”文件中字符值的符号，例如，ENCLOSED BY ' " '表示文件中字符值放在双引号之间；若加上关键字OPTIONALLY，则表示所有的值都放在双引号之间。ESCAPED BY亚子句用来指定转义字符，例如，ESCAPED BY '*'将*指定为转义字符（取代\）；若为空格，则表示为*N。
- LINES子句：在LINES子句中使用TERMINATED BY指定一行结束的标志，如LINES TERMINATED BY '?'表示一行以?为结束标志。

【例9.5】 删除teaching数据库中teacher表中的数据后，使用LOAD DATA INFILE语句将例9.1备份的文件teacher.txt导入空表teacher中。

删除teaching数据库中teacher表中的数据。

```
mysql> DELETE FROM teacher;
Query OK, 5 rows affected (0.04 sec)
```

查询teacher表中的数据。teacher表为空表。

```
mysql> SELECT * FROM teacher;
Empty set (0.00 sec)
```

将例9.1备份后的数据导入空表teacher中。

```
mysql> LOAD DATA INFILE 'C:/ProgramData/MySQL/MySQL Server 8.0/Uploads/
teacher.txt'
    ->      INTO TABLE teacher
    ->      FIELDS TERMINATED BY ','
    ->      OPTIONALLY ENCLOSED BY '"'
    ->      LINES TERMINATED BY '?';
Query OK, 5 rows affected (0.07 sec)
Records: 5  Deleted: 0  Skipped: 0  Warnings: 0
```

查询teacher表中的数据。

```
mysql> SELECT * FROM teacher;
```

查询结果如下。

```
+---------+--------+--------+--------------+-------------+-------------+
|teacherno|tname   |tsex    |tbirthday     |title        |school       |
+---------+--------+--------+--------------+-------------+-------------+
|100004   |郭逸超  |男      |1975-07-24    |教授         |计算机学院   |
|100021   |任敏    |女      |1979-10-05    |教授         |计算机学院   |
|120037   |杨静    |女      |1983-03-12    |副教授       |外国语学院   |
|400012   |周章群  |女      |1988-09-21    |讲师         |通信学院     |
|800023   |黄玉杰  |男      |1985-12-18    |副教授       |数学学院     |
+---------+--------+--------+--------------+-------------+-------------+
5 rows in set (0.00 sec)
```

9.3.2 使用mysql命令恢复数据

恢复数据可使用mysql命令。
语法格式如下。

```
mysql -u root -p [dbname]<filename.sql
```

说明如下。

- dbname：待恢复数据库的名称，该选项为可选项。
- filename.sql：备份文件的名称，文件名前可加上一个绝对路径。

【例9.6】 删除teaching数据库中各个表后，用例9.3备份的文件teaching.sql可将它们恢复。

```
mysql -u root -p teaching<D:\backup\teaching.sql
```

使用mysql命令恢复teaching数据库，如图9.6所示。

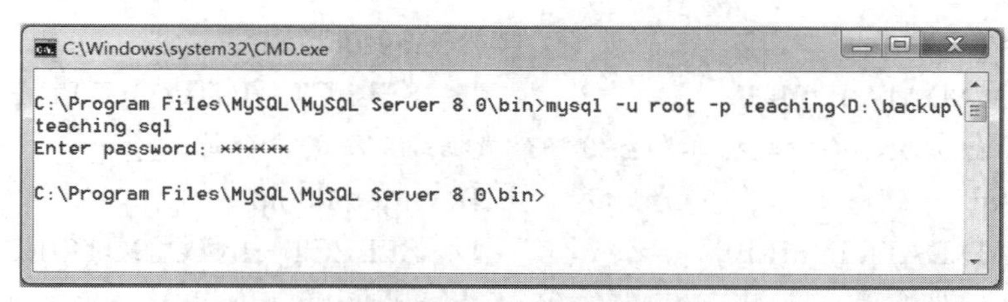
C:\Windows\system32\CMD.exe
C:\Program Files\MySQL\MySQL Server 8.0\bin>mysql -u root -p teaching<D:\backup\teaching.sql
Enter password: ******
C:\Program Files\MySQL\MySQL Server 8.0\bin>

图 9.6 使用 mysql 命令恢复 teaching 数据库

本章小结

本章主要介绍了以下内容。

（1）数据库备份是通过导出数据或复制表文件等方式制作数据库的副本的。数据库恢复是当数据库出现故障或受到破坏时，将数据库备份加载到系统，从而使数据库从错误状态恢复到备份时的正确状态的操作。数据库的恢复以备份为基础，它是与备份相对应的系统维护和管理操作。

（2）MySQL数据库常用的备份数据方法有使用SELECT…INTO OUTFILE语句导出表数据，使用mysqldump命令备份数据等。

使用SELECT…INTO OUTFILE语句可导出表数据的文本文件，但只能导出表的数据内容，而不能导出表结构。

MySQL提供了很多客户端程序和实用工具，MySQL目录下的bin子目录可存储（备份）这些客户端程序。mysqldump命令是存储过程中所使用的命令之一。

mysqldump命令可将数据库的数据备份成一个文本文件，其工作原理是首先查出要备份的表的结构，并在文本文件中生成一个CREATE语句；然后将表中的记录转换成INSERT语句。以后在恢复数据时，就会使用这些CREATE语句和INSERT语句。

mysqldump命令可用于备份表、备份数据库和备份整个数据库系统。

（3）MySQL数据库常用的恢复数据方法有使用LOAD DATA INFILE语句导入表数据，使用mysql命令恢复数据等。

习题 9

一、选择题

9.1 恢复数据库，首先应做的工作是____。

A. 创建表备份　　B. 创建数据库备份

C. 删除表备份　　D. 删除日志备份

9.2 导出表数据的语句是_____。

A. mysql　　B. mysqldump

C. LOAD DATA INFILE　　D. SELECT…INTO OUTFILE

9.3 导入表数据的语句是_____。

A. mysql
B. mysqldump
C. LOAD DATA INFILE
D. SELECT…INTO OUTFILE

9.4 可用于备份表、备份数据库和备份整个数据库系统的命令是____。

A. mysql
B. mysqldump
C. LOAD DATA INFILE
D. SELECT…INTO OUTFILE

二、填空题

9.5 数据库的恢复以____为基础。

9.6 使用SELECT…INTO OUTFILE语句只能导出表的数据内容，而不能导出____。

9.7 mysqldump的工作原理是首先查出要备份的表的结构，并在文本文件中生成一个CREATE语句；然后将表中的记录转换成____语句。

9.8 恢复数据可使用____命令。

三、简答题

9.9 哪些因素可能会造成数据库中的数据丢失或被破坏？

9.10 什么是数据库备份？什么是数据库恢复？

9.11 MySQL数据库常用的备份数据的方法有哪些？

9.12 MySQL数据库常用的恢复数据的方法有哪些？

四、应用题

9.13 导出teaching数据库中student表的数据到文本文件student.txt中。

9.14 删除student表的数据后，再将文本文件student.txt中的数据导入student表中。

9.15 备份teaching数据库中的student表和speciality表。

第10章 事务管理

前面各章介绍的案例中都是一个用户在使用数据库，但实际操作中往往是多个用户共享数据库，存在并发处理问题的情况。事务由一系列数据操作命令组成，是数据库应用程序的基本逻辑操作单元。锁机制用于对多个用户进行并发控制。本章介绍事务的概念和特性、事务控制语句、事务的并发处理和管理锁等内容。

10.1 事务

10.1.1 事务的概念

在MySQL中，事务（transaction）是由作为一个逻辑单元的一条或多条SQL语句组成的，其作用是作为整体永久地修改数据库的内容，或者作为整体取消对数据库的修改。

事务是数据库程序的基本单位，一般地，一个程序包含多个事务。数据存储的逻辑单位是数据块，数据操作的逻辑单位是事务。

现实生活中的银行转账、网上购物、库存控制、股票交易等都是事务的例子。例如，将资金从一个银行账户转到另一个银行账户，第1个操作是从一个银行账户中扣除一定的资金，第2个操作是向另一个银行账户中转入相应的资金，扣除和转入这两个操作必须作为整体永久地记录到数据库中，否则资金将会丢失。如果转账发生问题，则必须同时取消这两个操作。一个事务可以包括多条INSERT、UPDATE和DELETE语句。

10.1.2 事务特性

事务被定义为一个逻辑工作单元，是一组不可分割的SQL语句。数据库理论对事务有更严格的定义，指明事务有4个基本特性，它们被称为ACID特性。每个事务在处理时必须具备ACID特性，即原子性（atomicity）、一致性（consistency）、隔离性（isolation）和持久性（durability）。

1．原子性

事务的原子性是指事务中所包含的所有操作要么全做，要么全不做。事务必须是原子工作单元，即一个事务中包含的所有SQL语句组成一个工作单元。

2．一致性

事务必须确保数据库的状态保持一致。事务开始时，数据库的状态是一致的；当事务结束时，也必须使数据库的状态一致。例如，在事务开始时，数据库的所有数据都满足已设置的各种约束条件和业务规则；在事务结束时，数据虽然不同，但必须依旧满足之前设置的各种约束条件和业务规则。事务把数据库从一个一致性状态带入另一个一致性状态。

3．隔离性

多个事务可以独立运行，彼此不会产生影响。这表明事务必须是独立的，它不应以任何方式依赖于（或影响）其他事务。

4．持久性

一个事务一旦提交，它对数据库中数据的改变将永久有效，即使系统以后崩溃了也是如此。

10.2 事务控制语句

事务的基本操作包括开始、提交、撤销、保存等。在MySQL中，当事务开始时，系统变量@@AUTOCOMMIT的值为1，即自动提交功能是打开的，每当用户输入一条SQL语句，该语句对数据库的修改就会立即被提交成为持久性修改保存到磁盘上，至此一个事务也就结束了。因此，用户必须关闭自动提交功能，这样事务才能由多条SQL语句组成，这可以使用以下语句来实现。

```
SET @@AUTOCOMMIT=0
```

执行此语句后，必须指明每个事务的终止，这样事务中的SQL语句对数据库所做的修改才能成为持久化修改。

1．开始事务

开始事务可以使用START TRANSACTION语句来显式地启动一个事务；另外，当一个应用程序的第一条SQL语句或者在COMMIT或ROLLBACK语句后的第一条SQL语句执行后，一个新的事务也就开始了。

语法格式如下。

```
START TRANSACTION | BEGIN WORK
```

其中，BEGIN WORK语句可以用来替代START TRANSACTION语句，但是START TRANSACTION语句

更为常用。

2．提交事务

COMMIT语句是提交语句，它使从事务开始以来所执行的所有数据修改都将成为数据库的永久部分，其也标志着一个事务的结束。

语法格式如下。

```
COMMIT [WORK] [AND [NO] CHAIN] [[NO] RELEASE]
```

其中，可选的AND CHAIN子句会在当前事务结束时立刻启动一个新事务，并且新事务与刚结束的事务有相同的隔离等级。

注意

MySQL使用的是平面事务模型，因此嵌套的事务是不被允许的。在第1个事务里使用START TRANSACTION命令后，当第2个事务开始时，系统会自动提交第1个事务。同样，下面的这些MySQL语句运行时都会隐式地执行一个COMMIT命令。

- DROP DATABASE / DROP TABLE。
- CREATE INDEX / DROP INDEX。
- ALTER TABLE / RENAME TABLE。
- LOCK TABLES / UNLOCK TABLES。
- SET AUTOCOMMIT=1。

3．撤销事务

撤销事务使用ROLLBACK语句，该语句可以撤销事务对数据所做的修改，并且可以结束当前事务。

语法格式如下。

```
ROLLBACK [WORK] [AND [NO] CHAIN] [[NO] RELEASE]
```

4．设置保存点

ROLLBACK语句除了可以撤销整个事务外，还可以用来使事务回滚到某个点，在这之前需要使用SAVEPOINT语句来设置保存点。

语法格式如下。

```
SAVEPOINT 保存点名
```

ROLLBACK TO SAVEPOINT语句可以使事务回滚到已命名的保存点。如果在保存点被设置后当前事务对数据进行了更改，则这些更改会在回滚时被撤销。

语法格式如下。

```
ROLLBACK [WORK] TO SAVEPOINT保存点名
```

当事务回滚到某个保存点后，在该保存点之后设置的保存点将被删除。

【例10.1】创建trans数据库和customer表，在表中插入记录后，开始第1个事务，更新表的记录，提交第1个事务；开始第2个事务，更新表的记录，回滚第2个事务。

执行过程如下。

（1）查看MySQL隔离级别（隔离级别将在下一节介绍）。

```
mysql> SHOW VARIABLES LIKE 'transaction_isolation';
+------------------------+----------------------------+
|Variable_name           |Value                       |
+------------------------+----------------------------+
|transaction_isolation   |REPEATABLE-READ             |
+------------------------+----------------------------+
1 row in set, 1 warning (0.01 sec)
```

可以看出，MySQL默认的隔离级别为REPEATABLE-READ（可重复读）。

（2）创建trans数据库和customer表，并在表中插入记录。

创建并选择trans数据库：

```
mysql> CREATE DATABASE trans;
Query OK, 1 row affected (0.05 sec)
mysql> USE trans;
Database changed
```

创建customer表：

```
mysql> CREATE TABLE customer
    ->     (
    ->            customerid int,
    ->            name varchar(12)
    ->     );
Query OK, 0 rows affected (0.36 sec)
```

在customer表中插入记录：

```
mysql> INSERT INTO customer
    ->     VALUES(1,'Edward'),
    ->     (2,'Lydia'),
    ->     (3,'Jeanie'),
    ->     (4,'Mike');
Query OK, 4 rows affected (0.03 sec)
Records: 4  Duplicates: 0  Warnings: 0
```

查询customer表：

```
mysql> SELECT * FROM customer;
+----------------+-------------+
|customerid      |name         |
+----------------+-------------+
|               1|Edward       |
|               2|Lydia        |
|               3|Jeanie       |
|               4|Mike         |
+----------------+-------------+
```

```
4 rows in set (0.00 sec)
```

（3）开始第1个事务，更新表的记录，提交第1个事务。

开始第1个事务。

```
mysql> BEGIN WORK;
Query OK, 0 rows affected (0.00 sec)
```

将customer表的第1条记录的用户名更新为Zhou。

```
mysql> UPDATE customer SET name='Zhou' WHERE customerid=1;
Query OK, 1 row affected (0.05 sec)
Rows matched: 1  Changed: 1  Warnings: 0
```

提交第1个事务。

```
mysql> COMMIT;
Query OK, 0 rows affected (0.02 sec)
```

查询customer表，此时第1条记录更新的用户名Zhou已被永久保存。

```
mysql> SELECT * FROM customer;
+----------------+-------------+
|customerid      |name         |
+----------------+-------------+
|               1|Zhou         |
|               2|Lydia        |
|               3|Jeanie       |
|               4|Mike         |
+----------------+-------------+
4 rows in set (0.00 sec)
```

（4）开始第2个事务，更新表的记录，回滚第2个事务。

开始第2个事务。

```
mysql> START TRANSACTION;
Query OK, 0 rows affected (0.00 sec)
```

将customer表的第1条记录的用户名更新为Tang。

```
mysql> UPDATE customer SET name='Tang' WHERE customerid=1;
Query OK, 1 row affected (0.00 sec)
Rows matched: 1  Changed: 1  Warnings: 0
```

查询customer表。

```
mysql> SELECT * FROM customer;
+----------------+-----------+
|customerid      |name       |
+----------------+-----------+
|               1|Tang       |
|               2|Julia      |
```

```
|               3|Simon      |
|               4|Olivia     |
+---------------+-----------+
4 rows in set (0.00 sec)
```

回滚第2个事务。

```
mysql> ROLLBACK;
Query OK, 0 rows affected (0.07 sec)
```

查询customer表，此时第1条记录更新的用户名Tang已被撤销，并恢复为Zhou。

```
mysql> SELECT * FROM customer;
+---------------+-------------+
|customerid     |name         |
+---------------+-------------+
|               1|Zhou        |
|               2|Lydia       |
|               3|Jeanie      |
|               4|Mike        |
+---------------+-------------+
4 rows in set (0.00 sec)
```

10.3 事务的并发处理

在MySQL中，并发控制是通过锁来实现的。如果事务与事务之间存在并发操作，事务的隔离性是通过事务的隔离级别来实现的，而事务的隔离级别是由事务并发处理的锁机制来管理的，由此来保证同一时刻执行多个事务，则一个事务的执行不会被其他事务干扰。

事务隔离级别（transaction isolation level）是一个事务对数据库的修改与并发的另一个事务的隔离程度。

在并发事务中，可能发生以下3种异常情况。

- 脏读（dirty read）：一个事务读取另一个事务未提交的数据。
- 不可重复读（non-repeatable read）：同一个事务前后两次读取的数据不同。
- 幻读（phantom read）：例如，同一个事务前后两条相同的查询语句的查询结果应相同，在此期间另一个事务插入并提交了新记录，而当本事务更新时会发现新插入的记录，这就好像以前读到的数据是幻觉。

问题是时代的声音，回答并指导解决问题是理论的根本任务。为了处理并发事务中可能出现的脏读、不可重复读、幻读等问题，数据库实现了不同级别的事务隔离，以防止事务的相互影响。基于ANSI/ISO SQL规范，MySQL提供了4种事务隔离级别，隔离级别从低到高依次为：未提交读（READ UNCOMMITTED）、提交读（READ COMMITTED）、可重复读（REPEATABLE READ）、可串行化（SERIALIZABLE）。

1．未提交读

该级别提供了事务之间最小限度的隔离，所有事务都可看到其他未提交事务的执行结果。脏读、不可重复读和幻读都允许。该级别很少用于实际应用。

2．提交读

该级别满足了隔离的简单定义，即一个事务只能看见已提交事务所做的改变。该级别不允许脏读，但允许不可重复读和幻读。

3．可重复读

该级别是MySQL默认的事务隔离级别，它确保同一事务内相同的查询语句执行结果一致。该级别不允许不可重复读和脏读，但允许幻读。

4．可串行化

如果隔离级别为可串行化，则用户会一个接一个顺序地执行当前的事务，这保证了事务之间最大限度的隔离。脏读、不可重复读和幻读在该级别都不被允许。

低级别的事务隔离可以提高事务的并发访问性能，但会导致较多的并发问题，例如脏读、不可重复读、幻读等；高级别的事务隔离可以有效避免并发问题，但会降低事务的并发访问性能，可能导致出现大量的锁等待甚至死锁现象。

定义隔离级别可以使用SET TRANSACTION语句。只有支持事务的存储引擎才可以定义一个隔离级别。

语法格式如下。

```
SET [GLOBAL | SESSION] TRANSACTION ISOLATION LEVEL
    ( READ UNCOMMITTED
    | READ COMMITTED
    | REPEATABLE READ
    | SERIALIZABLE )
```

说明如下。

- 如果指定GLOBAL，那么定义的隔离级别将适用于所有的SQL用户；如果指定SESSION，则定义的隔离级别只适用于当前运行的会话和连接。
- MySQL默认为REPEATABLE READ隔离级别。
- 系统变量TX_ISOLATION中存储了事务的隔离级别，可以使用SELECT语句查看当前的隔离级别。

```
mysql> SELECT @@TX_ISOLATION
```

10.4 管理锁

多用户并发访问数据库时，不仅需要通过事务机制，还需要通过锁来避免数据在并发操作过程中引起问题。锁是防止其他事务访问指定资源的手段，它是实现并发控制的主要方法和重要保障。

10.4.1 锁机制

MySQL引入了锁机制管理的并发访问，即通过不同类型的锁来控制多用户并发访问，实现了数据访问的一致性。

锁机制中的基本概念如下。

（1）锁的粒度。锁的粒度是指锁的作用范围。锁的粒度可以分为服务器级锁（server-level locking）和存储引擎级锁（storage-engine-level locking）。InnoDB存储引擎支持表级锁以及行级锁，MyISAM存储引擎支持表级锁。

（2）隐式锁与显式锁。MySQL自动加锁被称为隐式锁，数据库开发人员手动加锁被称为显式锁。

（3）锁的类型。锁的类型包括读锁（read lock）和写锁（write lock），其中读锁也被称为共享锁，写锁也被称为排他锁或者独占锁。读锁允许其他MySQL客户端对数据同时“读”，但不允许其他MySQL客户端对数据同时“写”。写锁既不允许其他MySQL客户端对数据同时“读”，也不允许其他MySQL客户端对数据同时“写”。

10.4.2 锁的级别

MySQL有3种级别的锁，分别介绍如下。

1．表级锁

表级锁指整个表被客户锁定。根据锁的类型，其他客户不能向表中插入记录，甚至从中读数据也会受到限制。表级锁分为读锁（read lock）和写锁（write lock）两种。

LOCK TABLES语句用于锁定当前线程的表。

语法格式如下。

```
LOCK TABLES table_name[AS alias]{READ [LOCAL]|[LOS_PRIORITY]WRITE}
```

说明如下。

（1）表级锁支持以下类型的锁定。

- READ：读锁定，确保用户可以读取表，但是不能修改表。
- WRITE：写锁定，只有锁定该表的用户可以修改表，其他用户无法访问该表。

（2）在锁定表时会隐式地提交所有事务；在开始一个事务时，如START TRANSACTION，会隐式地解开所有表锁定。

（3）在事务表中，系统变量@@AUTOCOMMIT的值必须设为0，否则，MySQL会在调用LOCK TABLES之后立刻释放表锁定，并且很容易形成死锁。

例如，在student 表上设置一个只读锁定。

```
LOCK TABLES student READ;
```

在score表上设置一个写锁定。

```
LOCK TABLES score WRITE;
```

在锁定表以后，可以使用UNLOCK TABLES命令来解除锁定，该命令不需要指出解除锁定的表的名字。

语法格式如下。

```
UNLOCK TABLES;
```

2．行级锁

行级锁相比表级锁或页级锁，对锁定过程提供了更精细的控制。在这种情况下，只有线程使用的行是被锁定的。表中的其他行对于其他线程都是可用的。行级锁并不是由MySQL提供的锁定机制，而是由存储引擎实现的，其中InnoDB的锁定机制就是行级锁定。

行级锁的类型包括共享锁（share lock）、排他锁（exclusive lock）和意向锁（intention lock）。共享锁（S）又被称为读锁，排他锁（X）又被称为写锁。

（1）共享锁。如果事务T1获得了数据行D上的共享锁，则T1对数据行D可以读但不可以写。若事务T1对数据行D加上共享锁，则其他事务对数据行D的排他锁请求不会成功，而对数据行D的共享锁请求可以成功。

（2）排他锁。如果事务T1获得了数据行D上的排他锁，则T1对数据行既可读又可写。若事务T1对数据行D加上排他锁，则其他事务对数据行D的任务封锁请求都不会成功，直至事务T1释放数据行D上的排他锁。

（3）意向锁。意向锁是一种表级锁，锁定的粒度是整张表。意向锁指如果对一个结点加意向锁，则说明该结点的下层结点正在被加锁。

意向锁分为意向共享锁（IS）和意向排他锁（IX）两类。

- 意向共享锁：事务在向表中的某些行加共享锁时，MySQL会自动地向该表施加意向共享锁（IS）。
- 意向排他锁：事务在向表中的某些行加排他锁时，MySQL会自动地向该表施加意向排他锁（IX）。MySQL行级锁的兼容性如表10.1所示。

表10.1　MySQL行级锁的兼容性

锁名	排他锁（X）	共享锁（S）	意向排他锁（IX）	意向共享锁（IS）
X	互斥	互斥	互斥	互斥
S	互斥	兼容	互斥	兼容
IX	互斥	互斥	兼容	兼容
IS	互斥	兼容	兼容	兼容

3．页级锁

MySQL将锁定表中的某些行称作页，被锁定的行仅对于锁定最初的线程是可行的。

10.4.3 死锁

1．死锁发生的原因

两个或两个以上的事务分别申请封锁对方已经封锁的数据对象，导致长期等待而无法继续运行下去的现象被称为死锁。

例如，事务T1封锁了数据R1，事务T2封锁了数据R2，然后T1又请求封锁R2，但T2已封锁了R2，于是T1等待T2释放R2上的锁；接着T2又申请封锁R1，但T1已封锁了R1，T2也只能等待T1释放R1上的锁。这样就形成了T1等待T2，而T2又等待T1的局面，T1和T2两个事务永远不能结束，这就发生了死锁。

死锁是指事务永远不会释放它们所占用的锁，死锁中的两个或两个以上的事务都将无限期地等待下去。

2．对死锁的处理

在MySQL的InnoDB存储引擎中，当检测到死锁时，通常会使一个事务释放锁并回滚，而让另一个事务获得锁并继续完成事务。

3．避免死锁的方法

通常情况下，由程序开发人员通过调整业务流程、事务大小、数据库访问的SQL语句来避免死锁发生。绝大多数死锁都可以避免。

避免死锁的几种常用方法如下。

- 在应用中，如果不同的程序会并发存取多个表，则应尽量约定以相同的顺序来访问表，这样可以大幅度降低产生死锁的概率。
- 在程序以批量方式处理数据的时候，如果事先对数据排序，保证每个线程按固定的顺序来处理记录，则也可以大幅度降低产生死锁的概率。
- 在事务中，如果要更新记录，则应直接申请级别足够的锁，即排他锁，而不应先申请共享锁，更新时再申请排他锁。

本章小结

本章主要介绍了以下内容。

（1）在MySQL中，事务是由作为一个逻辑单元的一条或多条SQL语句组成的。其作用是作为整体永久地修改数据库的内容，或者作为整体取消对数据库的修改。

（2）事务有4个基本特性（它们被称为ACID特性），即原子性（atomicity）、一致性（consistency）、隔离性（isolation）和持久性（durability）。

（3）事务的基本操作包括开始、提交、撤销和保存等。

开始事务使用START TRANSACTION语句或BEGIN WORK语句，提交事务使用COMMIT语句，撤销事务使用ROLLBACK语句，设置保存点使用SAVEPOINT语句。

（4）为了处理并发事务中可能出现的脏读、不可重复读、幻读等问题，数据库实现了不同级别的事务隔离，以防止事务的相互影响。基于ANSI/ISO SQL规范，MySQL提供了4种事务隔离级别。隔离级别从低到高依次为：未提交读（READ UNCOMMITTED）、提交读（READ COMMITTED）、可重复读（REPEATABLE READ）、可串行化（SERIALIZABLE）。

（5）MySQL有3种级别的锁。

表级锁指整个表被客户锁定。表级锁分为读锁和写锁两种。

行级锁比表级锁或页级锁对锁定过程提供了更精细的控制。行级锁的类型包括共享锁、排他锁和意向锁。共享锁又被称为读锁，排他锁又被称为写锁。

MySQL将锁定表中的某些行称作页，被锁定的行仅对于锁定最初的线程是可行的。

（6）两个或两个以上的事务分别申请封锁对方已经封锁的数据对象，导致长期等待而无法继续运行下去的现象被称为死锁。

在MySQL的InnoDB存储引擎中，当检测到死锁时，通常会使一个事务释放锁并回滚，而让另一个事务获得锁并继续完成事务。

习题 10

一、选择题

10.1 在一个事务执行的过程中，正在访问的数据被其他事务修改，导致处理结果不正确，是违背了____。

A. 原子性 B. 一致性 C. 隔离性 D. 持久性

10.2 “一个事务一旦提交，它对数据库中数据的改变将永久有效，即使系统以后崩溃了也是如此”，该性质是____。

A. 原子性 B. 一致性 C. 隔离性 D. 持久性

10.3 ____语句会结束事务。

A. SAVEPOINT B. COMMIT

C. END TRANSACTION D. ROLLBACK TO SAVEPOINT

10.4 下列关键字____与事务控制无关。

A. COMMIT B. SAVEPOINT

C. DECLARE D. ROLLBACK

10.5 MySQL中的锁不包括____。

A. 插入锁 B. 排他锁 C. 共享锁 D. 意向排他锁

10.6 事务隔离级别不包括____。

A. READ UNCOMMITTED B. READ COMMITTED

C. REPETABLE READ D. REPETABLE ONLY

二、填空题

10.7 事务的特性有原子性、____、隔离性、持久性。

10.8 锁机制有____、共享锁两类。

10.9 事务处理可能存在的三种问题是脏读、不可重复读、____。

10.10 在MySQL中使用____命令提交事务。

10.11 在MySQL中使用____命令回滚事务。

10.12 在MySQL中使用____命令设置保存点。

10.13 事务的基本操作包括开始、____、撤销、保存等。

10.14 行级锁的类型包括共享锁、排他锁和____。

三、简答题

10.15 什么是事务？

10.16 COMMIT语句和ROLLBACK语句各有何功能？

10.17 保存点的作用是什么？怎样设置它？

10.18 什么是并发事务？什么是锁机制？

10.19 MySQL提供了哪几种事务隔离级别？怎样设置事务隔离级别？

10.20 MySQL有哪几种锁的级别？简述各级锁的特点。

10.21 什么是死锁？列举避免产生死锁的方法。

第11章 PHP和MySQL教学管理系统开发

对于教学管理系统teachingManage，本书选用PHP 7.3.4、MySQL 8.0.18、Apache 2.4.39在Windows 7环境下进行Web项目开发。本章主要内容有：PHP简介、教学项目数据库创建、PHP开发环境搭建、教学管理系统开发。

11.1 PHP简介

PHP（page hypertext preprocessor，页面超文本预处理器）是Web开发组件中最重要的组件，下面分别介绍PHP基本概念和特点、运行环境和运行过程。

11.1.1 PHP基本概念和特点

PHP起源于1995年，最初由丹麦的拉斯马斯·勒德尔夫（Rasmus Lerdorf）创建，目前PHP版本已发布至PHP 8。

PHP常与免费的Web服务器Apache和免费的数据库MySQL配合使用于Linux和Windows平台，由此形成了两种架构方式：LAMP（Linux+Apache+MySQL +Perl/PHP/Python）和WAMP（Windows+Apache+MySQL +Perl/PHP/Python）。

1．PHP基本概念

PHP是服务器端嵌入HTML中的脚本语言。下面从服务器端的语言、嵌入HTML中的语言和脚本语言分别进行介绍。

（1）服务器端的语言。开发Web应用，既需要有客户端界面的语言，又需要有服务器端业务流程的语言。PHP是服务器端的语言，只能在服务器端运行，而不会传到客户端。当用户请求访问服务器时，PHP会根据用户的不同请求，在服务器中完成相应的业务操作，并将结果通过服务器返回给用户。

（2）嵌入HTML中的语言。在HTML代码中可通过一些特殊标识符嵌入各种语言。在HTML中嵌入的PHP代码需要在服务器中先运行完成（如果有输出，则输出结果中的字符串会嵌入原来的PHP代码处），再和HTML代码一起响应给客户端浏览器进行解析。

（3）脚本语言。脚本语言又被称为动态语言。PHP脚本语言以文本格式保存，在被调用时解释执行。

2．PHP特点

PHP具有开发成本低、开放源代码、开发效率高、跨平台、广泛支持多种数据库、基于Web服务器、安全性好、面向对象编程、简单易学等特点。

（1）开发成本低、开放源代码、开发效率高。PHP开放源代码，本身免费，具有开发成本低、开发效率高的特点。

（2）跨平台。PHP目前几乎可以在所有主流的操作系统上运行，包括Linux、UNIX、Microsoft Windows、macOS等。PHP支持大多数的Web服务器，包括Apache、IIS、iPlanet、Personal Web Server等。

（3）广泛支持多种数据库。PHP能够支持目前绝大多数的数据库，如MySQL、SQL Server、Oracle、PostgreSQL、Db2等，并完全支持ODBC，可以连接任何支持该标准的数据库。PHP+MySQL是绝佳的组合，该组合可以跨平台运行。

（4）基于Web服务器。常见的Web服务器有：运行PHP脚本的Apache服务器，运行JSP脚本的Tomcat服务器，运行ASP、ASP.NET脚本的IIS服务器。PHP运行在Apache服务器上，其运行速度只与服务器的速度有关。

（5）安全性好。由于PHP本身的源代码开放，所以它的代码被许多工程师进行了检测，同时它与Apache编译在一起的方式也让它具有灵活的安全设定。到现在为止，PHP具有公认的安全性。

（6）面向对象编程。PHP新版本提供面向对象编程，这不仅提高了代码的重用率，而且为编写代码提供了方便。

（7）简单易学。PHP程序开发效率高、学习快。用户只需要很少的编程知识，就能够使用PHP创建一个基于Web服务器的应用系统。

11.1.2 PHP运行环境

PHP脚本程序的运行不仅需要Web服务器、PHP和Web浏览器的支持，还需要从数据库服务器中获取和保存数据。

1．Web服务器

Web服务器（Web server）又名WWW（World Wide Web，万维网）服务器，用于处理HTTP请求、存储大量的网络资源。

单纯的Web服务器只能响应HTML静态页面的请求，例如不包含任何PHP代码的HTML页面的请求。如果浏览器请求的是动态页面，例如HTML页面中包含PHP代码，则Web服务器会委托PHP将该动态页面解释为HTML静态页面，然后将解释后的静态页面返回给浏览器进行显示。

Apache服务器是免费和开放源代码的Web服务器，其跨平台特性使自身可在多种操作系统中运行。它快速、可靠、易于扩展，具有强大的安全性。在Web服务器软件市场份额中，Apache服务器排名大幅度领先于IIS服务器。目前，Apache服务器成为了网站Web服务器的最佳选择。

2．PHP

PHP实现对PHP文件的解析（和编译），即将PHP程序中的代码解释为文本信息，这些文本信息可以包含HTML代码。

PHP作为一种Web编程语言，主要用于开发服务器端应用程序及动态页面，其市场份额仅次于Java，但在中小型企业中，PHP的市场份额是高于Java的。

PHP语言风格类似于C语言，其语法既包含自创的新语法，又混合了C、Java、Perl等语言的语法。和C/C++、Java相比，PHP更易上手。

3．Web浏览器

Web浏览器（Web browser）又被称为网页浏览器。浏览器是用户常用的客户端程序，用于显示HTML网页的内容，并使用户与网页内容产生交互。常用的浏览器有Internet Explorer（IE）、Chrome等。

4．数据库服务器

数据库服务器（database server）是一套为应用程序提供数据管理服务的软件，包括数据管理服务（例如数据的查询、增加、修改、删除）、事务管理服务、索引服务、高速缓存服务、查询优化服务、安全及多用户存取控制服务等。常见的数据库服务器有MySQL、Oracle、Db2、SQL Server、Sybase等。MySQL由于具有成本低、速度快、体积小等优点，因此被广泛应用于中小型网站中。

11.1.3 PHP运行过程

PHP运行过程如下。

（1）客户端浏览器向Apache服务器发送请求指定页面，例如goods.php页面。

（2）Apache服务器收到客户端请求后，查找goods.php页面。

（3）Apache服务器调用PHP以将PHP脚本解释成客户端代码HTML。

（4）Apache服务器将解释后的代码发送给客户端浏览器。

（5）客户端浏览器对代码进行解释执行，以使用户能够浏览请求的页面。

11.2 教学项目数据库创建

1．创建数据库

创建教学项目数据库teachingpj，语句如下。

```
mysql> CREATE DATABASE teachingpj;
```

2．创建表和视图

在数据库teachingpj中有学生表student、课程表course、成绩表score和成绩单视图V_StudentCourseScore。student、course、score表的结构分别如表11.1、表11.2、表11.3所示。

表11.1 student表的结构

列名	数据类型	允许null值	键	默认值	说明
sno	char(6)	×	主键	无	学号
sname	char(8)	×		无	姓名
ssex	char(2)	×		男	性别
sbirthday	date	×		无	出生日期
native	char(8)	√		无	籍贯
tc	tinyint	√		无	总学分
specialityno	char(6)	×		无	专业代码

表11.2 course表的结构

列名	数据类型	允许null值	键	默认值	说明
cno	char(4)	×	主键	无	课程号
cname	char(16)	×		无	课程名
credit	tinyint	√		无	学分

表11.3 score表的结构

列名	数据类型	允许null值	键	默认值	说明
sno	char(6)	×	主键	无	学号
cno	char(4)	×	主键	无	课程号
grade	tinyint	√		无	成绩

成绩单视图V_StudentCourseScore的列名为学号sno、姓名sname、课程名cname和成绩grade，其中，sno列和sname列来源于student表，cname列来源于course表，grade列来源于score表。

创建视图V_StudentCourseScore的语句如下。

```
mysql> CREATE OR REPLACE VIEW V_StudentCourseScore
    -> AS
    -> SELECT a.sno, sname, cname, grade
    -> FROM student a, course b, score c
    -> WHERE a.sno=c.sno AND b.cno=c.cno;
```

11.3 PHP开发环境搭建

搭建PHP开发环境有两种方法：一种是搭建PHP分立组件环境，另一种是搭建PHP集成软件环境。由于搭建PHP分立组件环境的过程较为复杂，为了帮助读者快速搭建环境，较快进入PHP项目的开发，本书仅介绍搭建PHP集成软件环境。

11.3.1 PHP集成软件环境的搭建

在网上有很多PHP集成软件可以免费下载，例如phpStudy、WampServer、AppServ等。本书选用其中的phpStudy。

phpStudy是一个PHP集成软件，该软件集成了最新的Apache、PHP、MySQL，内置了PHP开发工具包，如phpMyAdmin、Redis等。phpStudy安装完成无须配置即可使用，十分简便。

1．phpStudy安装

在官网下载phpStudy软件包，选择Windows版本phpStudy v8.1。本书选择操作系统的位数为64位，下载得到phpStudy_64压缩文件，将其解压缩后可得到一个自解压文件phpstudy_x64_8.1.0.1.exe。双击phpstudy_x64_8.1.0.1.exe，出现选择安装路径对话框，单击“是”按钮，即可开始执行安装操作。

2．phpStudy启动

选择“开始”→“所有程序”→“phpstudy_pro”文件夹→“phpstudy_pro”命令，选择图11.1左栏的“首页”，在右栏“套件”中单击Apache2.4.39右边的“启动”按钮，即可启动Apache服务器。

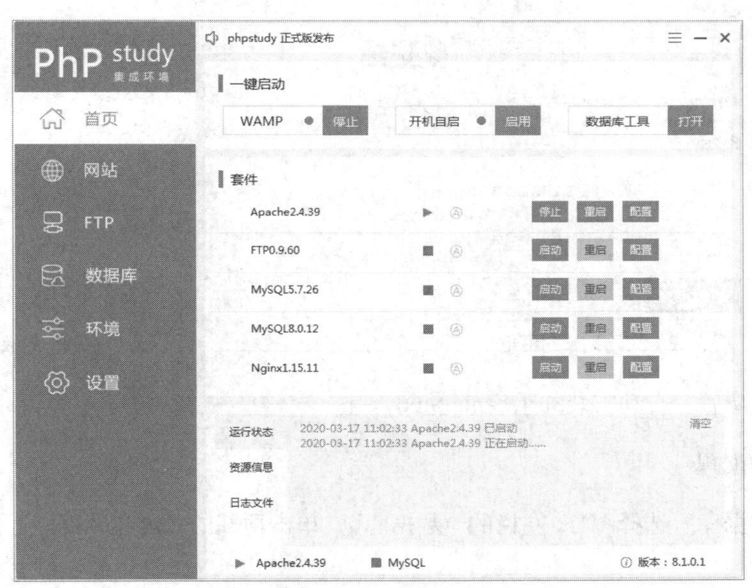

图 11.1 启动 Apache 服务器

使用同样的方法，可启动MySQL8.0.12数据库。

3．站点的创建与管理

选择图11.1左栏的“网站”，单击左上角的“创建网站”按钮，在弹出的对话框中打开“基本配置”选项卡，在其中的“域名”中输入域名，这里是localhost；“端口”中输入端口号，默认为80端口；“根目录”中输入Web项目所在的目录，这里是D:/proj；“PHP版本”中选择PHP版本，这里是php7.3.4nts，单击“确认”按钮，如图11.2所示。

如果创建网站后需要更改基本配置中输入的内容，则可单击“网站”界面右边的“管理”按钮，在弹出的菜单中选择“修改”命令进行修改。

4．PHP版本切换

phpStudy可在php5.2.17nts～php7.3.4nts的多个版本间进行切换。

PHP版本切换步骤如下。

（1）选择图11.1左栏的“网站”，选择需要切换PHP版本的项目的网站，这里是编号为1的网站。

（2）单击该项目右边的“管理”按钮，在弹出的菜单中选择“php版本”，如果需要的版本不在列表中，则可单击“更多版本”，这里选择php5.6.9nts，单击“安装”按钮，即可开始在线下载，如图11.3所示。

图 11.2 “网站”对话框

图 11.3 PHP 版本切换

（3）下载成功后，自动安装并重启phpStudy。

5．MySQL配置

（1）创建数据库。选择图11.1左栏的“数据库”，单击顶部的“创建数据库”按钮，即可创建数据库。

（2）修改root密码。选择图11.1左栏的“数据库”，单击顶部的“修改root密码”按钮，即可进行root密码修改。密码要有一定的复杂度，最好不少于6位。

（3）安装phpMyAdmin。phpMyAdmin是使用PHP语言开发的MySQL数据库管理软件，它界面友好、功能强大、与PHP结合紧密、使用简便。

选择左栏的“环境”，在管理工具phpMyAdmin的右边单击“安装”按钮，即可进行安装。

11.3.2 PHP开发工具

为了提高开发效率，在搭建好PHP开发环境后，还须选择PHP开发工具。PHP开发工具很多，有Eclipse、PhpStorm等，本书选择Zend Eclipse PDT 3.8（Windows平台）。

1．安装和启动Eclipse PDT

（1）安装JRE。Eclipse需要JRE支持，JRE包含在JDK内，所以需要首先安装JDK。本书下载的JDK文件为jdk-8u241-windows-i586.exe，双击文件图标以启动安装向导，直至安装完成。JRE安装目录：C:\Program Files (x86)\Java\jdk1.8.0_241\jre。

（2）安装Eclipse PDT。下载Zend Eclipse PDT，并将下载的打包文件解压，双击其中的zend-eclipse-php.exe文件，即可运行Eclipse。

Eclipse启动画面如图11.4所示，启动后自动进行配置，并提示选择工作空间，如图11.5所示。

图 11.4　Eclipse 启动画面

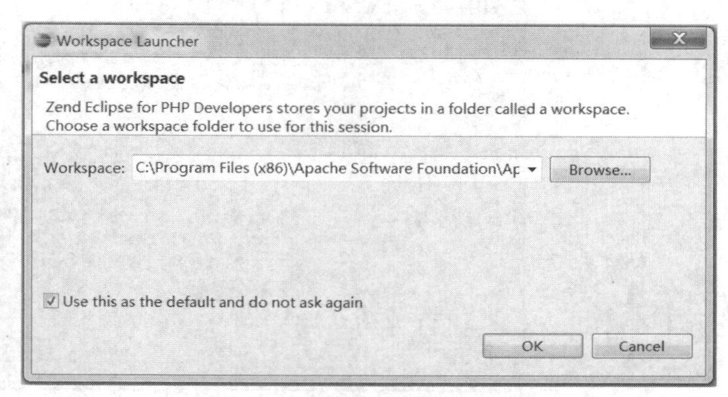

图 11.5　选择工作空间

单击“OK”按钮，出现Eclipse主界面，如图11.6所示。

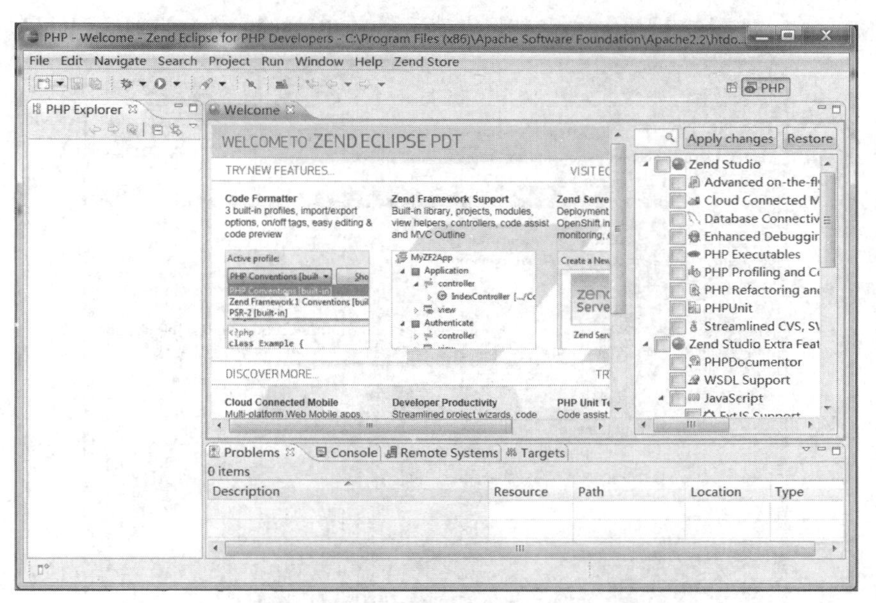

图 11.6　Eclipse 主界面

2．创建PHP项目

新建项目，项目命名为teachingManage，其所在的Windows文件夹为D:\proj。该文件夹需要在Windows中提前建好。

创建PHP项目步骤如下。

（1）启动Eclipse，选择“File”→“New”→“Local PHP Project”命令。

（2）在弹出的窗口的“Project Name”中输入项目名称teachingManage；在“Location”中输入项目所在的文件夹D:\proj，如图11.7所示。

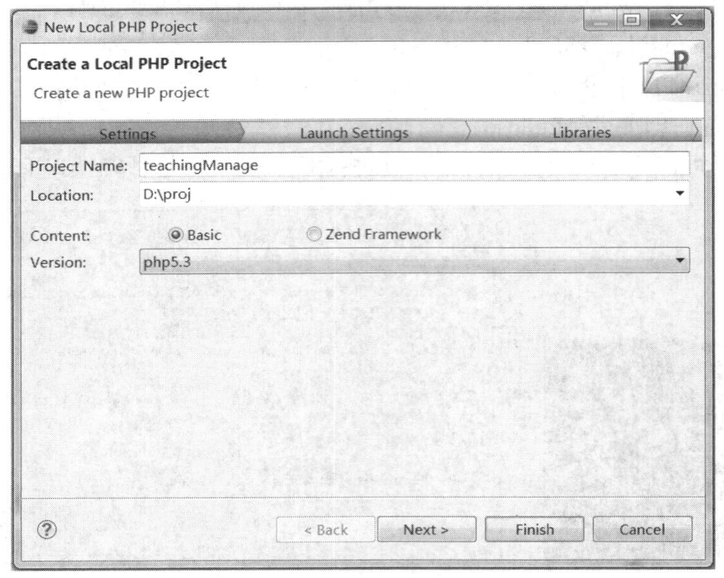

图 11.7　输入项目名称及项目所在的文件夹

（3）单击“Next”按钮，出现项目路径信息窗口，系统默认项目位于本机localhost，基准路径为/teachingManage/，如图11.8所示。由此项目启动运行的URL为http://localhost/teachingManage/。

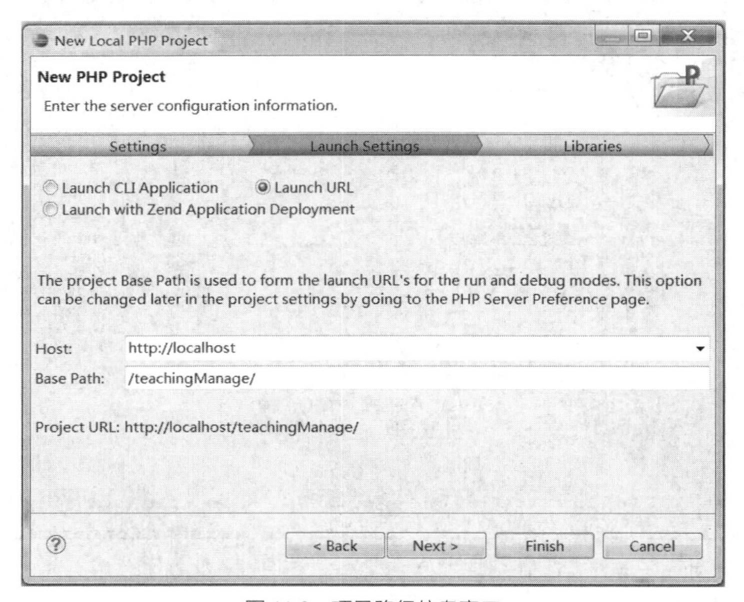

图 11.8　项目路径信息窗口

（4）单击“Finish”按钮，Eclipse在工作界面“PHP Explorer”区域出现一个“teachingManage”项目树，右击该项目树，在弹出的快捷菜单中选择“New”→“PHP File”命令，即可创建PHP

源文件，如图11.9所示。

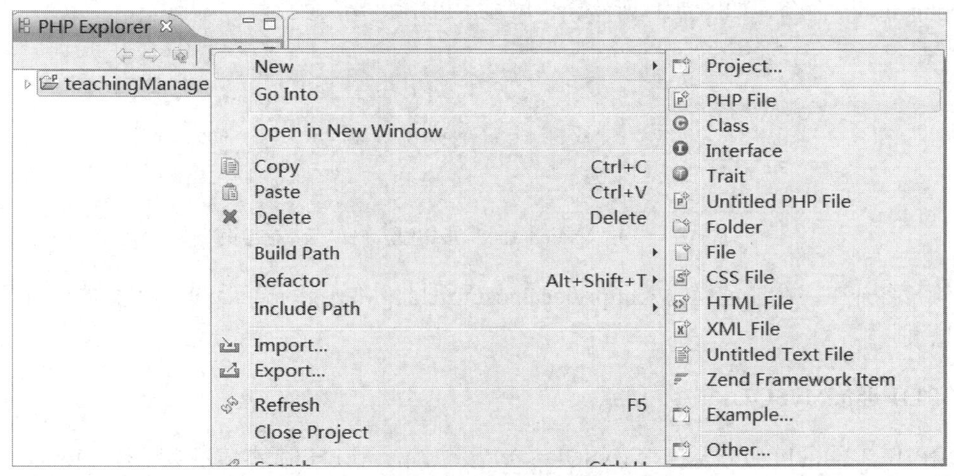

图 11.9 创建 PHP 源文件

3．测试PHP版本信息页

创建PHP项目时，Eclipse已在项目树中建立了一个index.php文件，供用户编写PHP代码。打开该文件，输入以下PHP代码。

```
<?php
    phpinfo();
?>
```

保存后右击该文件，在弹出的快捷菜单中选择“Run As”→“PHP Web Application”命令，显示PHP版本信息页，如图11.10所示。

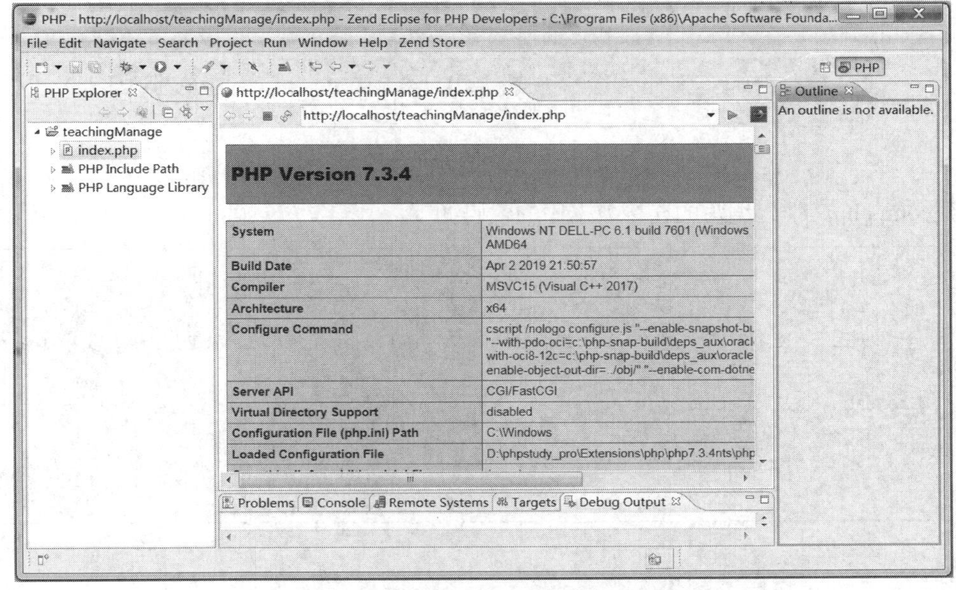

图 11.10 PHP 版本信息页

单击工具栏中“Run index”按钮右侧的下拉按钮，从弹出的菜单中选择“Run As”→“PHP Web Application”命令，如图11.11所示，也可显示PHP版本信息页。

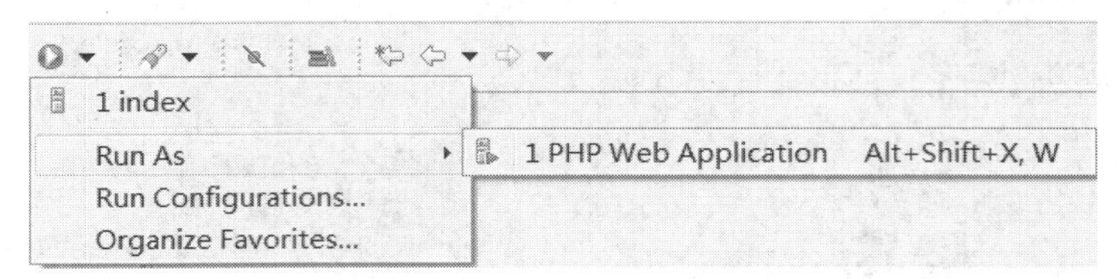

图 11.11 通过“Run index”按钮显示 PHP 版本信息页

此外，打开IE，在地址栏输入http://localhost/teachingManage/index.php，浏览器也可显示PHP版本信息页。

4．PHP连接MySQL

采用PHP 7.3.4的PDO方式连接MySQL 8.0.12数据库，在PHP版本信息页中按“Enter”键，可以发现PDO支持项中有一项mysql，如图11.12所示。

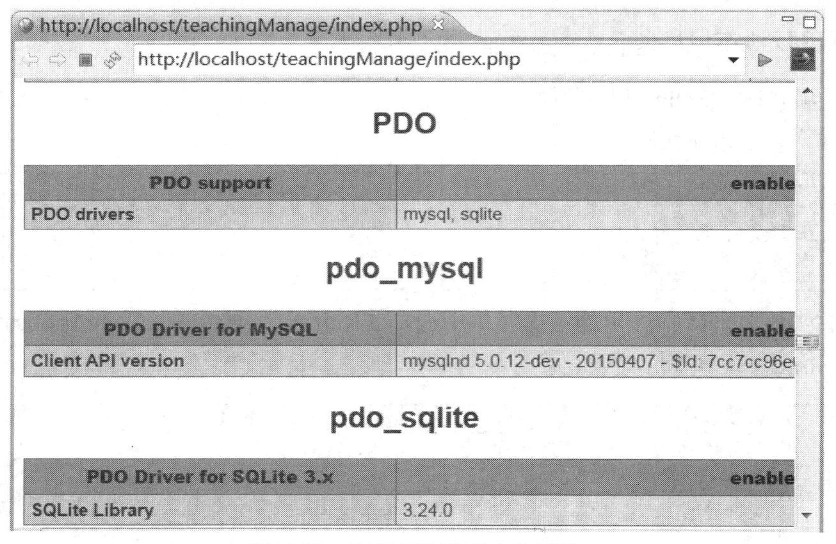

图 11.12 PHP 内置 MySQL 的 PDO

创建conn.php文件，编写的连接数据库的代码如下。

```
<?php
    try {
        $db = new PDO("mysql:host=localhost;dbname=teachingpj", "root",
              "123456");
    }catch(PDOException $e) {
        echo "数据库连接失败: ".$e->getMessage();
    }
?>
```

11.4 教学管理系统开发

只有把理论知识同具体实际相结合，才能正确回答实践提出的问题。本节我们开发一个教学管理系统，以扎实提升读者的实战能力。

教学管理系统开发包括主界面开发、学生管理界面开发与功能实现，分别介绍如下。

11.4.1 主界面开发

主界面采用网页中的框架来开发。

1．启动页

启动页文件名为index.html，代码如下。

```
<html>
<head>
    <meta http-equiv="Content-Type" content="text/html; charset=utf-8" />
    <title>教学管理系统</title>
</head>
<body topMargin="0" leftMargin="0" bottomMargin="0" rightMargin="0">
    <table width="675" border="0" align="center" cellpadding="0"
cellspacing="0" style="width: 778px; ">
        <tr>
            <td><img src="images/stinfo.jpg" width="790" height="97"></td>
        </tr>
        <tr>
            <td><iframe src="frame.html" width="790" height="350"></
                iframe></td>
        </tr>
    </table>
</body>
</html>
```

启动页分为两个部分，上面部分为一张图片，下面部分为框架页。

2．框架页

框架页文件名为frame.html，代码如下。

```
<html>
<head>
    <meta http-equiv="Content-type" content="text/html; charset=utf-8"/>
    <title>教学管理系统</title>
</head>
<frameset cols="217,*">
    <frame frameborder=0 src="http://localhost/teachingManage/nav.php"
    name="frmleft" scrolling="no" noresize>
    <frame frameborder=0 src="maincolor.html" name="frmmain"
    scrolling="no" noresize>
</frameset>
</html>
```

框架页左区用于启动导航页，右区用于显示各个功能界面。

3．导航页

导航页文件名为nav.html，代码如下。

```
<html>
<head>
    <title>功能选择</title>
</head>
<body bgcolor="D9DFAA">
    <table bgcolor="D9DFAA" width="200" height="170">
        <tr>
            <td align="center"><input type="button" value="学生管理"
            onclick=parent.frmmain.location="stuInfo.php"></td>
        </tr>
        <tr>
            <td align="center"><input type="button" value="课程管理"
            onclick=parent.frmmain.location="couInfo.php"></td>
        </tr>
        <tr>
            <td align="center"><input type="button" value="成绩管理"
            onclick=parent.frmmain.location="scoInfo.php"></td>
        </tr>
    </table>
</body>
</html>
```

导航页的3个导航按钮分别定位到PHP源文件，stuInfo.php实现学生管理界面和功能，couInfo.php实现课程管理界面和功能，scoInfo.php实现成绩管理界面和功能。

4．主页

打开IE，在地址栏输入http://localhost/teachingManage/index.html，浏览器会显示教学管理系统主页，如图11.13所示。

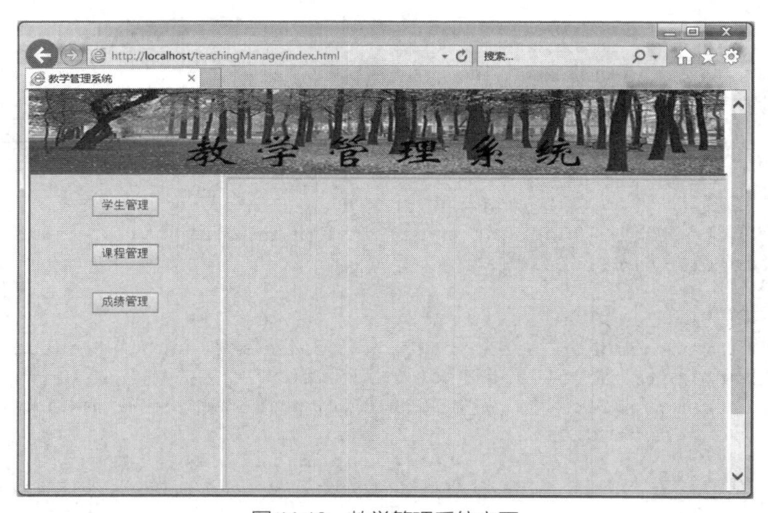

图 11.13　教学管理系统主页

11.4.2 学生管理界面开发与功能实现

学生管理界面和功能如图11.14所示。

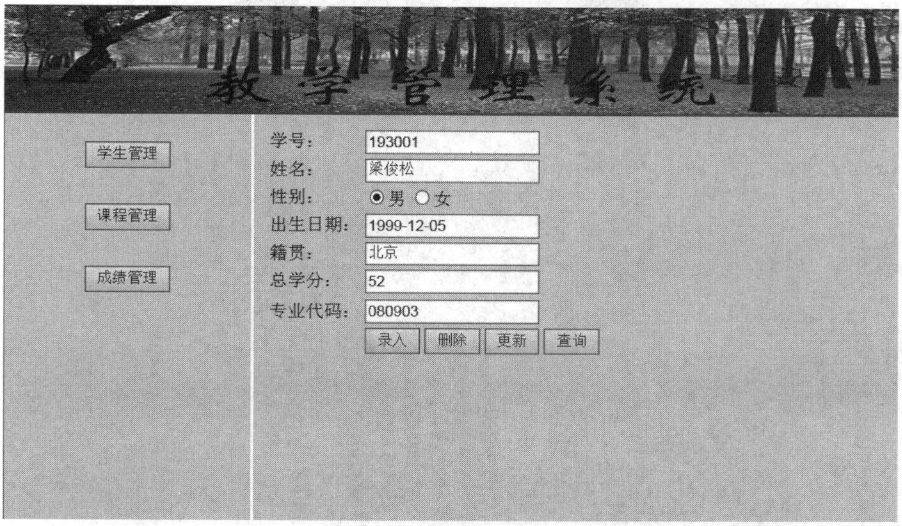

图 11.14 学生管理界面和功能

1．学生管理界面开发

学生管理界面由stuInfo.php文件实现，代码如下。

```
<?php
    session_start();                                    //启动SESSION
//接收会话传回的变量以便在页面显示
    $sno = $_SESSION['sno'];                            //学号
    $sname = $_SESSION['sname'];                        //姓名
    $ssex = $_SESSION['ssex'];                          //性别
    $sbirthday = $_SESSION['sbirthday'];                //出生日期
    $native = $_SESSION['native'];                      //籍贯
    $tc = $_SESSION['tc'];                              //总学分
    $specialityno = $_SESSION['specialityno'];          //专业代码
?>
<html>
<head>
    <title>学生管理</title>
</head>
<body bgcolor="D9DFAA">
<form method="post" action="stuAction.php" enctype="multipart/form-data">
    <table>
        <tr>
            <td>
                <table>
                    <tr>
                        <td>学号：</td><td><input type="text" name="sno"
                        value="<?php echo @$sno;?>"/></td>
```

```
                    </tr>
                    <tr>
                        <td>姓名：</td><td><input type="text" name="sname"
                        value="<?php echo @$sname;?>"/></td>
                    </tr>
                    <tr>
                        <td>性别：</td>
                        <?php if ($ssex=="女") { ?>
                        <td>
                            <input type="radio" name="ssex" value="男">男
                            <input type="radio" name="ssex" value="女"
                            checked="checked">女
                        </td>
                        <?php } else { ?>
                        <td>
                            <input type="radio" name="ssex" value="男"
                            checked="checked">男
                            <input type="radio" name="ssex" value="女">女
                        </td>
                        <?php } ?>
                    </tr>
                    <tr>
                        <td>出生日期：</td><td><input type="text"
                        name="sbirthday" value="<?php echo @$sbirthday;?>"/></td>
                    </tr>
                    <tr>
                        <td>籍贯：</td><td><input type="text" name="native"
                        value="<?php echo @$native;?>"/></td>
                    </tr>
                    <tr>
                        <td>总学分：</td><td><input type="text" name="tc"
                        value="<?php echo @$tc;?>"/></td>
                    </tr>
                    <tr>
                        <td>专业代码：</td><td><input type="text"
                        name="specialityno" value="<?php echo @$specialityno;?>"/></td>
                    </tr>
                    <tr>
                        <td></td>
                        <td>
                            <input name="btn" type="submit" value="录入">
                            <input name="btn" type="submit" value="删除">
                            <input name="btn" type="submit" value="更新">
                            <input name="btn" type="submit" value="查询">
                        </td>
                    </tr>
                </table>
            </td>
            <td>
            </td>
        </tr>
    </table>
```

```
</form>
</body>
</html>
```

2．学生管理功能实现

学生管理功能由stuActoin.php文件实现，该文件以POST方式接收stuInfo.php页面提交的表单数据，并对学生信息进行增加、删除、更新、查询等操作。

stuActoin.php文件代码如下。

```
<?php
    include "conn.php";                                      //包含连接数据库的PHP文件
    include "stuInfo.php";                                   //包含前端页面的PHP页面

//以POST方式接收stuInfo.php页面提交的表单数据
    $sno = @$_POST['sno'];                                   //学号
    $sname = @$_POST['sname'];                               //姓名
    $ssex = @$_POST['ssex'];                                 //性别
    $sbirthday = @$_POST['sbirthday'];                       //出生日期
    $native = @$_POST['native'];                             //籍贯
    $tc = @$_POST['tc'];                                     //总学分
    $specialityno = @$_POST['specialityno'];                 //专业代码
    $search_sql = "select * from student where sn o ='$sno'";//查找“学生”信息
    $search_result = $db->query($search_sql);
    //录入功能
    if(@$_POST["btn"] == '录入') {                           //单击“录入”按钮
    $count = $search_result->rowCount();
        if($search_result->rowCount() != 0)//要录入的学号已经存在时提示
            echo "<script>alert('该学生已经存在！');location.href='stuInfo.
            php';</script>";
        else {
            $ins_sql = "insert into student values('$sno', '$sname',
            '$ssex', $sbirthday', '$native', '$tc', '$specialityno')";
            $ins_result = $db->query($ins_sql);
            if($ins_result->rowCount() != 0) {
                echo "<script>alert('录入成功！');location.href='stuInfo.
                php';</script>";
            }else
                echo "<script>alert('录入失败，请检查输入信息！');location.
                href='stuInfo.php';</script>";
        }
    }

    //删除功能
    if(@$_POST["btn"] == '删除') {                           //单击“删除”按钮
        $_SESSION['sno'] = $sno;                             //将输入的学号用SESSION保存
        if($search_result->rowCount() == 0) //要删除的学号不存在时提示
            echo "<script>alert('该学生不存在！');location.href='stuInfo.
            php';</script>";
        else {
        //处理学号存在的情况
```

```
            $del_sql = "delete from student where sno ='$sno'";
            $del_affected = $db->exec($del_sql);
            if($del_affected) {
                $_SESSION['sno'] = '';
                $_SESSION['sname'] = '';
                $_SESSION['ssex'] = '';
                $_SESSION['sbirthday'] = '';
                $_SESSION['native'] = '';
                $_SESSION['tc'] = '';
                $_SESSION['specialityno'] = '';
                echo "<script>alert('删除成功！');location.href='stuInfo.
                php';</script>";
            }
        }
    }

    //更新功能
    if(@$_POST["btn"] == '更新'){                         //单击“更新”按钮
        $_SESSION['sno'] = $sno;                         //将输入的学号用SESSION保存
        $upd_sql = "update student set sno ='$sno', sname ='$sname',
        ssex ='$ssex', sbirthday='$sbirthday', native='$native', tc='$tc',
        specialityno='$specialityno' where sno ='$sno'";
        $upd_affected = $db->exec($upd_sql);
        if($upd_affected) {
            $_SESSION['sno'] = '';
            $_SESSION['sname'] = '';
            $_SESSION['ssex'] = '';
            $_SESSION['sbirthday'] = '';
            $_SESSION['native'] = '';
            $_SESSION['tc'] = '';
            $_SESSION['specialityno'] = '';
            echo "<script>alert('更新成功！');location.href='stuInfo.php';</
            script>";
        }
        else
            echo "<script>alert('更新失败，请检查输入信息！');location.
            href='stuInfo.php';</script>";
    }

    //查询功能
    if(@$_POST["btn"] == '查询') {                        //单击“查询”按钮
    $_SESSION['sno'] = $sno;                             //将学号传给其他页面
        $find_sql = "select * from  student where sno ='$sno'";
                                                         //查找学号对应的学生信息
        $find_result = $db->query($find_sql);
        if($find_result->rowCount() == 0)                //判断该学生是否存在
            echo "<script>alert('该学生不存在！');location.href='stuInfo.
            php';</script>";
        else {
            list($sno, $sname, $ssex, $sbirthday, $native, $tc,
            $specialityno) = $find_result->fetch(PDO::FETCH_NUM);
            $_SESSION['sno'] = $sno;
```

```
                $_SESSION['sname'] = $sname;
                $_SESSION['ssex'] = $ssex;
                $_SESSION['sbirthday'] = $sbirthday;
                $_SESSION['native'] = $native;
                $_SESSION['tc'] = $tc;
                $_SESSION['specialityno'] = $specialityno;
                echo "<script>location.href='stuInfo.php';</script>";
            }
        }
    ?>
```

本章小结

本章主要介绍了以下内容。

（1）PHP是服务器端嵌入HTML中的脚本语言，具有开发成本低、开放源代码、开发效率高、跨平台、广泛支持多种数据库、基于Web服务器、安全性好、面向对象编程、简单易学等特点。

PHP脚本程序的运行需要Web服务器、PHP和Web浏览器的支持，还需要从数据库服务器获取和保存数据。

本书选用PHP 7.3.4、MySQL 8.0.18、Apache 2.4.39在Windows 7环境下进行教学管理系统的开发，即采用WAMP架构进行Web项目开发。

（2）为开发教学管理系统teachingManage，在MySQL 8.0.18中创建教学项目数据库teachingpj，在数据库teachingpj中包含学生表student、课程表course、成绩表score和成绩单视图V_StudentCourseScore。

（3）PHP集成软件可以免费下载，例如phpStudy、WampServer、AppServ等。本书选用其中的phpStudy。

PHP开发工具很多，例如Eclipse、PhpStorm等，本书选用Zend Eclipse PDT 3.2.0（Windows平台）。在Zend Eclipse PDT中，新建PHP项目teachingManage（教学管理系统），采用PHP 7.3.4的PDO方式连接MySQL 8.0.18数据库，创建conn.php文件，编写连接数据库的代码。

（4）主界面采用网页中的框架来开发，由启动页、框架页、导航页组成。启动页文件名为index.html，框架页文件名为frame.html，导航页文件名为nav.html。

打开IE，在地址栏输入http://localhost/teachingManage/index.html，浏览器可显示教学管理系统的主页。

（5）学生管理界面由stuInfo.php文件实现。学生管理功能由stuActoin.php文件实现，该文件以POST方式接收stuInfo.php页面提交的表单数据，并对学生信息进行增加、删除、更新、查询等操作。

习题 11

一、选择题

11.1　PHP是一种开放源代码的____脚本语言。

A. 客户端　　B. 服务器端　　C. 面向过程　　D. 可视化

11.2　PHP文件扩展名是____。

A. bat　　B. exe　　C. php　　D. class

11.3　WAMP架构不包括的软件是____。

A. Windows　　B. PHP　　C. Apache　　D. ASP.NET

11.4　下列说法正确的是____。

A. PHP文件只能使用纯文本编辑器编写

B. PHP文件不能使用集成化编辑器编写

C. PHP可以访问MySQL、Oracle、SQL Server等多种数据库

D. PHP网页可以直接在浏览器中显示

11.5　PHP的源代码是____。

A. 封闭的　　B. 完全不可见的

C. 须购买的　　D. 开放的

11.6　读取POST方式传递的表单元素值的变量是____。

A. $_POST[‘表单元素名称’]　　B. $_post[‘表单元素名称’]

C. $POST[‘表单元素名称’]　　D. $post[‘表单元素名称’]

二、填空题

11.7　PHP是服务器端嵌入HTML中的____语言。

11.8　Apache是开放源代码的____服务器。

11.9　PHP作为一种Web编程语言，主要用于开发服务器端应用程序及____页面。

11.10　MySQL是一种开放源代码的小型关系____。

11.11　phpStudy是一个PHP____。

11.12　Zend Eclipse PDT是PHP____。

11.13　在教学项目数据库teachingpj中，V_StudentCourseScore是成绩单____。

11.14　教学管理系统主界面采用网页中的____来实现。

11.15　打开IE，在地址栏输入http://localhost/teachingManage/index.html，浏览器可显示教学管理系统的____。

11.16　学生管理功能页面以____方式接收学生管理界面提交的表单数据。

三、简答题

11.17　PHP运行环境由哪些部分组成？简述各部分的功能。

11.18　动态网页和静态网页有何不同？

11.19　列举常见的PHP集成软件和PHP开发工具。

11.20　教学项目数据库teachingpj包含哪些表和视图？

11.21　主界面包括哪些页面？它们的功能分别应怎样实现？

11.22　学生管理界面有哪些功能？怎样实现？

11.23　成绩管理界面有哪些功能？怎样实现？

四、应用题

11.24　在教学管理系统中，增加登录功能。

11.25　在教学管理系统中，增加教师管理功能。

第二篇

MySQL 实验

实验1 数据库基础

实验1.1 E–R图画法与概念模型向逻辑模型的转换

1．实验目的及要求

（1）了解E–R图的构成要素。

（2）掌握E–R图的绘制方法，具备依据题目要求绘制合适的E–R图的能力。

（3）掌握概念模型向逻辑模型转换的原则和方法，具备将概念模型转换为逻辑模型的能力。

2．验证性实验

（1）设计开发供应商和货物管理系统，建立供应商和货物信息的数据库，其中供应商信息包括供应商号、供应商名、电话、地址、账号；货物信息包括货号、货物名、规格、单价、库存量。

① 确定供应商实体和货物实体的属性。

供应商：供应商号、供应商名、电话、地址、账号。

货物：货号、货物名、规格、单价、库存量。

② 确定供应商和货物之间的联系，给联系命名并指出联系的类型。

一个供应商可以供应多种货物，一种货物可以由多个供应商供应，因此供应商和货物之间是多对多的关系，即m:n。

③ 确定联系的名称和属性。

联系的名称为供应，联系具有供货日期属性。

④ 画出供应商和货物的联系的E–R图。

供应商和货物的联系的E–R图如实验图1.1所示。

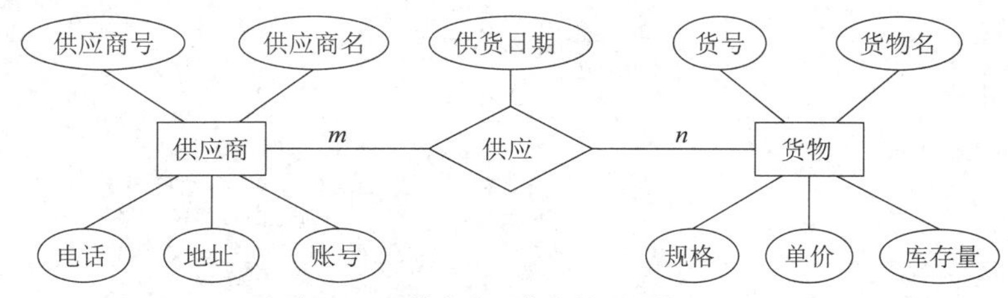

实验图 1.1　供应商和货物的联系的 E-R 图

⑤ 将E–R图转化为关系模式，写出表的关系模式并标明各自的主键

```
供应商(供应商号,供应商名,电话,地址,账号),主键:供应商号
货物(货号,货物名,规格,单价,库存量),主键:货号
供应(供应商号,货号,供货日期),主键:供应商号,货号
```

（2）设图书借阅系统在需求分析阶段搜集到图书信息为书号、书名、作者、价格、复本量、库存量，学生信息为借书证号、姓名、专业、借书量。

① 确定图书和学生实体的属性。

图书信息：书号、书名、作者、价格、复本量、库存量。

学生信息：借书证号、姓名、专业、借书量。

② 确定图书和学生之间的联系，为联系命名并指出联系的类型。

一个学生可以借阅多种图书，一种图书可以被多个学生借阅。学生借阅的图书要在数据库中记录索书号、借阅时间，因此图书和学生间是多对多的关系，即m:n。

③ 确定联系的名称和属性。

联系名称：借阅。联系属性：索书号、借阅时间。

④ 画出图书和学生的联系的E–R图。

图书和学生的联系的E–R图如实验图1.2所示。

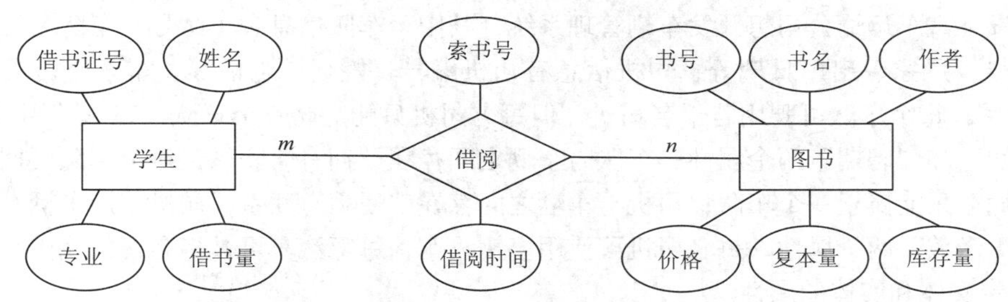

实验图 1.2 图书和学生的联系的 E-R 图

⑤ 将E–R图转换为关系模式，写出表的关系模式并标明各自的主键。

```
学生(借书证号,姓名,专业,借书量),主键:借书证号
图书(书号,书名,作者,价格,复本量,库存量),主键:书号
借阅(书号,借书证号,索书号,借阅时间),主键:书号,借书证号
```

（3）在商场销售系统中，搜集到顾客信息为顾客号、姓名、地址、电话；订单信息为订单号、单价、数量、总金额；商品信息为商品号、商品名称。

① 确定顾客、订单、商品实体的属性。

顾客信息：顾客号、姓名、地址、电话。

订单信息：订单号、单价、数量、总金额。

商品信息：商品号、商品名称。

② 确定顾客、订单、商品之间的联系，给联系命名并指出联系的类型。

一个顾客可拥有多个订单，一个订单只属于一个顾客，顾客和订单间是一对多的关系，即1∶n。一个订单可购多种商品，一种商品可被多个订单购买，订单和商品间是多对多的关系，即m∶n。

③ 确定联系的名称和属性。

联系名称：订单明细。联系属性：单价、数量。

④ 画出顾客、订单、商品之间联系的E–R图。

顾客、订单、商品之间联系的E–R图如实验图1.3所示。

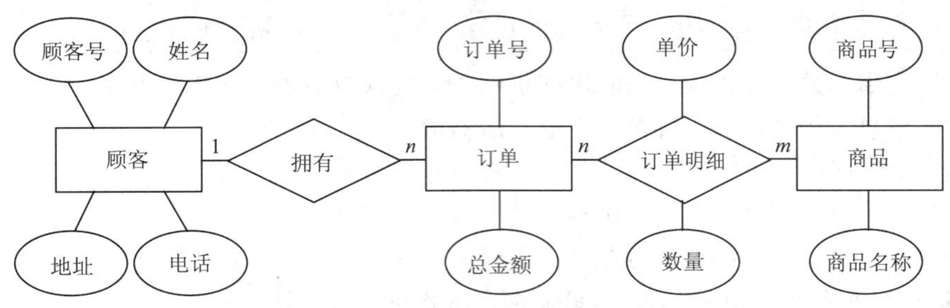

实验图 1.3　顾客、订单、商品之间联系的 E-R 图

⑤ 将E–R图转换为关系模式，写出表的关系模式并标明各自的主键。

```
顾客(顾客号,姓名,地址,电话),主键:顾客号
订单(订单号,总金额,顾客号),主键:订单号
订单明细(订单号,商品号,单价,数量),主键:订单号,商品号
商品(商品号,商品名称),主键:商品号
```

（4）设某汽车运输公司想开发车辆管理系统，其中，车队信息有车队号、车队名等；车辆信息有车牌号、厂家、出厂日期等；司机信息有司机编号、姓名、电话等。车队与司机之间存在“聘用”联系，每个车队可聘用若干名司机，但每名司机只能应聘一个车队，车队聘用司机有“聘用开始时间”和“聘期”两个属性；车队与车辆之间存在“拥有”联系，每个车队可拥有若干辆车，但每辆车只能属于一个车队；司机与车辆之间存在“使用”联系，司机使用车辆有“使用日期”和“千米数”两个属性，每名司机可使用多辆汽车，每辆汽车可被多名司机使用。

① 确定实体和实体的属性。

车队：车队号，车队名。

车辆：车牌号，厂家，生产日期。

司机：司机编号，姓名，电话，车队号。

② 确定实体之间的联系，给联系命名并指出联系的类型。

车队与车辆的联系类型是1∶n，联系名称为拥有；车队与司机的联系类型是1∶n，联系名称为聘用；车辆与司机的联系类型为m∶n，联系名称为使用。

③ 确定联系的名称和属性。

联系“聘用”有“聘用开始时间”和“聘期”两个属性；联系“使用”有“使用日期”和“千米数”两个属性。

④ 画出E–R图。

车队、车辆、司机之间联系的E–R图如实验图1.4所示。

⑤ 将E–R图转换为关系模式，写出表的关系模式并标明各自的主键。

```
车队(车队号,车队名),主键:车队号
车辆(车牌号,厂家,生产日期,车队号),主键:车牌号
司机(司机编号,姓名,电话,车队号,聘用开始时间,聘期),主键:司机编号
使用(司机编号,车牌号,使用日期,千米数),主键:司机编号,车牌号
```

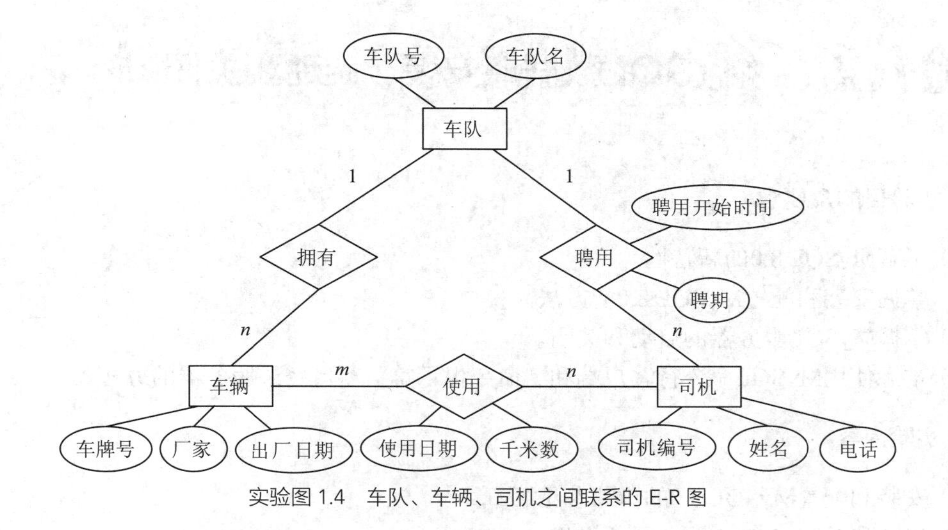

实验图 1.4 车队、车辆、司机之间联系的 E-R 图

3．设计性实验

（1）设计存储生产厂商信息和产品信息的数据库，生产厂商的信息包括厂商名称、地址、电话；产品的信息包括品牌、型号、价格。另外该数据库中还须存储生产厂商生产某产品的数量和日期。

① 确定产品和生产厂商实体的属性。

② 确定产品和生产厂商之间的联系，为联系命名并指出联系的类型。

③ 确定联系的名称和属性。

④ 画出产品与生产厂商的联系的E–R图。

⑤ 将E–R图转换为关系模式，写出表的关系模式并标明各自的主键。

（2）某房地产交易公司需要设计存储房地产交易中客户、业务员和合同三者信息的数据库。其中，客户信息有主要客户编号、购房地址；业务员信息有员工号、姓名、年龄；合同信息有客户编号、员工号、合同有效时间。其中，一个业务员可以接待多个客户，每个客户只能签署一个合同。

① 确定客户、业务员和合同实体的属性。

② 确定客户、业务员和合同三者之间的联系，为联系命名并指出联系的类型。

③ 确定联系的名称和属性。

④ 画出客户、业务员和合同三者联系的E–R图。

⑤ 将E–R图转换为关系模式，写出表的关系模式并标明各自的主键。

4．观察与思考

如果有10个不同的实体集，它们之间存在12个不同的二元联系（二元联系是指两个实体集之间的联系），其中包含3个1∶1联系，4个1∶n联系，5个m∶n联系，那么根据E–R图转换为关系模式的规则，这个E–R图转换为关系模式的个数至少有多少个？

实验1.2 MySQL数据库安装、启动和关闭

1．实验目的及要求

（1）了解MySQL 8.0的新特性。

（2）掌握安装和配置MySQL 8.0的方法。

（3）掌握MySQL服务器的启动和关闭。

（4）掌握使用MySQL命令行客户端和“命令提示符”窗口登录服务器的方法。

2．实验内容

（1）安装和配置MySQL 8.0的步骤参见第2章。

（2）启动和关闭MySQL服务器的操作步骤如下。

① 选中桌面的“计算机”图标，右击，在弹出的快捷菜单中选择“管理”命令，出现“计算机管理”窗口，展开左边的“服务和应用程序”，单击其中的“服务”，出现“服务”窗口，如实验图1.5所示，可以看出，MySQL服务器已启动，启动类型为自动类型。

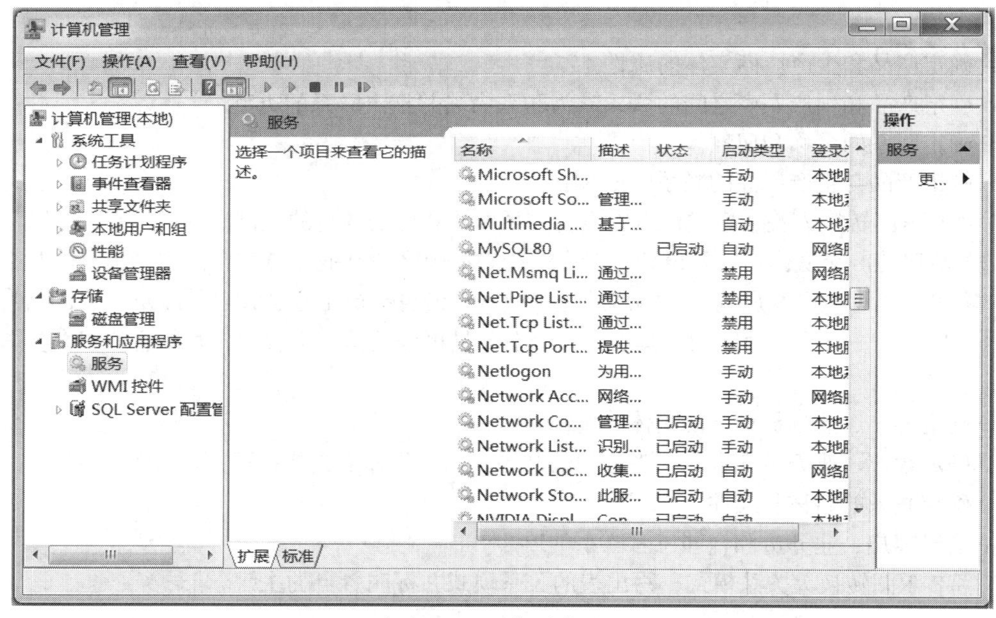

实验图 1.5 “服务”窗口

② 在实验图1.5中，可以更改MySQL服务器的启动类型，选中服务名称为“MySQL”的项目，右击，在弹出的快捷菜单中选择“属性”命令，弹出实验图1.6所示的对话框，在“启动类型”下拉列表中可以选择“自动”“手动”“禁用”等选项。

③ 在实验图1.6中，在“服务状态”栏可以更改服务状态为“停止”“暂停”和“恢复”。这里单击“停止”按钮即可关闭服务器。

实验图 1.6　“MySQL 的属性”对话框

（3）使用MySQL命令行客户端登录服务器。

选择“开始”→“所有程序”→“MySQL”→“MySQL Server 8.0”→“MySQL Server 8.0 Command Line Client”命令，进入密码输入窗口，输入管理员口令，即安装MySQL时自己设置的密码，这里是123456，出现命令行提示符“mysql>”，则表示已经成功登录MySQL服务器。

（4）使用“命令提示符”窗口登录服务器，步骤如下。

① 单击“开始”菜单，在“搜索程序和文件”框中输入“cmd”命令，按“Enter”键，进入“命令提示符”窗口。

② 输入“cd C:\Program Files\MySQL\MySQL Server 8.0\bin”命令，按“Enter”键，进入安装MySQL的bin目录。

③ 输入“C:\Program Files\MySQL\MySQL Server 8.0\bin > mysql –u root –p”命令，按“Enter”键，输入密码“Enter password: ******”，这里是123456，出现命令行提示符“mysql>”，表示已经成功登录MySQL服务器。

实验2 MySQL语言

1．实验目的及要求

（1）理解SQL、MySQL语言组成、数据类型、常量、变量、运算符和表达式、内置函数的概念。

（2）掌握常量、变量、运算符和表达式、内置函数的操作与使用方法。

（3）具备设计、编写和调试包含常量、变量、运算符和表达式、内置函数的语句，并用于解决“应用问题”的能力。

2．验证性实验

使用包含常量、变量、运算符和表达式、内置函数的语句解决以下“应用问题”。

（1）定义用户变量：@usr1赋值为Lee、@usr2赋值为Sun。查询用户变量的值。

```
mysql> SET @usr1='Lee', @usr2='Sun';
mysql> SELECT @usr1, @usr2;
```

（2）使用系统变量获取当前日期。

```
mysql> SELECT CURRENT_DATE;
```

（3）计算 3.2+18.5、0.28−3.47、−7*4.6、43.000/−7.00000、1/0、−65%9。

```
mysql> SELECT 3.2+18.5, 0.28-3.47, -7*4.6, 43.000/-7.00000, 1/0, -65%9;
```

（4）计算 2+4.1=6.10、'e'='f'、15>8、'C'<'D'、4+5<>9。

```
mysql> SELECT 2+4.1=6.10, 'e'='f', 15>8, 'C'<'D', 4+5<>9;
```

（5）计算 (5=4)AND(5<12)、(12<13)OR('D'='E')、NOT('C'='D')、(12=10+2)XOR(7=9)。

```
mysql> SELECT (5=4)AND(5<12), (12<13)OR('D'='E'), NOT('C'='D'), (12=10+2)XOR(7=9);
```

（6）计算 5&4、6|9、～2、16<<4、8>>5、8^12。

```
mysql> SELECT 5&4, 6|9, ~2, 16<<4, 8>>5, 8^12;
```

（7）将字符串'WAMP: Windows、Apache、MySQL、PHP'分5行显示出来。

```
mysql> SELECT 'WAMP:\nWindows,\nApache,\nMySQL,\nPHP';
```

（8）求3个范围为0～100的随机值。

```
mysql> SELECT ROUND(RAND()*100), ROUND(RAND()*100), ROUND(RAND()*100);
```

3．设计性实验

设计、编写和调试包含常量、变量、运算符和表达式、内置函数的语句，以解决下列“应用问题”。

（1）定义用户变量：@name1赋值为操作系统、@name2赋值为计算机组成原理。查询用户变量的值。

（2）使用系统变量获取当前时间。

（3）计算0.0037+4.0059、138–365、–214*–483、2.8/–0.05、41%7、4%0。

（4）计算4.21=3.1+1.12、'B'='b'、'x'>'y'、23>26、'G'<>'H'。

（5）计算('B'='B')AND('g'>'h')、(7=7)OR(14>25)、NOT(14=11)、('G'='G')XOR(3+1>8)。

（6）计算7&8、8|5、～0、32<<6、4>>4、4^9。

（7）求2个范围为100～1000的随机值。

（8）计算字符串'Hello World!'的长度。

4．观察与思考

（1）设置和使用用户变量的方法。

（2）大多数的系统变量应用于SQL语句时，必须在名称前加@@符号，但有些特定的系统变量则要省略@@符号。

（3）总结使用多种函数解决较为复杂的“应用问题”的方法。

实验3 数据定义

实验3.1 创建数据库

1．实验目的及要求

（1）理解数据定义语言的概念和CREATE DATABASE语句、ALTER DATABASE语句以及DROP DATABASE语句的语法格式。

（2）掌握使用MySQL命令行客户端登录服务器的方法，以及查看已有数据库的命令和方法。

（3）掌握使用数据定义语言创建数据库的命令和方法，具备编写和调试创建数据库、修改数据库、删除数据库的代码的能力。

2．验证性实验

（1）使用MySQL命令行客户端登录MySQL服务器。

① 选择“开始”→“所有程序”→“MySQL”→“MySQL Server 8.0”→“MySQL Server 8.0 Command Line Client”命令，进入密码输入窗口，输入密码。

```
Enter password:
```

② 输入密码，这里是123456，出现命令行提示符“mysql>”，则表示已经成功登录MySQL服务器。

（2）查看已有的数据库。

在MySQL命令行客户端输入如下语句。

```
mysql> SHOW DATABASES;
```

（3）定义数据库。

使用SQL语句定义商店信息实验数据库storepm。商店信息实验数据库在实验中会被多次使用。

① 创建数据库storepm。

```
mysql> CREATE DATABASE storepm;
```

② 选择数据库storepm。

```
mysql> USE storepm;
```

③ 修改数据库storepm。

```
mysql> ALTER DATABASE storepm
    -> DEFAULT CHARACTER SET gb2312
    -> DEFAULT COLLATE gb2312_chinese_ci;
```

④ 删除数据库storepm。

```
mysql> DROP DATABASE storepm;
```

3．设计性实验

使用SQL语句定义教学实验数据库teachingpm，并执行创建数据库、选择数据库、修改数据库和删除数据库等操作。教学实验数据库teachingpm在实验中会被多次使用。

（1）创建数据库teachingpm。

（2）选择数据库teachingpm。

（3）修改数据库teachingpm，要求字符集为UTF-8，校对规则为utf 8_general_ci。

（4）删除数据库teachingpm。

4．观察与思考

（1）在数据库storepm已经存在的情况下，使用CREATE DATABASE语句创建数据库storepm，查看错误信息。请思考怎样避免发生数据库已存在又再被创建的错误？

（2）使用“命令提示符”窗口登录MySQL服务器，执行数据库teachingpm的创建、选择、修改和删除等操作。

实验3.2 创建表

1．实验目的及要求

（1）理解数据定义语言的概念和CREATE TABLE语句、ALTER TABLE语句以及DROP TABLE语句的语法格式。

（2）理解表的基本概念。

（3）掌握使用数据定义语言创建表的操作，具备编写和调试创建表、修改表、删除表的代码的能力。

2．验证性实验

商店信息实验数据库storepm是实验中多次使用的数据库，其包含员工表EmplInfo、部门表DeptInfo和商品表GoodsInfo，它们的表结构分别如实验表3.1、实验表3.2、实验表3.3所示。

实验表3.1　EmplInfo表的表结构

列名	数据类型	允许null值	键	默认值	说明
EmplID	VARCHAR(4)	×	主键	无	员工号
EmplName	VARCHAR(8)	×		无	姓名
Sex	VARCHAR(2)	×		男	性别
Birthday	DATE	×		无	出生日期
Native	VARCHAR(20)	√		无	籍贯
Wages	DECIMAL(8, 2)	×		无	工资
DeptID	VARCHAR(4)	√		无	部门号

实验表3.2　DeptInfo表的表结构

列名	数据类型	允许null值	键	默认值	说明
DeptID	VARCHAR(4)	×	主键	无	部门号
DeptName	VARCHAR(20)	×		无	部门名称

实验表3.3　GoodsInfo表的表结构

列名	数据类型	允许null值	键	默认值	说明
GoodsID	VARCHAR(4)	×	主键	无	商品号
GoodsName	VARCHAR(20)	×		无	商品名称
ClassificationName	VARCHAR(16)	×		无	商品类型
UnitPrice	DECIMAL(8, 2)	√		无	单价
StockQuantity	INT	×		5	库存量

使用SQL语句创建商店信息实验数据库storepm，在数据库storepm中，验证创建表、查看表、修改表、删除表的代码。

（1）创建数据库storepm。

```
mysql> CREATE DATABASE storepm;
mysql> USE storepm;
```

（2）创建EmplInfo表，并显示EmplInfo表的基本结构。

```
mysql> CREATE TABLE EmplInfo
    ->     (
    ->         EmplID varchar(4) NOT NULL PRIMARY KEY,
    ->         EmplName varchar(8) NOT NULL,
    ->         Sex varchar(2) NOT NULL DEFAULT '男',
    ->         Birthday date NOT NULL,
    ->         Native varchar(20) NULL,
    ->         Wages decimal(8, 2) NOT NULL,
    ->         DeptID varchar(4) NULL
    ->     );
mysql> DESC EmplInfo;
```

（3）由EmplInfo表使用复制方式创建EmplInfo1表。

```
mysql> CREATE TABLE EmplInfo1 like EmplInfo;
```

（4）在EmplInfo表中增加一列Eno，即添加一列Eno到EmplInfo表的第1列，不为空，取值唯一并自动增加，显示EmplInfo表的基本结构。

```
mysql> ALTER TABLE EmplInfo
    -> ADD COLUMN Eno int NOT NULL UNIQUE AUTO_INCREMENT FIRST;
mysql> DESC EmplInfo;
```

（5）将EmplInfo1表的列Sex修改为Gender，并将其数据类型修改为CHAR，可为空值，默认值改为“女”，显示EmplInfo1表的基本结构。

```
mysql> ALTER TABLE EmplInfo1
    -> CHANGE COLUMN Sex Gender char(2) NULL DEFAULT '女';
mysql> DESC EmplInfo1;
```

（6）将EmplInfo1表的列Native修改为Telephone，并将其数据类型修改为CHAR，可为空值。

```
mysql> ALTER TABLE EmplInfo1
    -> CHANGE COLUMN Native Telephone char(20) NULL;
```

（7）将EmplInfo1表的列Gender的默认值修改为“男”。

```
 mysql> ALTER TABLE EmplInfo1
     -> ALTER COLUMN Gender SET DEFAULT '男';
```

（8）将EmplInfo1表的列Wages的数据类型修改为FLOAT，并移到列EmplName之后。

```
mysql> ALTER TABLE EmplInfo1
    -> MODIFY COLUMN Wages float AFTER EmplName;
```

（9）在EmplInfo表中删除列Eno。

```
mysql> ALTER TABLE EmplInfo
    -> DROP COLUMN Eno;
```

（10）将EmplInfo1表更名为EmplInfo2表。

```
mysql> ALTER TABLE EmplInfo1
    -> RENAME TO EmplInfo2;
```

（11）删除EmplInfo2表。

```
mysql> DROP TABLE EmplInfo2;
```

3．设计性实验

教学实验数据库teachingpm是实验中多次使用的另一个数据库，其包含专业表SpecialityInfo、学生表StudentInfo、课程表CourseInfo、成绩表ScoreInfo、教师表TeacherInfo和讲课表LectureInfo，它们的表结构分别如实验表3.4、实验表3.5、实验表3.6、实验表3.7、实验表3.8和实验表3.9所示。

实验表3.4　SpecialityInfo表的表结构

列名	数据类型	允许null值	键	默认值	说明
SpecialityID	CHAR(6)	×	主键	无	专业代码
Specialityname	CHAR(16)	√		无	专业名称

实验表3.5　StudentInfo表的表结构

列名	数据类型	允许null值	键	默认值	说明
StudentID	CHAR(6)	×	主键	无	学号
Sname	CHAR(8)	×		无	姓名
Ssex	CHAR(2)	×		男	性别
Sbirthday	DATE	×		无	出生日期
Native	CHAR(8)	√		无	籍贯
Tc	TINYINT	√		无	总学分
SpecialityID	CHAR(6)	×		无	专业代码

实验表3.6　CourseInfo表的表结构

列名	数据类型	允许null值	键	默认值	说明
CourseID	VARCHAR(4)	×	主键	无	课程号
CourseName	VARCHAR(16)	×		无	课程名
Credit	TINYINT	√		无	学分

实验表3.7　ScoreInfo表的表结构

列名	数据类型	允许null值	键	默认值	说明
StudentID	VARCHAR(6)	×	主键	无	学号
CourseID	VARCHAR(4)	×	主键	无	课程号
Grade	TINYINT	√		无	成绩

实验表3.8　TeacherInfo表的表结构

列名	数据类型	允许null值	键	默认值	说明
TeacherID	CHAR(6)	×	主键	无	教师编号
Tname	CHAR(8)	×		无	姓名
Tsex	CHAR(2)	×		男	性别
Tbirthday	DATE	×		无	出生日期
Native	CHAR(8)	√		无	籍贯
Title	CHAR(12)	√		无	职称
School	CHAR(12)	√		无	学院

实验表3.9　LectureInfo表的表结构

列名	数据类型	允许null值	键	默认值	说明
TeacherID	VARCHAR(6)	×	主键	无	教师编号
CourseID	VARCHAR(4)	×	主键	无	课程号
Location	VARCHAR(10)	√		无	上课地点

使用SQL语句创建教学实验数据库teachingpm，在数据库teachingpm中，验证创建表、查看表、修改表、删除表的代码。

（1）创建数据库teachingpm。

（2）创建StudentInfo表，并显示StudentInfo表的基本结构。

（3）由StudentInfo表使用复制方式创建StudentInfo1表。

（4）在StudentInfo表中增加一列StuNo，即添加一列StuNo到表的第1列，不为空，取值唯一并且自动增加，显示StudentInfo表的基本结构。

（5）将StudentInfo1表的列Native修改为City，将其数据类型修改改为VARCHAR，可为空值，默认值为“北京”，显示StudentInfo1表的基本结构。

（6）将StudentInfo1表的列Speciality修改为School，将其数据类型修改为VARCHAR，可为空值，默认值为“计算机学院”。

（7）将StudentInfo1表的列City的默认值修改为“四川”。

（8）将StudentInfo1表的列City的数据类型修改为CHAR，并移到列Sname之后。

（9）在StudentInfo1表中删除列StuNo。

（10）将StudentInfo1表更名为StudentInfo2表。

（11）删除StudentInfo2表。

4．观察与思考

（1）在创建表的语句中，NOT NULL的作用是什么？

（2）一个表可以设置几个主键？

（3）主键列能否被修改为NULL？

实验3.3　数据完整性约束

1．实验目的及要求

（1）理解数据完整性、实体完整性、参照完整性、用户定义的完整性等的概念。

（2）掌握通过完整性约束实现数据完整性的方法和操作。

（3）具备编写PRIMARY KEY约束、UNIQUE约束、FOREIGN KEY约束、CHECK约束、NOT NULL约束的代码以实现数据完整性的能力。

2．验证性实验

针对storepm数据库中的员工表EmplInfo和部门表DeptInfo，按照下列要求进行完整性实验。

（1）在storepm数据库中，创建DeptInfo1表，以列级完整性约束方式定义主键。

```
mysql> CREATE TABLE DeptInfo1
    ->     (
    ->         DeptID varchar(4) NOT NULL PRIMARY KEY,
    ->         DeptName varchar(20) NOT NULL
    ->     );
```

（2）在storepm数据库中，创建DeptInfo2表，以表级完整性约束方式定义主键，并指定主键约束的名称。

```
mysql> CREATE TABLE DeptInfo2
    ->     (
    ->         DeptID varchar(4) NOT NULL,
    ->         DeptName varchar(20) NOT NULL,
    ->         CONSTRAINT PK_DeptInfo2 PRIMARY KEY(DeptID)
    ->     );
```

（3）删除（2）中创建在DeptInfo2表上的主键约束。

```
mysql> ALTER TABLE DeptInfo2
    -> DROP PRIMARY KEY;
```

（4）重新在DeptInfo2表上定义主键约束。

```
mysql> ALTER TABLE DeptInfo2
    -> ADD CONSTRAINT PK_DeptInfo2 PRIMARY KEY(DeptID);
```

（5）在storepm数据库中，创建DeptInfo3表，以列级完整性约束方式定义唯一性约束。

```
mysql> CREATE TABLE DeptInfo3
    ->     (
    ->         DeptID varchar(4) NOT NULL PRIMARY KEY,
    ->         DeptName varchar(20) NOT NULL UNIQUE
    ->     );
```

（6）在storepm数据库中，创建DeptInfo4表，以表级完整性约束方式定义唯一性约束，并指定唯一性约束的名称。

```
mysql> CREATE TABLE DeptInfo4
    ->     (
    ->         DeptID varchar(4) NOT NULL PRIMARY KEY,
    ->         DeptName varchar(20) NOT NULL,
    ->         CONSTRAINT UK_DeptInfo4 UNIQUE(DeptName)
    ->     );
```

（7）删除（4）中创建在DeptInfo4表上的唯一性约束。

```
mysql> ALTER TABLE DeptInfo4
    -> DROP INDEX UK_DeptInfo4;
```

（8）重新在DeptInfo4表上定义唯一性约束。

```
mysql> ALTER TABLE DeptInfo4
    -> ADD CONSTRAINT UK_DeptInfo4 UNIQUE(DeptName);
```

（9）在storepm数据库中，创建EmplInfo1表，以列级完整性约束方式定义外键。

```
mysql> CREATE TABLE EmplInfo1
    ->     (
    ->         EmplID varchar(4) NOT NULL PRIMARY KEY,
    ->         EmplName varchar(8) NOT NULL,
    ->         Sex varchar(2) NOT NULL DEFAULT '男',
    ->         Birthday date NOT NULL,
    ->         Native varchar(20) NULL,
    ->         Wages decimal(8, 2) NOT NULL,
    ->         DeptID varchar(4) NULL REFERENCES DeptInfo1(DeptID)
    ->     );
```

（10）在storepm数据库中，创建EmplInfo2表，以表级完整性约束方式定义外键，指定外键约束的名称，并定义相应的参照动作。

```
mysql> CREATE TABLE EmplInfo2
    ->     (
    ->         EmplID varchar(4) NOT NULL PRIMARY KEY,
    ->         EmplName varchar(8) NOT NULL,
    ->         Sex varchar(2) NOT NULL DEFAULT '男',
    ->         Birthday date NOT NULL,
    ->         Native varchar(20) NULL,
    ->         Wages decimal(8, 2) NOT NULL,
    ->         DeptID varchar(4) NULL,
    ->         CONSTRAINT FK_EmplInfo2 FOREIGN KEY(DeptID) REFERENCES DeptInfo2(DeptID)
    ->         ON DELETE CASCADE
    ->         ON UPDATE RESTRICT
    ->     );
```

（11）删除（10）中创建在EmplInfo2表上的外键约束。

```
mysql> ALTER TABLE EmplInfo2
    -> DROP FOREIGN KEY FK_EmplInfo2;
```

（12）重新在EmplInfo2表上定义外键约束。

```
mysql> ALTER TABLE EmplInfo2
    -> ADD CONSTRAINT FK_EmplInfo2 FOREIGN KEY(EmplID) REFERENCES DeptInfo2(DeptID);
```

（13）在storepm数据库中，创建EmplInfo3表，以列级完整性约束方式定义检查约束。

```
mysql> CREATE TABLE EmplInfo3
    ->     (
    ->         EmplID varchar(4) NOT NULL PRIMARY KEY,
    ->         EmplName varchar(8) NOT NULL,
    ->         Sex varchar(2) NOT NULL DEFAULT '男',
    ->         Birthday date NOT NULL,
```

```
    ->          Native varchar(20) NULL,
    ->          Wages decimal(8, 2) NOT NULL CHECK(Wages>=3000),
    ->          DeptID varchar(4) NULL
    ->      );
```

（14）在storepm数据库中，创建EmplInfo4表，以表级完整性约束方式定义检查约束，并指定检查约束的名称。

```
mysql> CREATE TABLE EmplInfo4
    ->      (
    ->          EmplID varchar(4) NOT NULL PRIMARY KEY,
    ->          EmplName varchar(8) NOT NULL,
    ->          Sex varchar(2) NOT NULL DEFAULT '男',
    ->          Birthday date NOT NULL,
    ->          Native varchar(20) NULL,
    ->          Wages decimal(8, 2) NOT NULL,
    ->          DeptID varchar(4) NULL,
    ->          CONSTRAINT CK_EmplInfo4 CHECK(Wages>=3000)
    ->      );
```

3．设计性实验

针对teachingpm数据库的课程表CourseInfo和成绩表ScoreInfo，按照下列要求进行完整性实验。

（1）在teachingpm数据库中，创建CourseInfo1表，以列级完整性约束方式定义主键。

（2）在teachingpm数据库中，创建CourseInfo2表，以表级完整性约束方式定义主键，并指定主键约束的名称。

（3）删除（2）中创建在CourseInfo2表上的主键约束。

（4）重新在CourseInfo2表上定义主键约束。

（5）在teachingpm数据库中，创建CourseInfo3表，以列级完整性约束方式定义唯一性约束。

（6）在teachingpm数据库中，创建CourseInfo4表，以表级完整性约束方式定义唯一性约束，并指定唯一性约束的名称。

（7）删除（6）中创建在CourseInfo4表上的唯一性约束。

（8）重新在CourseInfo4表上定义唯一性约束。

（9）在teachingpm数据库中，创建ScoreInfo1表，以列级完整性约束方式定义外键。

（10）在teachingpm数据库中，创建ScoreInfo2表，以表级完整性约束方式定义外键，指定外键约束的名称，并定义相应的参照动作。

（11）删除（10）中创建在ScoreInfo2表上的外键约束。

（12）重新在ScoreInfo2表上定义外键约束。

（13）在teachingpm数据库中，创建ScoreInfo3表，以列级完整性约束方式定义检查约束。

（14）在teachingpm数据库中，创建ScoreInfo4表，以表级完整性约束方式定义检查约束，并指定检查约束的名称。

4．观察与思考

（1）一个表可以设置几个PRIMARY KEY约束，几个UNIQUE约束？

（2）UNIQUE约束的列可取空值NULL吗？

（3）如果被参照表无数据，那么参照表的数据能给它输入吗？
（4）如果未指定动作，则当删除被参照表的数据时，若违反完整性约束，操作能否被禁止？
（5）定义外键时有哪些参照动作？
（6）能否先创建参照表，再创建被参照表？
（7）能否先删除被参照表，再删除参照表？
（8）FOREIGN KEY约束设置应注意哪些问题？

实验4 数据操纵

1．实验目的及要求

（1）理解数据操纵语言的概念和INSERT语句、UPDATE语句、DELETE语句的语法格式。

（2）掌握使用（数据操纵语言的）INSERT语句进行表数据的插入、使用UPDATE语句进行表数据的修改和使用DELETE语句进行表数据的删除的方法。

（3）具备编写和调试插入数据、修改数据和删除数据的代码的能力。

2．验证性实验

在商店信息实验数据库storepm中，包含员工表EmplInfo的样本数据、部门表DeptInfo的样本数据和商品表GoodsInfo的样本数据，分别如实验表4.1、实验表4.2和实验表4.3所示。

实验表4.1　EmplInfo表的样本数据

员工号	姓名	性别	出生日期	籍贯	工资/元	部门号
E001	向晓伟	男	1982-11-07	北京	4300	D001
E002	徐燕	女	1985-08-21	上海	3400	D002
E003	罗刚	男	1984-05-18	四川	3500	D001
E004	张万祥	男	1974-12-14	北京	6700	D004
E005	胡英	女	1983-04-25	NULL	3600	D001
E006	程秀华	女	1979-06-02	上海	4500	D003

实验表4.2　DeptInfo表的样本数据

部门号	部门名称
D001	销售部
D002	人事部
D003	财务部
D004	经理办
D005	物资部

实验表4.3 GoodsInfo表的样本数据

商品号	商品名称	商品类型	单价/元	库存量
1001	Microsoft Surface Pro 7	笔记本电脑	6288	5
1002	DELL XPS13-7390	笔记本电脑	8877	5
2001	Apple iPad Pro	平板电脑	7029	5
3001	DELL PowerEdgeT140	服务器	8899	5
4001	EPSON L565	打印机	1959	10

设商品表EmplInfo、EmplInfo1、EmplInfo2的表结构已创建，编写和调试表数据的插入、修改和删除的相关代码，并完成以下操作。

（1）向EmplInfo表插入样本数据。

```
mysql> INSERT INTO EmplInfo
    ->     VALUES('E001','向晓伟','男','1982-11-07','北京',4300,'D001'),
    ->     ('E002','徐燕','女','1985-08-21','上海',3400,'D002'),
    ->     ('E003','罗刚','男','1984-05-18','四川',3500,'D001'),
    ->     ('E004','张万祥','男','1974-12-14','北京',6700,'D004'),
    ->     ('E005','胡英','女','1983-04-25',NULL,3600,'D001'),
    ->     ('E006','程秀华','女','1979-06-02 ','上海',4500,'D003');
```

（2）使用INSERT INTO…SELECT…语句将EmplInfo表的记录快速插入EmplInfo1表中。

```
mysql> INSERT INTO EmplInfo1
    ->     SELECT * FROM EmplInfo;
```

（3）采用3种不同的方法向EmplInfo2表插入数据。

① 省略列名表，插入记录('E001','向晓伟','男','1982-11-07','北京',4300,'D001')。

```
mysql> INSERT INTO EmplInfo2
    ->     VALUES('E001','向晓伟','男','1982-11-07','北京',4300,'D001');
```

② 不省略列名表，插入员工号为E006、籍贯为上海、工资为4500、部门号为D003、姓名为程秀华、性别为女、出生日期为1979-06-02的记录。

```
mysql> INSERT INTO EmplInfo2(EmplID, Native, Wages, DeptID, EmplName, Sex, Birthday)
    ->     VALUES('E006','上海',4500,'D003','程秀华','女','1979-06-02');
```

③ 插入员工号为E007、部门号为D001、籍贯为空、姓名为郭平、性别取默认值、出生日期为1986-12-05、工资为3300的记录。

```
mysql> INSERT INTO EmplInfo2(EmplID, DeptID, EmplName, Birthday, Wages)
    ->     VALUES('E007','D001','郭平','1986-12-05',3300);
```

（4）在EmplInfo2表中，将员工郭平的出生日期改为1987-12-05。

```
mysql> UPDATE EmplInfo2
    ->    SET Birthday='1987-12-05'
    ->    WHERE EmplName='郭平';
```

（5）在EmplInfo2表中，将所有员工的工资增加300元。

```
mysql> UPDATE EmplInfo2
    ->     SET Wages=Wages+300;
```

（6）在EmplInfo2表中，删除员工号为E007的记录。

```
mysql> DELETE FROM EmplInfo2
    ->     WHERE EmplID='E007';
```

（7）采用2种不同的方法，删除表中的全部记录。

① 使用DELETE语句，删除EmplInfo1表中的全部记录。

```
mysql> DELETE FROM EmplInfo1;
```

② 使用TRUNCATE语句，删除EmplInfo2表中的全部记录。

```
mysql> TRUNCATE EmplInfo2;
```

3．设计性实验

在教学实验数据库teachingpm中，专业表SpecialityInfo、学生表StudentInfo、课程表CourseInfoInfo、成绩表ScoreInfo、教师表TeacherInfo和讲课表LectureInfo的样本数据，分别如实验表4.4、实验表4.5、实验表4.6、实验表4.7、实验表4.8和实验表4.9所示。

实验表4.4　SpecialityInfo表的样本数据

专业代码	专业名称
080701	电子信息工程
080702	电子科学与技术
080703	通信工程
080901	计算机科学与技术
080902	软件工程
080903	网络工程

实验表4.5　StudentInfo表的样本数据

学号	姓名	性别	出生日期	籍贯	总学分	专业代码
193001	李晓波	男	1999-07-16	北京	52	080903
193002	陈文凤	女	1999-11-05	上海	50	080903
193003	周勇	男	1998-09-21	四川	50	080903
198001	刘倩	女	1998-10-12	北京	48	080703
198002	沈江涛	男	1999-04-16	四川	52	080703
198004	梁兰	女	1998-12-07	上海	50	080703

实验表4.6 CourseInfo表的样本数据

课程号	课程名	学分
1004	数据库系统	4
1015	网络安全	3
4008	通信原理	4
8001	高等数学	4
1201	英语	4

实验表4.7 ScoreInfo表的样本数据

学号	课程号	成绩	学号	课程号	成绩
193001	1004	94	198001	8001	78
193002	1004	87	198002	8001	92
193003	1004	93	198004	8001	94
198001	4008	78	193001	1201	92
198002	4008	91	193002	1201	87
198004	4008	86	193003	1201	91
193001	8001	92	198001	1201	NULL
193002	8001	87	198002	1201	93
193003	8001	89	198004	1201	91

实验表4.8 TeacherInfo表的样本数据

教师编号	姓名	性别	出生日期	籍贯	职称	学院
100008	杨佳伟	男	1975-07-24	北京	教授	计算机学院
100025	朱秀雅	女	1979-10-05	四川	教授	计算机学院
400014	何思敏	男	1985-12-18	上海	副教授	通信学院
800015	张莉	女	1988-09-21	上海	讲师	数学学院
120021	高瑞雪	女	1983-04-27	北京	副教授	外国语学院

实验表4.9 LectureInfo表的样本数据

教师编号	课程号	上课地点
100008	1004	4-206
400015	4008	2-125
800014	8001	5-207
120021	1201	6-324

设课程表CourseInfo、CourseInfo1、CourseInfo2的表结构已被创建，按照下列要求完成表数据的插入、修改和删除操作。

（1）向课程表CourseInfo中插入样本数据。

（2）使用INSERT INTO…SELECT…语句将CourseInfo表的记录快速插入CourseInfo1表中。

（3）采用3种不同的方法向CourseInfo2中表插入数据。

① 省略列名表，插入记录('1004','数据库系统',4)。

② 不省略列名表，插入课程号为1015、学分为3、课程名为网络安全的记录。

③ 插入课程号为4002、课程名为数字电路、学分为空的记录。

（4）在CourseInfo2表中，将课程名网络安全改为物联网技术基础。

（5）在CourseInfo2表中，将课程号1015的学分改为4。

（6）在CourseInfo2表中，删除课程名为高等数学的记录。

（7）采用2种不同的方法删除表中的全部记录。

① 使用DELETE语句，删除CourseInfo1表中的全部记录。

② 使用TRUNCATE语句，删除CourseInfo2表中的全部记录。

4．观察与思考

（1）省略列名表插入记录需要满足什么条件？

（2）将已有表的记录快速插入当前表中，使用什么语句？

（3）比较DELETE语句和TRUNCATE语句的异同。

（4）DROP语句和DELETE语句有何区别？

实验5 数据查询

实验5.1 单表查询

1．实验目的及要求

（1）理解数据查询语言的概念和SELECT语句的语法格式。

（2）掌握单表查询中SELECT语句的WHERE子句、GROUP BY子句和HAVING子句、ORDER BY子句和LIMIT子句的使用方法。

（3）具备编写和调试SELECT语句以进行数据库单表查询的能力。

2．验证性实验

对storepm数据库的EmplInfo表、DeptInfo表、GoodsInfo表中的信息进行查询。

查询要求如下。

（1）使用两种方式查询EmplInfo表中的所有记录。

① 使用列名表。

```
mysql> SELECT EmplID, EmplName, Sex, Birthday, Native, Wages, DeptID
    -> FROM EmplInfo;
```

② 使用 *。

```
mysql> SELECT *
    -> FROM EmplInfo;
```

（2）查询EmplInfo表中有关员工号、姓名和籍贯的记录。

```
mysql> SELECT EmplID, EmplName, Native
    -> FROM EmplInfo;
```

（3）通过两种方式查询GoodsInfo表中价格为1500～4000元的商品。

① 使用BETWEEN AND关键字查询。

```
mysql> SELECT *
    -> FROM GoodsInfo
```

```
    -> WHERE UnitPrice BETWEEN 1500 AND 4000;
```

② 使用AND关键字和比较运算符查询。

```
mysql> SELECT *
    -> FROM GoodsInfo
    -> WHERE UnitPrice>=1500 AND UnitPrice<=4000;
```

（4）通过两种方式查询籍贯是北京的员工的姓名、出生日期和部门号。

① 使用LIKE关键字查询。

```
mysql> SELECT EmplName, Birthday, DeptID
    -> FROM EmplInfo
    -> WHERE Native LIKE '北京%';
```

② 使用REGEXP关键字查询。

```
mysql> SELECT EmplName, Birthday, DeptID
    -> FROM EmplInfo
    -> WHERE Native REGEXP '^北京';
```

（5）查询各个部门的员工人数。

```
mysql> SELECT DeptID AS 部门, COUNT(EmplID) AS 员工人数
    -> FROM EmplInfo
    -> GROUP BY DeptID;
```

（6）查询每个部门的总工资和最高工资。

```
mysql> SELECT DeptID AS 部门, SUM(Wages) AS 总工资, MAX(Wages) AS 最高工资
    -> FROM EmplInfo
    -> GROUP BY DeptID;
```

（7）查询员工工资，并按照从高到低的顺序排列它。

```
mysql> SELECT *
    -> FROM EmplInfo
    -> ORDER BY Wages DESC;
```

（8）从高到低排列员工工资，并通过两种方式查询第3～6名的信息。

① 使用LIMIT offset row_count格式查询。

```
mysql> SELECT *
    -> FROM EmplInfo
    -> ORDER BY Wages DESC
    -> LIMIT 2, 4;
```

② 使用LIMIT row_count OFFSET offset格式查询。

```
mysql> SELECT *
    -> FROM EmplInfo
    -> ORDER BY Wages DESC
    -> LIMIT 4 OFFSET 2;
```

3．设计性实验

在teachingpm数据库的StudentInfo表、CourseInfo表、ScoreInfo表上进行信息查询。

编写和调试查询语句的代码，完成以下操作。

（1）使用两种方式查询StudentInfo表中的所有记录。

① 使用列名表。

② 使用 *。

（2）查询ScoreInfo表中的所有记录。

（3）查询分数高于85分的成绩信息。

（4）使用两种方式查询分数为80～90分的成绩信息。

① 使用BETWEEN AND关键字查询。

② 使用AND关键字和比较运算符查询。

（5）通过两种方式查询含有“系统”的课程名信息。

① 使用LIKE关键字查询。

② 使用REGEXP关键字查询。

（6）查询每个专业有多少人。

（7）查询1201课程的平均成绩、最高分和最低分。

（8）将1004课程的成绩按从高到低排序。

（9）通过两种方式查询8001课程成绩第1～4名的信息。

① 使用LIMIT offset row_count格式查询。

② 使用LIMIT row_count OFFSET offset格式查询。

4．观察与思考

（1）LIKE的通配符%和_有何不同？

（2）IS能用=来代替吗？

（3）=与IN在什么情况下作用相同？

（4）空值的使用可分为哪几种情况？

（5）聚合函数能否直接使用在SELECT子句、WHERE子句、GROUP BY子句和HAVING子句之中？

（6）WHERE子句与HAVING子句有何不同？

（7）COUNT (*)、COUNT (列名)、COUNT (DISTINCT 列名)三者的区别是什么？

（8）LIKE和REGEXP有何不同？

实验5.2 多表查询

1．实验目的及要求

（1）理解数据查询语言的概念和多表查询中连接查询、子查询以及联合查询的语法格式。

（2）掌握多表查询中连接查询、子查询以及联合查询的操作和使用方法。

（3）具备编写和调试多表查询中连接查询、子查询以及联合查询语句以进行数据查询的能力。

2．验证性实验

对storepm数据库的EmplInfo表、DeptInfo表进行信息查询，查询要求如下。

（1）对员工表和部门表进行交叉连接，并观察所有的可能组合。

```
mysql> SELECT  DeptName, EmplName
    -> FROM DeptInfo, EmplInfo;
```

（2）对部门表和员工表进行等值连接和自然连接。

① 等值连接。

```
mysql> SELECT DeptInfo.*, EmplInfo.*
    -> FROM DeptInfo, EmplInfo
    -> WHERE DeptInfo.DeptID=EmplInfo.DeptID;
```

或

```
mysql> SELECT DeptInfo.*, EmplInfo.*
    -> FROM DeptInfo INNER JOIN EmplInfo ON DeptInfo.DeptID=EmplInfo.DeptID;
```

② 自然连接。

```
mysql> SELECT *
    -> FROM DeptInfo NATURAL JOIN EmplInfo;
```

（3）查询员工及其所在部门和工资的情况。

① 使用INNER JOIN的显式语法结构。

```
mysql> SELECT EmplID, EmplName, DeptName, Wages
    -> FROM EmplInfo JOIN DeptInfo ON EmplInfo.DeptID=DeptInfo.DeptID;
```

② 用WHERE子句定义连接条件的隐式语法结构。

```
mysql> SELECT EmplID, EmplName, DeptName, Wages
    -> FROM EmplInfo, DeptInfo
    -> WHERE EmplInfo.DeptID=DeptInfo.DeptID;
```

（4）查询部门号为D001的员工工资高于员工号为E005的工资的员工情况。

① 使用INNER JOIN的显式语法结构。

```
mysql> SELECT a.EmplID, a.EmplName, a.Wages, a.DeptID
    -> FROM EmplInfo a JOIN EmplInfo b ON a.Wages>b.Wages
    -> WHERE a.DeptID ='D001' AND b.EmplID ='E005'
    -> ORDER BY a.Wages DESC;
```

② 使用WHERE子句定义连接条件的隐式语法结构。

```
mysql> SELECT a.EmplID, a.EmplName, a.Wages, a.DeptID
    -> FROM EmplInfo a, EmplInfo b
```

```
    -> WHERE a.Wages>b.Wages AND a.DeptID ='D001' AND b.EmplID ='E005'
    -> ORDER BY a.Wages DESC;
```

（5）分别采用左外连接和右外连接查询员工所属的部门。

① 左外连接。

```
mysql> SELECT EmplName, DeptName
    -> FROM EmplInfo LEFT JOIN DeptInfo ON EmplInfo.DeptID=DeptInfo.DeptID;
```

② 右外连接。

```
mysql> SELECT EmplName, DeptName
    -> FROM EmplInfo RIGHT JOIN DeptInfo ON EmplInfo.DeptID=DeptInfo.DeptID;
```

（6）分别采用IN子查询和比较子查询查询财务部和经理办的员工信息。

① IN子查询。

```
mysql> SELECT *
    -> FROM EmplInfo
    -> WHERE DeptID IN
    ->      (SELECT DeptID
    ->       FROM DeptInfo
    ->       WHERE DeptName='财务部' OR DeptName='经理办'
    ->      );
```

② 比较子查询。

```
mysql> SELECT *
    -> FROM EmplInfo
    -> WHERE DeptID=ANY
    ->      (SELECT DeptID
    ->       FROM DeptInfo
    ->       WHERE DeptName IN ('财务部', '经理办')
    ->      );
```

（7）列出比D001部门所有员工年龄都小的员工及其相应的出生日期。

```
mysql> SELECT EmplID AS 员工号, EmplName AS 姓名, Birthday AS 出生日期
    -> FROM EmplInfo
    -> WHERE Birthday>ALL
    ->      (SELECT Birthday
    ->       FROM EmplInfo
    ->       WHERE DeptID='D001'
    ->      );
```

（8）查询销售部员工的姓名。

```
mysql> SELECT EmplName AS 姓名
    -> FROM EmplInfo
    -> WHERE EXISTS
    ->      (SELECT *
    ->       FROM DeptInfo
```

```
    ->      WHERE EmplInfo.DeptID=DeptInfo.DeptID AND DeptID='D001'
    ->      );
```

（9）查询销售部和人事部员工名单。

```
mysql> SELECT EmplID, EmplName, DeptName
    -> FROM EmplInfo a, DeptInfo b
    -> WHERE a.DeptID=b.DeptID AND DeptName='销售部'
    -> UNION
    -> SELECT EmplID, EmplName, DeptName
    -> FROM EmplInfo a, DeptInfo b
    -> WHERE a.DeptID=b.DeptID AND DeptName='人事部';
```

3．设计性实验

对teachingpm数据库中SpecialityInfo表、StudentInfo表、CourseInfo表、ScoreInfo表、TeacherInfo表和LectureInfo表上的信息进行查询，编写和调试查询语句的代码，完成以下操作。

（1）对学生表和成绩表进行交叉连接，观察所有的可能组合。

（2）查询每个学生选修课程的情况。

① 使用INNER JOIN的显式语法结构。

② 使用WHERE子句定义连接条件的隐式语法结构。

（3）查询籍贯为四川的学生的姓名、专业、课程号和成绩。

① 使用INNER JOIN的显式语法结构。

② 使用WHERE子句定义连接条件的隐式语法结构。

（4）查询课程不同、成绩相同的学生的学号、课程号和成绩。

① 使用INNER JOIN的显式语法结构。

② 使用WHERE子句定义连接条件的隐式语法结构。

（5）分别采用左外连接和右外连接查询教师的讲课情况。

① 左外连接。

② 右外连接。

（6）分别采用IN子查询和比较子查询查询数字电路课程的成绩信息。

① IN子查询。

② 比较子查询。

（7）采用比较子查询列出比通信工程专业所有学生年龄都小的学生姓名及其相应的出生日期。

（8）采用EXISTS子查询列出选修数据库系统的学生姓名。

（9）采用集合操作符UNION查询选修数据库系统和英语的学生名单。

4．观察与思考

（1）使用INNER JOIN的显式语法结构和使用WHERE子句定义连接条件的隐式语法结构有何不同？

（2）内连接与外连接有何区别？

（3）举例说明IN子查询、比较子查询和EXIST子查询的用法。

（4）关键字ALL、SOME和ANY对比较运算有何限制？

实验6 视图和索引

实验6.1 视图

1．实验目的及要求

（1）理解视图的概念。

（2）掌握创建、修改、删除视图的方法，掌握通过视图进行插入、删除、修改数据的方法。

（3）具备编写和调试创建、修改、删除视图语句和更新视图语句的能力。

2．验证性实验

针对storepm数据库的员工表EmplInfo和部门表DeptInfo，完成以下操作。

（1）创建视图V_EmplInfoDeptInfo，其中包括员工号、姓名、性别、出生日期、籍贯、工资、部门号和部门名称。

```
mysql> CREATE OR REPLACE VIEW V_EmplInfoDeptInfo
    -> AS
    -> SELECT EmplID, EmplName, Sex, Birthday, Native, Wages, a.DeptID, DeptName
    -> FROM EmplInfo a, DeptInfo b
    -> WHERE a.DeptID=b.DeptID
    -> WITH CHECK OPTION;
```

（2）查看视图V_EmplInfoDeptInfo的所有记录。

```
mysql> SELECT *
    -> FROM V_EmplInfoDeptInfo;
```

（3）查看销售部员工的员工号、姓名、性别和工资。

```
mysql> SELECT EmplID, EmplName, Sex, Wages
    -> FROM V_EmplInfoDeptInfo
    -> WHERE DeptName='销售部';
```

（4）更新视图，将E004号员工的籍贯改为上海。

```
mysql> UPDATE V_EmplInfoDeptInfo SET Native='上海'
    -> WHERE EmplID='E004';
Query OK, 1 row affected (0.06 sec)
```

（5）对视图V_EmplInfoDeptInfo进行修改，指定部门名为销售部。

```
mysql> ALTER VIEW V_EmplInfoDeptInfo
    -> AS
    -> SELECT EmplID, EmplName, Sex, Birthday, Native, Wages, a.DeptID, DeptName
    -> FROM EmplInfo a, DeptInfo b
    -> WHERE a.DeptID=b.DeptID AND DeptName='销售部'
    -> WITH CHECK OPTION;
```

（6）删除V_EmplInfoDeptInfo视图。

```
mysql> DROP VIEW V_EmplInfoDeptInfo;
```

3．设计性实验

针对teachingpm数据库中的StudentInfo表、CourseInfo表和ScoreInfo表，完成以下操作。

（1）创建视图V_StudentInfoScoreInfo，其中包括学号、姓名、性别、出生日期、籍贯、专业代码、课程号和成绩。

（2）查看视图V_StudentInfoScoreInfo的所有记录。

（3）查看080903专业的学生的学号、姓名、性别和籍贯。

（4）更新视图V_StudentInfoScoreInfo，将学号198004的学生的籍贯更改为北京。

（5）对视图V_StudentInfoScoreInfo进行修改，指定专业代码为080703。

（6）删除V_StudentInfoScoreInfo视图。

4．观察与思考

（1）在视图中插入的数据能进入基表吗？

（2）修改基表的数据会自动映射到相应的视图中吗？

（3）哪些视图中的数据不可以进行插入、修改、删除操作？

实验6.2 索引

1．实验目的及要求

（1）理解索引的概念。

（2）掌握创建索引、查看表上建立的索引以及删除索引的方法。

（3）具备编写和调试创建索引语句、查看表上建立的索引语句以及删除索引语句的能力。

2．验证性实验

在storepm数据库中完成以下操作。

（1）在EmplInfo表的EmplName列上，创建一个普通索引I_EmplInfoEmplName。

```
mysql> CREATE INDEX I_EmplInfoEmplName ON EmplInfo(EmplName);
```

（2）在GoodsInfo表的GoodsID列上，创建一个索引I_GoodsInfoGoodsID，要求按商品号GoodsID字段值的前2个字符降序排列。

```
mysql> CREATE INDEX I_GoodsInfoGoodsID ON GoodsInfo(GoodsID(2) DESC);
```

（3）基于EmplInfo表的Wages列（降序）和EmplName列（升序），创建一个组合索引I_EmplInfoWagesEmplName。

```
mysql> CREATE INDEX I_EmplInfoWagesEmplNamee ON EmplInfo(Wages DESC, EmplName);
```

（4）创建新表GoodsInfo1，主键为GoodsID，同时在GoodsName列上创建唯一性索引。

```
mysql> CREATE TABLE GoodsInfo1
    ->     (
    ->         GoodsID varchar(4) NOT NULL PRIMARY KEY,
    ->         GoodsName varchar(30) NOT NULL,
    ->         ClassificationName varchar(20) NOT NULL,
    ->         UnitPrice decimal(8, 2) NULL,
    ->         StockQuantity int NULL DEFAULT 5,
    ->         INDEX(GoodsName)
    ->     );
```

（5）查看（4）中创建的GoodsInfo1表的索引。

```
mysql> SHOW INDEX FROM GoodsInfo1 \G;
```

（6）删除已建索引I_EmplInfoEmplName。

```
mysql> DROP INDEX I_EmplInfoEmplName ON EmplInfo;
```

（7）删除已建索引I_GoodsInfoGoodsID。

```
mysql> ALTER TABLE GoodsInfo
    -> DROP INDEX I_GoodsInfoGoodsID;
```

3．设计性实验

在teachingpm数据库中完成以下操作。

（1）在CourseInfo表的Coursename列上，创建一个普通索引I_CourseInfoCname。

（2）在CourseInfo表的CourseID列上，创建一个索引I_CourseInfoCourseD，要求按学号CourseID字段值的前2个字符降序排列。

（3）基于CourseInfo表的Credit列（降序）和CourseID列（升序），创建一个组合索引I_CourseInfo

CreditCourseID。

（4）创建新表StudentInfo1，主键为StudentID，同时在Sname列上创建唯一性索引。

（5）查看（4）中创建的StudentInfo表的索引。

（6）删除已建索引I_CourseInfoCname。

（7）删除已建索引I_CourseInfoCreditCourseID。

4．观察与思考

（1）索引有何作用？使用索引有何代价？

（2）在数据库中，索引被破坏后会产生什么结果？

MySQL编程技术

实验7.1 存储过程和存储函数

1. 实验目的及要求

（1）理解存储过程和存储函数的概念。

（2）掌握存储过程和存储函数的创建、调用、删除等操作方法，以及局部变量、流程控制等的使用方法。

（3）具备设计、编写和调试存储过程与存储函数语句以解决“应用问题”的能力。

2. 验证性实验

在storepm数据库中，使用存储过程和存储函数语句解决下列“应用问题”。

（1）创建一个存储过程，输入员工号后，将查询出的员工姓名存入输出参数内。

```
mysql> DELIMITER $$
mysql> CREATE PROCEDURE P_Name(IN v_EmplID varchar(4), OUT v_EmplName varchar(8))
    -> BEGIN
    ->      SELECT EmplName INTO v_EmplName FROM EmplInfo WHERE EmplID=v_EmplID;
    -> END $$
mysql> DELIMITER ;
mysql> CALL P_Name('E004', @v_EmplName);
mysql> SELECT @v_EmplName;
```

（2）创建一个存储过程，输入商品号后，将查询出的商品名称、单价存入输出参数内。

```
mysql> DELIMITER $$
mysql> CREATE PROCEDURE P_NameUnitPrice(IN v_GoodsID varchar(4), OUT v_
GoodsName varchar(30), OUT v_UnitPrice decimal(8, 2))
    -> BEGIN
    ->      SELECT GoodsName, UnitPrice INTO v_GoodsName,v_UnitPrice  FROM
GoodsInfo WHERE GoodsID=v_GoodsID;
    -> END $$
mysql> DELIMITER ;
mysql> CALL P_NameUnitPrice('1002', @v_GoodsName, @v_UnitPrice);
```

```
mysql> SELECT @v_UnitPrice, @v_GoodsName;
```

（3）创建向员工表中插入一条记录的存储过程。

```
mysql> DELIMITER $$
mysql> CREATE PROCEDURE P_insertEmplInfo()
    -> BEGIN
    ->      INSERT INTO EmplInfo VALUES('E008','谢卓然','男','1982-07-16',
            NULL, 3800, NULL);
    ->      SELECT * FROM EmplInfo WHERE EmplID='E008';
    -> END $$
mysql> DELIMITER ;
mysql> CALL P_insertEmplInfo();
```

（4）创建修改员工籍贯和部门号的存储过程。

```
mysql> DELIMITER $$
mysql> CREATE PROCEDURE P_updateEmplInfo(IN v_EmplID varchar(4), IN v_
Native varchar(20), IN v_DeptID varchar(4))
    -> BEGIN
    ->      UPDATE EmplInfo SET Native=v_Native, DeptID=v_DeptID WHERE
            EmplID=v_EmplID;
    ->      SELECT * FROM EmplInfo WHERE EmplID=v_EmplID;
    -> END $$
Query OK, 0 rows affected (0.05 sec)
mysql> DELIMITER ;
mysql>
mysql> CALL P_updateEmplInfo('E008', '四川', 'D001');
```

（5）创建删除员工记录的存储过程。

```
mysql> DELIMITER $$
mysql> CREATE PROCEDURE P_deleteEmplInfo(IN v_EmplID varchar(4), OUT v_msg
char(8))
    -> BEGIN
    ->      DELETE FROM EmplInfo WHERE EmplID=v_EmplID;
    ->      SET v_msg='删除成功';
    -> END $$
mysql> DELIMITER ;
mysql> CALL P_deleteEmplInfo('E008', @msg);
mysql> SELECT @msg;
```

（6）创建一个使用游标的存储过程，计算EmplInfo表中行的数目。

```
mysql> DELIMITER $$
mysql> CREATE PROCEDURE P_EmplInfoRow(OUT v_rows int)
    -> BEGIN
    ->      DECLARE v_EmplID varchar(4);
    ->      DECLARE found boolean DEFAULT TRUE;
    ->      DECLARE CUR_EmplInfo CURSOR FOR SELECT EmplID FROM EmplInfo;
    ->      DECLARE CONTINUE HANDLER FOR NOT found;
    ->      SET found=FALSE;
```

```
    ->      SET v_rows=0;
    ->      OPEN CUR_EmplInfo;
    ->      FETCH CUR_EmplInfo into v_EmplID;
    ->      WHILE found DO
    ->          SET v_rows=v_rows+1;
    ->          FETCH CUR_EmplInfo INTO v_EmplID;
    ->      END WHILE;
    ->      CLOSE CUR_EmplInfo;
    -> END $$
mysql> DELIMITER ;
mysql> CALL P_EmplInfoRow(@rows);
mysql> SELECT @rows;
```

（7）删除（1）中所建的存储过程。

```
mysql> DROP PROCEDURE P_Name;
```

（8）创建一个存储函数，由商品号查库存量。

```
mysql> DELIMITER $$
mysql> CREATE FUNCTION F_StockQuantity(v_GoodsID char(4))
    ->      RETURNS char(12)
    ->      DETERMINISTIC
    -> BEGIN
    ->      RETURN(SELECT StockQuantity FROM GoodsInfo WHERE GoodsID=v_GoodsID);
    -> END $$
mysql> DELIMITER ;
mysql> SELECT F_StockQuantity('2001');
```

（9）删除（8）中所建的存储函数。

```
mysql> DROP FUNCTION IF EXISTS F_StockQuantity;
```

3．设计性实验

在teachingpm数据库中，设计、编写和调试存储过程和存储函数语句，解决以下"应用问题"。

（1）创建一个存储过程，输入课程名后，将查询出的课程学分存入输出参数内。

（2）创建向课程表中插入一条记录的存储过程，并调用该存储过程。

（3）创建修改课程学分的存储过程。

（4）创建删除课程记录的存储过程。

（5）创建一个使用游标的存储过程，计算课程表的行数。

（6）删除（1）中所建的存储过程。

（7）创建一个存储函数，由学号和课程号查成绩。

（8）删除（7）中所建的存储函数。

4．观察与思考

（1）怎样使用DELIMITER命令修改MySQL的结束符？

（2）如何设置存储过程的参数？

（3）局部变量和用户变量有何不同？

（4）总结条件判断语句和循环语句的使用方法。

（5）理解游标并总结游标的使用方法。

（6）比较存储过程的调用和存储函数的调用。

实验7.2 触发器和事件

1．实验目的及要求

（1）理解触发器和事件的概念。

（2）掌握触发器的创建、删除和使用，以及事件的创建、修改和删除等操作。

（3）具备设计、编写和调试触发器和事件语句以解决“应用问题”的能力。

2．验证性实验

在storepm数据库中，有EmplInfo表、DeptInfo表和GoodsInfo表，使用触发器和事件语句解决以下“应用问题”。

（1）创建触发器，当修改员工籍贯时，显示“正在修改籍贯”。

```
mysql> CREATE TRIGGER T_updateEmplInfo AFTER update
    ->     ON EmplInfo FOR EACH ROW SET @str='正在修改籍贯';
mysql> UPDATE EmplInfo SET Native='北京' WHERE EmplID='E005';
mysql> SELECT @str;
```

（2）创建触发器，当向DeptInfo表中插入一条记录时，显示插入记录的部门名。

```
mysql> CREATE TRIGGER T_insertDeptInfo AFTER INSERT
    ->     ON DeptInfo FOR EACH ROW SET @str1=NEW.DeptName;
mysql> INSERT INTO DeptInfo VALUES('D006','采购部');
mysql> SELECT @str1;
```

（3）创建一个触发器，当更新DeptInfo表中某个部门的部门号时，同时更新EmplInfo表中所有相应的部门号。

```
mysql> DELIMITER $$
mysql> CREATE TRIGGER T_updateDeptInfotEmplInfo AFTER UPDATE
    ->     ON DeptInfo FOR EACH ROW
    -> BEGIN
    ->     UPDATE EmplInfo SET DeptID=NEW.DeptID WHERE DeptID=OLD.DeptID;
    -> END $$
mysql> DELIMITER ;
mysql> UPDATE DeptInfo SET DeptID='D007' WHERE DeptID='D003';
mysql> SELECT * FROM EmplInfo WHERE DeptID='D007';
```

（4）创建一个触发器，当删除DeptInfo表中某个部门的记录时，同时删除EmplInfo表中与该部门有关的全部数据。

```
mysql> DELIMITER $$
mysql> CREATE TRIGGER T_deleteDeptInfotEmplInfo AFTER DELETE
    ->      ON DeptInfo FOR EACH ROW
    -> BEGIN
    ->      DELETE FROM EmplInfo WHERE DeptID=OLD.DeptID;
    -> END $$
mysql> DELIMITER ;
mysql> DELETE FROM DeptInfo WHERE DeptID='D007';
mysql> SELECT * FROM EmplInfo WHERE DeptID='D007';
```

（5）删除（1）中所建的触发器。

```
mysql> DROP TRIGGER T_updateEmplInfo;
```

（6）创建tw表，创建事件，在该事件中每4s插入一条记录到tw表。

```
mysql> CREATE TABLE tw(timeline timestamp);
mysql> CREATE EVENT E_insertTw
    ->      ON SCHEDULE EVERY 4 SECOND
    ->      DO
    ->      INSERT INTO tw VALUES(current_timestamp);
mysql> SELECT * FROM tw;
```

（7）创建事件，从第2周起，每周清空tw表，直至2021年12月31日结束。

```
mysql> DELIMITER $$
mysql> CREATE EVENT E_startWeeks
    ->      ON SCHEDULE EVERY 1 WEEK
    ->      STARTS CURDATE()+INTERVAL 1 WEEK
    ->      ENDS '2021-12-31'
    ->      DO
    ->      BEGIN
    ->          TRUNCATE TABLE tw;
    ->      END $$
mysql> DELIMITER ;
```

（8）删除（7）中所建的事件。

```
mysql> DROP EVENT E_startWeeks;
```

3．设计性实验

在teachingpm数据库中，设计、编写和调试触发器和事件语句以解决下列“应用问题”。

（1）创建触发器，当向成绩表中插入一条记录时，显示正在插入记录。

（2）创建一个触发器，当更新课程表中某门课程的课程号时，同时更新成绩表中所有相应的课程号。

（3）创建一个触发器，当删除课程表中某门课程的记录时，同时删除成绩表中与该课程有关的全部数据。

（4）删除（1）中所建的触发器。

（5）创建tc表，创建事件，在该事件中每5s插入一条记录到tc表。

（6）创建事件，从第2个月起，每月清空tc表，直至2021年12月31日结束。

（7）删除（6）中所建的事件。

4．观察与思考

（1）触发器中的虚拟表NEW和OLD各有何作用?

（2）事件有何作用?

（3）什么是事件调度器?怎样查看它当前是否被开启?

实验8 MySQL安全管理

1．实验目的及要求

（1）了解MySQL权限系统工作过程。

（2）理解权限管理和安全控制的概念。

（3）掌握用户创建、修改和删除，以及权限授予和收回等操作。

（4）具备设计、编写和调试用户管理语句、权限管理语句以解决“应用问题”的能力。

2．验证性实验

使用用户管理语句、权限管理语句解决以下“应用问题”。

（1）创建用户sale1，口令为gd01；创建用户sale2，口令为gd02；创建用户sale3，口令为gd03；创建用户sale4，口令为gd04；创建用户sale5，口令为gd05。

```
mysql> CREATE USER 'sale1'@'localhost' IDENTIFIED BY 'gd01',
    ->      'sale2'@'localhost' IDENTIFIED BY 'gd02',
    ->      'sale3'@'localhost' IDENTIFIED BY 'gd03',
    ->      'sale4'@'localhost' IDENTIFIED BY 'gd04',
    ->      'sale5'@'localhost' IDENTIFIED BY 'gd05';
```

（2）删除用户sale5。

```
mysql> DROP USER 'sale5'@'localhost';
```

（3）将用户sale4的名字修改为zheng。

```
mysql> RENAME USER 'sale4'@'localhost' TO 'zheng'@'localhost';
```

（4）将用户zheng的口令修改为kt68。

```
mysql> SET PASSWORD FOR 'zheng'@'localhost'='kt68';
```

（5）授予用户sale1在数据库storepm的EmplInfo表上对员工号列和员工姓名列的查询权限。

```
mysql> GRANT SELECT(EmplID, EmplName)
    ->      ON storepm.EmplInfo
    ->      TO 'sale1'@'localhost';
```

（6）先创建新用户wan和yi，然后授予它们在数据库storepm的EmplInfo表上添加行、更新表的值和删除行的权限，并允许它们将自身的权限授予其他用户。

```
mysql> CREATE USER 'wan'@'localhost' IDENTIFIED BY 'n001',
    ->        'yi'@'localhost' IDENTIFIED BY 'n002';
mysql> GRANT INSERT, UPDATE, DELETE
    ->       ON storepm.EmplInfo
    ->       TO 'wan'@'localhost', 'yi'@'localhost'
    ->       WITH GRANT OPTION;
```

（7）授予用户sale2对数据库storepm执行所有数据库操作的权限。

```
mysql> GRANT ALL
    ->       ON stuscopm.*
    ->       TO 'sale2'@'localhost';
```

（8）授予用户sale3创建新用户的权限。

```
mysql> GRANT CREATE USER
    ->       ON *.*
    ->       TO 'sale3'@'localhost';
```

（9）授予用户zheng在所有数据库中创建新表、修改表和删除表的权限。

```
mysql> GRANT CREATE, ALTER, DROP
    ->       ON *.*
    ->       TO 'zheng'@'localhost';
```

（10）收回用户wan在数据库storepm的EmplInfo表上添加行的权限。

```
mysql> REVOKE INSERT
    ->       ON storepm.EmplInfo
    ->       FROM 'wan'@'localhost';
```

3．设计性实验

设计、编写和调试用户管理语句、权限管理语句以解决下列“应用问题”。

（1）创建用户edu1，口令为t001；创建用户edu2，口令为t002；创建用户edu3，口令为t003；创建用户edu4，口令为t004；创建用户edu5，口令为t005。

（2）删除用户edu5。

（3）将用户edu4的名字修改为zhong。

（4）将用户zhong的口令修改为t105。

（5）授予用户zhong在数据库teachingpm的CourseInfo表上对课程号列和课程名列的查询权限。

（6）先创建新用户bai和xiao，然后授予它们在数据库teachingpm的CourseInfo表上添加行、更新表的值和删除行的权限，并允许它们将自身的权限授予其他用户。

（7）授予用户edu3对数据库teachingpm执行所有数据库操作的权限。

（8）授予用户edu2创建新用户的权限。

（9）授予用户edu1在所有数据库中创建新表、修改表和删除表的权限。

（10）收回用户bai在数据库teachingpm的CourseInfo表上添加行和删除行的权限。

4．观察与思考

（1）列权限、表权限、数据库权限和用户权限有何不同？
（2）授予权限和撤销权限有何关系？

实验9 备份和恢复

1．实验目的及要求

（1）理解备份和恢复的概念。

（2）掌握MySQL数据库常用的备份数据方法和恢复数据方法。

（3）具备设计、编写和调试备份数据和恢复数据的语句和命令以解决“应用问题”的能力。

2．验证性实验

使用备份数据和恢复数据的语句和命令解决以下“应用问题”。

（1）备份storepm数据库中EmplInfo表中的数据。要求字段值如果是字符就用双引号标注，字段值之间用逗号隔开，每行以问号为结束标志。

```
mysql> SELECT * FROM EmplInfo
    ->      INTO OUTFILE 'C:/ProgramData/MySQL/MySQL Server 8.0/Uploads/
            EmplInfo.txt'
    ->      FIELDS TERMINATED BY ','
    ->      OPTIONALLY ENCLOSED BY '"'
    ->      LINES TERMINATED BY '?';
```

（2）使用mysqldump备份storepm数据库的EmplInfo表到D盘的backuppm目录下。

```
mysqldump -u root -p storepm EmplInfo>D:\backuppm\EmplInfo.sql
```

（3）备份storepm数据库到D盘的backuppm目录下。

```
mysqldump -u root -p storepm>D:\backuppm\storepm.sql
```

（4）备份MySQL服务器上的所有数据库到D盘的backuppm目录下。

```
mysqldump -u root -p --all-databases>D:\backuppm\alldb.sql
```

（5）删除storepm数据库中EmplInfo表中的数据后，将（1）中的备份文件EmplInfo.txt导入空表EmplInfo中。

```
mysql> LOAD DATA INFILE 'C:/ProgramData/MySQL/MySQL Server 8.0/Uploads/
       EmplInfo.txt'
```

```
    ->      INTO TABLE EmplInfo
    ->      FIELDS TERMINATED BY ','
    ->      OPTIONALLY ENCLOSED BY '"'
    ->      LINES TERMINATED BY '?';
```

（6）删除storepm数据库中的各个表后，用（3）中的备份文件storepm.sql将它们恢复。

```
mysql -u root -p storepm<D:\backuppm\storepm.sql
```

3．设计性实验

设计、编写和调试备份数据和恢复数据的语句和命令以解决下列“应用问题”。

（1）备份teachingpm数据库中CourseInfo表中的数据，要求字段值如果是字符就用双引号标注，字段值之间用逗号隔开，每行以问号为结束标志。

（2）使用mysqldump备份teachingpm数据库的 CourseInfo表到D盘的backupexpm目录下。

（3）备份teachingpm数据库到D盘的backupexpm目录下。

（4）备份MySQL服务器上的所有数据库到D盘的backupexpm目录下。

（5）删除teachingpm数据库中CourseInfo表中的数据后，将（1）中的备份文件 CourseInfo.txt导入空表 CourseInfo中。

（6）删除teachingpm数据库中的各个表后，用（3）中的备份文件teachingpm.sql将它们恢复。

4．观察与思考

（1）若使用mysqldump命令执行操作，操作前未在Windows 中创建目录，则会有什么现象发生?

（2）SELECT…INTO OUTFILE语句和LOAD DATA INFILE语句有何不同？又有何联系？

（3）MySQL对使用SELECT…INTO OUTFILE语句和LOAD DATA INFILE语句进行导出和导入的目录有何限制？

课后习题参考答案

第1章　数据库基础

一、选择题

题号	1.1	1.2	1.3	1.4	1.5	1.6	1.7
答案	B	A	B	D	B	D	A

二、填空题

1.8　数据完整性约束
1.9　减少数据冗余
1.10　物理模型
1.11　数据库
1.12　关系模型
1.13　MySQL命令行客户端
1.14　手动

三、简答题

略

四、应用题

1.29
（1）

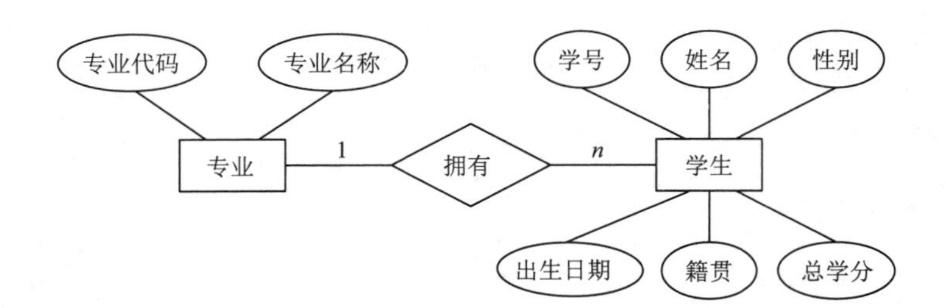

（2）

专业(专业代码，专业名称)
学生(学号，姓名，性别，出生日期，籍贯，总学分，专业代码)
　　外键：专业代码

1.30

（1）

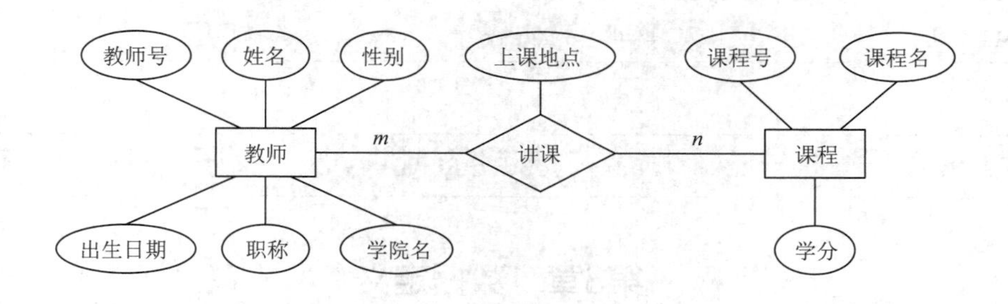

（2）

教师(教师号，姓名，性别，出生日期，职称，学院名)
课程(课程号，课程名，学分)
讲课(教师号，课程号，上课地点)
　　外键：教师号，课程号

第2章　MySQL语言

一、选择题

题号	2.1	2.2	2.3	2.4
答案	D	C	B	A

二、填空题

2.5　标准语言
2.6　CREATE
2.7　INSERT
2.8　GRANT
2.9　扩展
2.10　内置函数
2.11　改变
2.12　比较运算符
2.13　值
2.14　容易

三、简答题

略

四、应用题

2.23

```
mysql> SET @cname='数据结构';
```

2.24

```
mysql> SELECT TRUNCATE(3.14159, 2);
```

2.25

```
mysql> SELECT SUBSTRING('Thank you very much!',11, 4);
```

第3章　数据定义

一、选择题

题号	3.1	3.2	3.3	3.4	3.5	3.6	3.7
答案	B	A	D	C	D	A	C
题号	3.8	3.9	3.10	3.11			
答案	B	A	D	C			

二、填空题

3.12　mysql
3.13　标志
3.14　未知
3.15　DEFAULT
3.16　参照完整性
3.17　CHECK
3.18　UNIQUE
3.19　PRIMARY KEY

三、简答题

略

四、应用题

3.30

```
mysql> CREATE DATABASE teaching;
mysql> USE teaching;
```

3.31

```
mysql> CREATE TABLE speciality
    ->     (
    ->          specialityno char(6) NOT NULL PRIMARY KEY,
    ->          specialityname char(20) NOT NULL
    ->     );
mysql> CREATE TABLE student
    ->     (
    ->          studentno char(6) NOT NULL PRIMARY KEY,
    ->          sname char(8) NOT NULL,
    ->          ssex char(2) NOT NULL DEFAULT '男',
    ->          sbirthday date NOT NULL,
    ->          tc tinyint NULL,
    ->          specialityno char(6) NOT NULL
    ->     );
mysql> CREATE TABLE course
    ->     (
    ->          courseno char(4) NOT NULL PRIMARY KEY,
    ->          cname char(16) NOT NULL,
    ->          credit tinyint NULL
    ->     );
mysql> CREATE TABLE score
    ->     (
    ->          studentno char (6) NOT NULL,
    ->          courseno char(4) NOT NULL,
    ->          grade tinyint NULL,
    ->          PRIMARY KEY(studentno,courseno)
    ->     );
mysql> CREATE TABLE teacher
    ->     (
    ->          teacherno char (6) NOT NULL PRIMARY KEY,
    ->          tname char(8) NOT NULL,
    ->          tsex char (2) NOT NULL DEFAULT '男',
    ->          tbirthday date NOT NULL,
    ->          title char (12) NULL,
    ->          school char (12) NULL
    ->     );
mysql> CREATE TABLE lecture
    ->     (
    ->          teacherno char(6) NOT NULL,
    ->          courseno char(4) NOT NULL,
    ->          location char(10) NULL,
    ->          PRIMARY KEY(teacherno,courseno)
    ->     );
```

3.32

（1）

```
mysql> CREATE TABLE speciality1
    ->     (
    ->          specialityno char(6) NOT NULL PRIMARY KEY,
```

```
    ->          specialityname char(20) NOT NULL
    ->      );
```

（2）

```
mysql> CREATE TABLE speciality2
    ->      (
    ->          specialityno char(6) NOT NULL,
    ->          specialityname char(20) NOT NULL,
    ->          CONSTRAINT PK_speciality2 PRIMARY KEY(specialityno)
    ->      );
```

3.33

（1）

```
mysql> CREATE TABLE speciality3
    ->      (
    ->          specialityno char(6) NOT NULL PRIMARY KEY,
    ->          specialityname char(20) NOT NULL UNIQUE
    ->      );
```

（2）

```
mysql> CREATE TABLE speciality4
    ->      (
    ->          specialityno char(6) NOT NULL PRIMARY KEY,
    ->          specialityname char(20) NOT NULL,
    ->          CONSTRAINT UK_DeptInfo4 UNIQUE(specialityname)
    ->      );
```

3.34

（1）

```
mysql> CREATE TABLE student1
    ->      (
    ->          studentno char(6) NOT NULL PRIMARY KEY,
    ->          sname char(8) NOT NULL,
    ->          ssex char(2) NOT NULL DEFAULT '男',
    ->          sbirthday date NOT NULL,
    ->          tc tinyint NULL,
    ->          specialityno char(6) NOT NULL REFERENCES speciality1(specialityno)
    ->      );
```

（2）

```
mysql> CREATE TABLE student2
    ->      (
    ->          studentno char(6) NOT NULL PRIMARY KEY,
    ->          sname char(8) NOT NULL,
    ->          ssex char(2) NOT NULL DEFAULT '男',
    ->          sbirthday date NOT NULL,
    ->          tc tinyint NULL,
```

```
    ->          specialityno char(6) NOT NULL,
    ->          CONSTRAINT FK_student2 FOREIGN KEY(specialityno) REFERENCES
    -> speciality2(specialityno)
    ->      );
```

3.35

（1）

```
mysql> CREATE TABLE score1
    ->      (
    ->          studentno char (6) NOT NULL,
    ->          courseno char(4) NOT NULL,
    ->          grade tinyint NULL CHECK(grade>=0 AND grade<=100),
    ->          PRIMARY KEY(studentno,courseno)
    ->      );
```

（2）

```
mysql> CREATE TABLE score2
    ->      (
    ->          studentno char (6) NOT NULL,
    ->          courseno char(4) NOT NULL,
    ->          grade tinyint NULL,
    ->          PRIMARY KEY(studentno,courseno),
    ->          CONSTRAINT CK_score2 CHECK(grade>=0 AND grade<=100)
    ->      );
```

第4章　数据操纵

一、选择题

题号	4.1	4.2	4.3	4.4	4.5
答案	B	C	A	B	C

二、填空题

4.6　UPDATE

4.7　INSERT

4.8　INSERT INTO…SELECT…

4.9　一一对应

4.10　各列

4.11　空值

4.12　删除

4.13　逗号

4.14　列值

4.15　条件

4.16　TRUNCATE

三、简答题

略

四、应用题

4.21

```
mysql> INSERT INTO speciality
    -> VALUES('080701','电子信息工程'),
    -> ('080702','电子科学与技术'),
    -> ('080703','通信工程'),
    -> ('080901 ','计算机科学与技术'),
    -> ('080902','软件工程'),
    -> ('080903','网络工程');
mysql> INSERT INTO course
    -> VALUES('1004','数据库系统',4),
    -> ('1009','软件工程',3),
    -> ('4008','通信原理',4),
    -> ('8001','高等数学',4),
    -> ('1201','英语',4);
mysql> INSERT INTO score
    -> VALUES('193001','1004',93),
    -> ('193002','1004',86),
    -> ('193003','1004',94),
    -> ('198001','4008',92),
    -> ('198002','4008',79),
    -> ('198004','4008',87),
    -> ('193001','8001',91),
    -> ('193002','8001',89),
    -> ('193003','8001',87),
    -> ('198001','8001',91),
    -> ('198002','8001',77),
    -> ('198004','8001',95),
    -> ('193001','1201',93),
    -> ('193002','1201',85),
    -> ('193003','1201',93),
    -> ('198001','1201',91),
    -> ('198002','1201',NULL),
    -> ('198004','1201',92);
mysql> INSERT INTO teacher
    -> VALUES('100004','郭逸超','男','1975-07-24','教授','计算机学院'),
    -> ('100021','任敏','女','1979-10-05','教授','计算机学院'),
    -> ('400012','周章群','女','1988-09-21','讲师','通信学院'),
    -> ('800023','黄玉杰','男','1985-12-18','副教授','数学学院'),
    -> ('120037','杨静','女','1983-03-12','副教授','外国语学院');
mysql> INSERT INTO lecture
    -> VALUES('100004','1004','5-314'),
    -> ('400012','4008','1-208'),
    -> ('800023','8001','6-105'),
    -> ('120037','1201','4-317');
```

4.22

（1）

```
mysql> INSERT INTO student1
    ->      VALUES('193001','梁俊松','男','1999-12-05',52,'080903');
```

（2）

```
mysql> INSERT INTO student1(studentno,specialityno,tc,ssex,sbirthday,sname)
    ->      VALUES('198002','080703',48,'女','1998-09-21','张小翠');
```

（3）

```
mysql> INSERT INTO student1(studentno,sbirthday,sname,specialityno)
    ->      VALUES('198004','1999-11-08','洪波','080703');
```

4.23

```
mysql> INSERT INTO student
    ->      VALUES('193001','梁俊松','男','1999-12-05',52,'080903'),
    ->      ('193002','周玲','女','1998-04-17',50,'080903'),
    ->      ('193003','夏玉芳','女','1999-06-25',52,'080903'),
    ->      ('198001','康文卓','男','1998-10-14',50,'080703'),
    ->      ('198002','张小翠','女','1998-09-21',48,'080703'),
    ->      ('198004','洪波','男','1999-11-08',52,'080703');
```

4.24

```
mysql> INSERT INTO student2
    ->      SELECT * FROM student;
```

4.25

```
mysql> UPDATE student1
    ->      SET sbirthday='1998-11-08'
    ->      WHERE sname ='洪波';
```

4.26

```
mysql> UPDATE student1
    ->      SET tc=tc+2;
```

4.27

（1）

```
mysql> DELETE FROM student1;
```

（2）

```
mysql> TRUNCATE student2;
```

第5章 数据查询

一、选择题

题号	5.1	5.2	5.3	5.4	5.5	5.6	5.7	5.8
答案	B	C	D	C	B	A	D	C

二、填空题

5.9 SELECT
5.10 LIMIT
5.11 FROM
5.12 REGEXP
5.13 cross join
5.14 INNER JOIN
5.15 right outer join
5.16 子查询
5.17 ANY
5.18 并

三、简答题

略

四、应用题

5.28

```
mysql> SELECT courseno, cname, credit
    -> FROM course;
```

或

```
mysql> SELECT *
    -> FROM course;
```

5.29

```
mysql> SELECT grade AS 成绩
    -> FROM score
    -> WHERE studentno='198001' AND courseno='8001';
```

5.30

```
mysql> SELECT *
    -> FROM course
    -> WHERE cname REGEXP '工程|原理';
```

5.31

```
mysql> SELECT studentno, courseno, grade
    -> FROM score
    -> WHERE courseno='1201'
    -> ORDER BY grade DESC
    -> LIMIT 0, 3;
```

5.32

```
mysql> SELECT MAX(tc) AS 最高学分
    -> FROM student
    -> WHERE specialityno='080903'
```

5.33

```
mysql> SELECT MAX(grade) AS 课程4008最高分,MIN(grade) AS 课程4008最低分,
AVG(grade) AS 课程4008平均分
    -> FROM score
    -> WHERE courseno='4008';
```

5.34

```
mysql> SELECT courseno AS 课程号, AVG (grade) AS 平均分
    -> FROM score
    -> WHERE courseno LIKE '8%'
    -> GROUP BY courseno
    -> HAVING COUNT(*)>=3;
```

5.35

```
mysql> SELECT *
    -> FROM student
    -> WHERE specialityno='080703'
    -> ORDER BY sbirthday;
```

5.36

```
mysql> SELECT studentno AS 学号, COUNT(courseno) AS 选修课程数
    -> FROM score
    -> WHERE grade>=90
    -> GROUP BY studentno
    -> HAVING COUNT(*)>=3;
```

5.37

```
mysql> SELECT sname, grade
    -> FROM score JOIN course ON score.courseno=course.courseno JOIN
student ON score.studentno=student.studentno
    -> WHERE cname='高等数学';
```

5.38

```
mysql> SELECT a.studentno, sname, ssex, cname, grade
    -> FROM score a JOIN student b ON a.studentno=B.studentno JOIN course
C ON a.courseno=c.courseno
    -> WHERE cname='通信原理' AND grade>=80;
```

5.39

```
mysql> SELECT tname AS 教师姓名, AVG(grade) AS 平均分
    -> FROM teacher a, lecture b, course c, score d
    -> WHERE a.teacherno=b.teacherno AND c.courseno=b.courseno AND
c.courseno=d.courseno
    -> GROUP BY tname
    -> HAVING AVG(grade)>=90;
```

5.40

```
mysql> SELECT sname AS 姓名, ssex AS 性别, tc AS 总学分
    -> FROM student a, score b
    -> WHERE a.studentno=b.studentno AND b.courseno='1201'
    -> UNION
    -> SELECT sname AS 姓名, ssex AS 性别, tc AS 总学分
    -> FROM student a, score b
    -> WHERE a.studentno=b.studentno AND b.courseno='1004';
```

5.41

```
mysql> SELECT MAX(grade) AS 最高分, AVG(grade) AS 平均分
    -> FROM speciality a, student b, score c
    -> WHERE a.specialityno=b.specialityno AND b.studentno=c.studentno AND
specialityname='通信工程';
```

5.42

```
mysql> SELECT specialityname AS 专业名称, cname AS 课程名, MAX(grade) AS 最高分
    -> FROM speciality a, student b, score c, course d
    -> WHERE a.specialityno=b.specialityno AND b.studentno=c.studentno AND
c.courseno=d.courseno
    -> GROUP BY specialityname, cname;
```

5.43

```
mysql> SELECT teacher.tname
    -> FROM teacher
    -> WHERE teacher.teacherno=
    ->     (SELECT lecture.teacherno
    ->      FROM lecture
    ->      WHERE courseno=
    ->          (SELECT course.courseno
    ->           FROM course
    ->           WHERE cname='数据库系统'
```

```
    ->            )
    ->        );
```

5.44

```
mysql> SELECT studentno,courseno,grade
    -> FROM score
    -> WHERE grade>
    ->      (SELECT AVG(grade)
    ->       FROM score
    ->       WHERE grade IS NOT NULL
    ->      );
```

第6章 视图和索引

一、选择题

题号	6.1	6.2	6.3	6.4	6.5	6.6	6.7
答案	D	B	A	B	B	C	A
题号	6.8	6.9					
答案	C	D					

二、填空题

6.10 提高安全性

6.11 基础表

6.12 满足可更新条件

6.13 ALTER VIEW

6.14 指针

6.15 记录

6.16 CREATE INDEX

6.17 CREATE TABLE

6.18 ALTER TABLE

三、简答题

略

四、应用题

6.24

```
mysql> CREATE OR REPLACE VIEW V_StudentSpeciality
    -> AS
    -> SELECT studentno, sname, ssex, tc, a.specialityno, specialityname
    -> FROM student a, speciality b
```

```
    -> WHERE a.specialityno=b.specialityno
    -> WITH CHECK OPTION;
```

6.25

```
mysql> SELECT *
    -> FROM V_StudentSpeciality;
```

6.26

```
mysql> SELECT studentno, sname, ssex, tc
    -> FROM V_StudentSpeciality
    -> WHERE specialityname='网络工程';
```

6.27

```
mysql> UPDATE V_StudentSpeciality SET tc=52
    -> WHERE studentno='193002';
```

6.28

```
mysql> ALTER VIEW V_StudentSpeciality
    -> AS
    -> SELECT studentno, sname, ssex, tc, a.specialityno, specialityname
    -> FROM student a, speciality b
    -> WHERE a.specialityno=b.specialityno AND specialityname='通信工程'
    -> WITH CHECK OPTION;
```

6.29

```
mysql> DROP VIEW V_StudentSpeciality;
```

6.30

```
mysql> CREATE INDEX I_StudentSname ON student(sname);
```

6.31

```
mysql> CREATE INDEX I_StudentStudentno ON student(studentno(6) DESC);
```

6.32

```
mysql> CREATE INDEX I_StudentTcSname ON student(tc DESC, sname);
```

6.33

```
mysql>DROP INDEX I_StudentSname ON student;
```

第7章 MySQL编程技术

一、选择题

题号	7.1	7.2	7.3	7.4	7.5	7.6	7.7	7.8
答案	C	A	B	C	D	B	A	C

二、填空题

7.9 CREATE PROCEDURE
7.10 CALL
7.11 过程式
7.12 INOUT
7.13 包含
7.14 SELECT
7.15 DELETE触发器
7.16 CREATE TRIGGER
7.17 之后
7.18 临时触发器

三、简答题

略

四、应用题

7.29

```
mysql> DELIMITER $$
mysql> CREATE PROCEDURE P_insertStudent()
    -> BEGIN
    ->     INSERT INTO student VALUES('198006','董方梅','女','1998-07-12',
           50,'080703');
    ->     SELECT * FROM student WHERE studentno='198006';
    -> END $$
mysql> DELIMITER ;
mysql> CALL P_insertStudent();
```

7.30

```
mysql> DELIMITER $$
mysql> CREATE PROCEDURE P_updateStudent(IN v_studentno char(6), IN v_tc
tinyint)
    -> BEGIN
    ->     UPDATE student SET tc=v_tc WHERE studentno=v_studentno;
    ->     SELECT * FROM student WHERE studentno=v_studentno;
    -> END $$
```

```
mysql> DELIMITER ;
mysql> CALL P_updateStudent('198002', 50);
```

7.31

```
mysql> DELIMITER $$
mysql> CREATE PROCEDURE P_deleteStudent(IN v_studentno char(6), OUT v_msg char(8))
    -> BEGIN
    ->     DELETE FROM student WHERE studentno=v_studentno;
    ->     SET v_msg='删除成功';
    -> END $$
mysql> DELIMITER ;
mysql> CALL P_deleteStudent('198006', @msg);
mysql> SELECT @msg;
```

7.32

```
mysql> DELIMITER $$
mysql> CREATE PROCEDURE P_gradeReport(IN v_studentno char(6))
    -> BEGIN
    ->     DECLARE v_cname char(16);
    ->     DECLARE v_grade tinyint;
    ->     DECLARE found boolean DEFAULT TRUE;
    ->     DECLARE CUR_report CURSOR FOR SELECT cname, grade FROM student
           a, course b, score c WHERE a.studentno=c.studentno AND
           b.courseno=c.courseno AND a.studentno=v_studentno;
    ->     DECLARE CONTINUE HANDLER FOR NOT found
    ->         SET found=FALSE;
    ->     OPEN CUR_report;
    ->     FETCH CUR_report into v_cname, v_grade;
    ->     WHILE found DO
    ->         SELECT v_cname, v_grade;
    ->         FETCH CUR_report into v_cname, v_grade;
    ->     END WHILE;
    ->     CLOSE CUR_report;
    -> END $$
mysql> DELIMITER ;
mysql> CALL P_gradeReport('193001');
```

7.33

```
mysql> DROP PROCEDURE P_insertStudent;
```

7.34

```
mysql> DELIMITER $$
mysql> CREATE FUNCTION F_specialitySpecialityname(v_specialityno char(6))
    ->     RETURNS char(20)
    ->     DETERMINISTIC
    -> BEGIN
    ->     RETURN(SELECT specialityname FROM speciality WHERE
           specialityno=v_specialityno );
```

```
    -> END $$
mysql> DELIMITER ;
mysql> SELECT F_specialitySpecialityname('080901');
```

7.35

```
mysql> DROP FUNCTION F_specialitySpecialityname;
```

7.36

```
mysql> CREATE TRIGGER T_insertCourse AFTER INSERT
    -> ON course FOR EACH ROW SET @str2=NEW.cname;
mysql> INSERT INTO course VALUES('1007','操作系统',3);
mysql> SELECT @str2;
```

7.37

```
mysql> DELIMITER $$
mysql> CREATE TRIGGER T_updateDeptInfoDeptID AFTER UPDATE
    -> ON student FOR EACH ROW
    -> BEGIN
    ->     UPDATE score SET studentno=NEW.studentno WHERE studentno=OLD.studentno;
    -> END $$
mysql> DELIMITER ;
mysql> UPDATE student SET studentno='193012' WHERE studentno='193002';
mysql> SELECT * FROM score WHERE studentno='193012';
```

7.38

```
mysql> DELIMITER $$
mysql> CREATE TRIGGER T_deleteDeptInfoRecord AFTER DELETE
    -> ON student FOR EACH ROW
    -> BEGIN
    ->     DELETE FROM score WHERE studentno=OLD.studentno;
    -> END $$
mysql> DELIMITER ;
mysql> DELETE FROM student WHERE studentno='193012';
mysql> SELECT * FROM score WHERE studentno='193012';
```

7.39

```
mysql> DROP TRIGGER T_insertCourse ;
```

7.40

```
mysql> CREATE TABLE te(timeline timestamp);
mysql> CREATE EVENT E_insertTe
    -> ON SCHEDULE EVERY 6 SECOND
    -> DO
    -> INSERT INTO te VALUES(current_timestamp);
mysql> SELECT * FROM te;
```

7.41

```
mysql> DROP EVENT E_insertTe;
```

第8章　MySQL安全管理

一、选择题

题号	8.1	8.2	8.3
答案	B	A	D

二、填空题

8.4　请求核实阶段
8.5　所有
8.6　DROP USER
8.7　GRANT

三、简答题

略

四、应用题

8.14

```
mysql> CREATE USER 'instr1'@'localhost' IDENTIFIED BY 'seq1',
    ->      'instr2'@'localhost' IDENTIFIED BY 'seq2',
    ->      'instr3'@'localhost' IDENTIFIED BY 'seq3',
    ->      'instr4'@'localhost' IDENTIFIED BY 'seq4',
    ->      'instr5'@'localhost' IDENTIFIED BY 'seq5';
```

8.15

```
mysql> DROP USER 'instr5'@'localhost';
```

8.16

```
mysql> SET PASSWORD FOR 'instr4'@'localhost'='s104';
```

8.17

```
mysql> GRANT SELECT(studentno, sname)
    ->      ON teaching.student
    ->      TO 'instr1'@'localhost';
```

8.18

```
mysql> GRANT SELECT, INSERT, UPDATE, DELETE
    ->      ON teaching.student
    ->      TO 'instr2'@'localhost'
    ->      WITH GRANT OPTION;
```

8.19

```
mysql> GRANT CREATE, ALTER, DROP
    ->      ON teaching.*
    ->      TO 'instr3'@'localhost';
```

8.20

```
mysql> GRANT CREATE USER
    ->      ON *.*
    ->      TO 'instr4'@'localhost';
Query OK, 0 rows affected (0.06 sec)
```

8.21

```
mysql> REVOKE DELETE
    ->      ON teaching.student
    ->      FROM ' instr2'@'localhost';
```

第9章 备份和恢复

一、选择题

题号	9.1	9.2	9.3	9.4
答案	B	D	C	B

二、填空题

9.5 备份
9.6 表结构
9.7 INSERT
9.8 mysql

三、简答题

略

四、应用题

9.13

```
mysql> SELECT * FROM student
```

```
    ->      INTO OUTFILE 'C:/ProgramData/MySQL/MySQL Server 8.0/Uploads/
            student.txt'
    ->      FIELDS TERMINATED BY ','
    ->      OPTIONALLY ENCLOSED BY '"'
    ->      LINES TERMINATED BY '?';
```

9.14

```
mysql> LOAD DATA INFILE 'C:/ProgramData/MySQL/MySQL Server 8.0/Uploads/student.txt'
    ->      INTO TABLE student
    ->      FIELDS TERMINATED BY ','
    ->      OPTIONALLY ENCLOSED BY '"'
    ->      LINES TERMINATED BY '?';
```

9.15

```
mysqldump -u root -p teaching student speciality>D:\backup\
student_speciality.sql
```

第10章　事务管理

一、选择题

题号	10.1	10.2	10.3	10.4	10.5	10.6
答案	C	D	B	C	A	D

二、填空题

10.7　一致性
10.8　排他锁
10.9　幻读
10.10　COMMIT
10.11　ROLLBACK
10.12　SAVEPOINT
10.13　提交
10.14　意向锁

三、简答题

略

第11章 PHP和MySQL教学管理系统开发

一、选择题

题号	11.1	11.2	11.3	11.4	11.5	11.6
答案	B	C	D	C	D	A

二、填空题

11.7 脚本

11.8 Web

11.9 动态

11.10 数据库管理系统

11.11 集成软件

11.12 开发工具

11.13 视图

11.14 框架

11.15 主页

11.16 POST

三、简答题

略

四、应用题

略

教学数据库teaching的表结构和样本数据

1．教学数据库teaching的表结构

教学数据库teaching的表结构如表B1～表B6所示。

表B1　speciality（专业表）的表结构

列名	数据类型	允许NULL值	键	默认值	说明
specialityno	char(6)	×	主键	无	专业代码
specialityname	char(16)	√		无	专业名称

表B2　student（学生表）的表结构

列名	数据类型	允许NULL值	键	默认值	说明
studentno	char(6)	×	主键	无	学号
sname	char(8)	×		无	姓名
ssex	char(2)	×		男	性别
sbirthday	date	×		无	出生日期
tc	tinyint	√		无	总学分
specialityno	char(6)	×		无	专业代码

表B3　course（课程表）的表结构

列名	数据类型	允许NULL值	键	默认值	说明
courseno	char(4)	×	主键	无	课程号
cname	char(16)	×		无	课程名
credit	tinyint	√		无	学分

表B4　score（成绩表）的表结构

列名	数据类型	允许NULL值	键	默认值	说明
studentno	char(6)	×	主键	无	学号
courseno	char(4)	×	主键	无	课程号
grade	tinyint	√		无	成绩

表B5　teacher（教师表）的表结构

列名	数据类型	允许NULL值	键	默认值	说明
teacherno	char(6)	×	主键	无	教师编号
tname	char(8)	×		无	姓名
tsex	char(2)	×		男	性别
tbirthday	date	×		无	出生日期
title	char(12)	√		无	职称
school	char(12)	√		无	学院

表B6　lecture（讲课表）的表结构

列名	数据类型	允许NULL值	键	默认值	说明
teacherno	char(6)	×	主键	无	教师编号
courseno	char(4)	×	主键	无	课程号
location	char(10)	√		无	上课地点

2．教学数据库teaching的样本数据

教学数据库teaching的样本数据如表B7～表B12所示。

表B7　speciality（专业表）的样本数据

专业代码	专业名称
080701	电子信息工程
080702	电子科学与技术
080703	通信工程
080901	计算机科学与技术
080902	软件工程
080903	网络工程

表B8　student（学生表）的样本数据

学号	姓名	性别	出生日期	总学分	专业代码
193001	梁俊松	男	1999-12-05	52	080903
193002	周玲	女	1998-04-17	50	080903
193003	夏玉芳	女	1999-06-25	52	080903
198001	康文卓	男	1998-10-14	50	080703
198002	张小翠	女	1998-09-21	48	080703
198004	洪波	男	1999-11-08	52	080703

表B9　course（课程表）的样本数据

课程号	课程名	学分
1004	数据库系统	4
1009	软件工程	3
1201	英语	4
4008	通信原理	4
8001	高等数学	4

表B10　score（成绩表）的样本数据

学号	课程号	成绩	学号	课程号	成绩
193001	1004	93	198001	4008	92
193002	1004	86	198002	4008	79
193003	1004	94	198004	4008	87
193001	1201	93	193001	8001	91
193002	1201	85	193002	8001	89
193003	1201	93	193003	8001	87
198001	1201	91	198001	8001	91
198002	1201	NULL	198002	8001	77
198004	1201	92	198004	8001	95

表B11　teacher（教师表）的样本数据

教师编号	姓名	性别	出生日期	职称	学院
100004	郭逸超	男	1975–07–24	教授	计算机学院
100021	任敏	女	1979–10–05	教授	计算机学院
800023	杨静	女	1983–03–12	副教授	外国语学院
120037	周章群	女	1988–09–21	讲师	通信学院
400012	黄玉杰	男	1985–12–18	副教授	数学学院

表B12　lecture（讲课表）的样本数据

教师编号	课程号	上课地点
100004	1004	5–314
120037	1201	4–317
400012	4008	1–208
800023	8001	6–105

参考文献

[1] SILBERSCHATZ A, KORTH H, SUDARSHANL S. Database System Concepts[M]. 6th ed. McGraw–Hill, 2011.

[2] 王珊, 萨师煊. 数据库系统概论[M]. 5版. 北京: 高等教育出版社, 2014.

[3] 王英英. MySQL 8从入门到精通[M]. 北京: 清华大学出版社, 2019.

[4] 刘华贞. 精通MySQL 8[M]. 北京: 清华大学出版社, 2019.

[5] 李月军, 付良廷. 数据库原理及应用（MySQL版）[M]. 北京: 清华大学出版社, 2019.

[6] 郑阿奇. MySQL实用教程[M]. 3版. 北京: 电子工业出版社, 2018.

[7] 教育部考试中心. MySQL数据库程序设计（2021年版）[M]. 北京: 高等教育出版社, 2020.

[8] 李辉. 数据库系统原理及MySQL应用教程[M]. 2版. 北京: 机械工业出版社, 2020.

[9] 姜桂洪, 孙福振, 苏晶. MySQL数据库应用与开发[M]. 北京: 清华大学出版社, 2018.

[10] 曾俊国, 李成大, 姚蕾. PHP Web开发实用教程[M]. 2版. 北京: 清华大学出版社, 2018.

[11] 赵增敏, 李彦明. PHP+MySQL Web应用开发[M]. 北京: 电子工业出版社, 2019.

[12] 汪晓青. MySQL数据库基础实例教程[M]. 北京: 人民邮电出版社, 2009.